专利申请人分析实务手册

国家知识产权局专利局审查业务管理部◎组织编写

知识产权出版社
全国百佳图书出版单位

图书在版编目（CIP）数据

专利申请人分析实务手册/国家知识产权局专利局审查业务管理部组织编写. —北京：知识产权出版社，2018.8

ISBN 978 - 7 - 5130 - 4871 - 2

Ⅰ.①专… Ⅱ.①国… Ⅲ.①专利申请—中国—手册 Ⅳ.①G306.3 - 62

中国版本图书馆 CIP 数据核字（2017）第 071700 号

内容提要

本书以专利申请人为研究主题，力图满足创新主体对于自身战略定位和与竞争对手博弈策略的需要，支撑创新主体进行专利决策和辅助进行战略决策。本书以创新主体的视角为出发点、以专利信息分析为主体，广泛融合政策、技术、产业、市场、金融等信息进行分析。全书分为信息篇、分析篇和应用篇，分别从如何获取申请人信息、拿到信息怎么去分析、如何利用分析结果三个方面对专利申请人进行互启、互补、互证的多维度、体系化的综合分析。

读者对象：专利研究者及企业专利工作人员。

责任编辑：卢海鹰　王瑞璞　　**责任校对**：王　岩

装帧设计：张　冀　　**责任印制**：刘译文

专利申请人分析实务手册

国家知识产权局专利局审查业务管理部　组织编写

出版发行：知识产权出版社有限责任公司　　**网　址**：http：//www.ipph.cn

社　址：北京市海淀区气象路 50 号院　　**邮　编**：100081

责编电话：010 - 82000860 转 8116　　**责编邮箱**：wangruipu@cnipr.com

发行电话：010 - 82000860 转 8101/8102　　**发行传真**：010 - 82000893/82005070/82000270

印　刷：三河市国英印务有限公司　　**经　销**：各大网上书店、新华书店及相关专业书店

开　本：787mm × 1092mm　1/16　　**印　张**：14

版　次：2018 年 8 月第 1 版　　**印　次**：2018 年 8 月第 1 次印刷

字　数：286 千字　　**定　价**：68.00 元

ISBN 978-7-5130-4871-2

编　委　会

课题研究团队

一、课题承担部门

国家知识产权局专利局审查业务管理部

二、课题负责人

张小凤

三、课题研究人员

褚战星　李宗韦　张　弛　阚　泓　汪　勇　陈晓川　孙　琨
刘　伟　王　兴　张　博　王进锋　李银锁　杨凯鹏　郝庭基
朱镜羲　冯　璐　杨海洋

四、撰稿分工

张小凤：负责全书策划，参与执笔第1章

褚战星：负责全书框架设计、全书统稿，主要执笔第1章，参与执笔第3章、第6章

李宗韦：负责全书框架设计、全书统稿，主要执笔第1章，参与执笔第2章、第3章

张　弛：负责全书框架设计、全书统稿，主要执笔第2章、第5章、第6章

阚　泓：主要执笔第6章

汪　勇：参与执笔第2章、第3章

陈晓川：主要执笔第4章、第8章，参与执笔第3章

孙　琨、刘　伟、张　博：主要执笔第3章

王　兴：主要执笔第2章、第3章、第8章

王进锋、李银锁： 主要执笔第 4 章、第 5 章

杨凯鹏、郝庭基： 主要执笔第 5 章、第 7 章

朱镜羲： 主要执笔第 9 章

冯　璐： 参与执笔第 8 章

杨海洋： 参与执笔第 7 章

目录 Contents

信息篇

如何获取申请人信息

How to obtain applicant information

第1章　专利申请人分析概述

专利分析是以专利信息为基础，结合产业、技术、市场等信息，进行定量或定性分析，形成有价值的竞争情报的过程。专利分析有助于找准研发方向、规避专利风险、降低运营成本。

专利分析按照分析内容来分，通常可以分为专利态势分析、专利技术分析、专利申请人分析以及其他特色分析。专利申请人是就一项发明创造向国家专利行政管理部门提交专利申请的人。申请人信息是专利信息的重要组成部分，同时申请人信息也在一定程度上反映市场信息。在市场竞争中，掌握自身专利状况和竞争对手专利情况有助于提升竞争力，因此，专利申请人分析在专利分析方法中显得尤为重要。

1.1　专利申请人分析的概念和作用

专利申请人分析是以特定专利申请人为分析对象，在广泛收集申请人专利、技术、商业等信息的基础上，从多个维度进行定量和定性分析，得出竞争情报的过程。从广义上讲，专利申请人分析不应止步于得到竞争情报，还应包括竞争情报的验收和利用。

专利申请人分析按照分析方法，可以分为定量分析和定性分析两类。定量和定性都是常用的专利分析方法，在此不再赘述。需要说明的是，对于申请人的分析应当更侧重于定性分析。

专利申请人分析按照分析对象，可以分为自身实力评估和竞争对手分析两类。自身实力评估，顾名思义就是以自身作为分析对象，对自身的专利信息进行统计分析，并且结合申请人现状进行全面诊断，了解自身优势和不足。竞争对手分析是在识别竞争对手的基础上，对竞争对手的专利、技术、市场等信息进行全面分析，获取竞争对手情报。

专利申请人分析是目前企业最为关注和常用的专利分析方法之一，尤其对竞争对手的分析是企业在市场竞争中较为关注的部分。申请人分析的作用主要体现在以下几个方面：

① 有助于认清自身现状。自身专利实力评估能够使申请人更客观地掌握自身的专利现状，对自身专利数量、类型、分布和发展趋势等有更系统的把握。

② 有助于做好专利布局。自身专利实力评估能够使申请人清醒地认识到专利布局的薄弱点，从而尽早进行补充和完善，形成针对技术和产品较为合适的专利布局。

③ 有助于管理专利资产。自身专利实力评估能够使申请人对已有专利的价值和重要程度有更客观的认识，从而决定在专利管理过程中如何管理和运用已有专利。

④ 有助于学习竞争对手经验。通过对竞争对手研发方向和技术路线的分析，可以学习竞争对手的技术改进过程和方向；通过对竞争对手研发团队的分析，可以学习竞争对手研发团队的培养和分工；通过对竞争对手专利布局的分析，可以学习竞争对手专利布局的策略和方法。

⑤ 有助于发现潜在专利风险。通过对竞争对手风险专利的排查，可以了解竞争对手是否存在对企业发展有阻碍的专利，根据企业发展战略，提前做好应对方案。

1.2 专利申请人分析的流程

对于专利申请人的分析，尤其是对于企业竞争对手的分析具有极强的目的性，分析流程也需要明确和清晰。一般来说，申请人的分析需要尽可能考虑在实际商业竞争环境中的各种要素，全面、动态地展开分析。全面的分析既要考虑外部竞争环境，也要考虑内部因素，内部因素包括进行专利申请人分析项目的企业自身，也包括主要竞争对手；动态的分析，是在静态分析专利申请人的基础上，对竞争环境变化、企业自身发展情况和竞争对手变化进行跟踪分析。申请人分析的实施要具有前瞻性和指导性，通过对专利历史数据为主的分析得到企业自身的发展战略，并在战略框架内实施竞争博弈策略。

专利申请人分析的具体的分析流程包括明确分析需求、锁定分析目标、信息收集、分角度分析、信息整合和结论得出、分析结果的验收和利用等步骤。

1.2.1 明确分析需求

明确分析需求应在正式启动专利申请人分析之前完成，是企业对目标申请人分析目的的具体延伸。明确分析需求是进一步选定具体分析目标、拆分分析维度和验收分析结论的首要前提，对于专利申请人分析的目的实现具有重要的意义。明确的需求使分析团队可以具体选取一个或多个分析方向作为分析的主线；不明确的需求将导致难以找到分析目标落脚点、拆分分析维度混乱，从而降低分析结果价值。

明确的需求示例如下：

① 本企业拟出口某产品至美国最可能被哪些对手提起专利诉讼。

② 本企业主要竞争对手重点投入研发力量的技术是什么。

③ 本公司预进入某产品生产领域，目前专利风险主要来自哪些主要竞争对手，通过外围专利布局突破专利垄断的可行性如何。

不明确的需求示例如下：

① 对某竞争对手企业的专利分析。

② 对某技术领域相关专利分析。

1.2.2　锁定分析目标

锁定分析目标就是需要明确要分析的专利申请人，如果专利申请人涉及的产业和技术范围分布广泛，可以进一步关注特定的产业、技术等方面。锁定分析目标一方面要充分考虑设定的需求，另一方面是接续后续分析的重要环节。锁定分析目标就是要在本行业和相关行业中确定现在和未来能够对本企业产生关联的企业。产生关联有多种情况，如产生竞争、产生合作、引发技术革命或行业颠覆等。因此锁定分析目标并非狭隘地局限于发现和确定竞争对手和潜在的竞争对手。值得注意的是，锁定分析目标并不是将全部人力和精力聚焦于某一个竞争对手或某一个技术领域，要以较宏观的角度审视竞争对手，如从整个产业的角度看竞争对手所处的位置，确认其优劣势。

分析目标通常从以下方面进行筛选：

① 市场角度：在本行业市场占有率较高、体量较大或有大的市场动作的企业，与本企业产生或将产生市场冲突的企业。

② 产业链角度：在本行业和相关行业综合实力较强、产业链话语权较强的企业。

③ 竞争角度：在本行业或相关行业有较多诉讼、并购等行为的企业，与本企业可能直接或间接产生冲突的企业。

④ 技术角度：在本行业或相关行业被认为是技术研发型企业，具有较强研发能力和技术敏感性的企业，在本行业关键技术领域具有较强技术话语权和较强研发能力的企业，技术实力大幅超越非技术实力的企业。

⑤ 潜在角度：在本行业体量不大但创新意识较强的企业，进入本行业时间不长但发展迅速的企业，相关行业中可能对本行业业态产生重大影响的企业，有重要领袖人才或技术人才流入本行业或相关行业的企业。

1.2.3 信息收集

信息收集是专利申请人分析的重要一环，分析结论的价值在相当程度上依赖于收集信息的广度和可信度。

从种类上，需要收集的信息包括目标企业的基本信息、专利信息、技术信息、商业信息以及其他信息等。

① 基本信息：包括企业控股情况、子母公司情况、公司结构、企业战略、主要产品、主要市场、合作伙伴、主要竞争对手等。

② 专利信息：包括企业专利申请量、专利保有量、专利地域分布、专利类型情况等。

③ 技术信息：包括优势技术、重点投入技术、技术动向、关注的技术等。

④ 商业信息：包括上市公司财报、重组并购信息、产品信息、公司战略动向信息、其他重大商业信息。

⑤ 其他信息：如目标企业信息敏感度、目标企业信息来源、目标企业自身定位和动向、目标企业竞争偏好。大量其他信息收集工作并不是在专利分析之初，而是随着专利分析的进行对信息二次加工或针对新的线索围绕特定领域和方向进行信息收集而得到的。

从来源上，信息收集主要通过专利数据库、非专利文献出版物、调研、参加业内会议和商业信息报告等。

信息收集的过程需要尤其注意以下几个问题：

① 信息留存。收集的信息从来源到加工过程文件需要清楚记录归档，信息留存可以使后续分析过程中对数据产生疑问时，通过核查信息加工处理过程进行勘误，也可以在不同来源信息产生矛盾时进一步求证。信息对分析结论的影响在分析初期不容易确定，随着分析过程的深入会导致信息的重要性与准确性增强。尤其在分析结论和建议在多种可能性之间权衡时，各方面的信息和各阶段的过程信息都会对最终结论的形成产生重要影响。

② 信息聚类。针对申请人的专利分析所需数据极其庞杂，同一条信息可能涉及不同种类。为了避免在分析过程中遗漏有价值的信息，有必要在信息收集开始时就初步确定信息分类的标准，将信息分别归类于不同的库中。

③ 信息适度。初次进行专利分析，尤其是进行申请人分析的研究人员会存在一个误区，即信息搜集得越多越好，从而导致花费在信息收集阶段的时间精力过度。诚然，申请人分析需要大量的信息作为基础，没有足量的信息，得出的结论会狭隘和偏颇。但信息尤其是非专利信息并非要投入超量的时间和精力收集，在项目进行初期，除了

必要的非专利信息，应主要以专利信息分析为主。从专利信息得到进一步信息或启示的情况下，以解决问题的思路进一步搜集所需的非专利信息。

1.2.4　分角度分析

在明确需求、锁定分析目标以及收集所需信息之后，基于分析需求进行多角度拆分。在分析的维度选取上，要辩证、全面地分析敌我双方的情况，需要考虑外部竞争环境、企业自身情况和竞争对手情况。

竞争环境不局限于专利领域，也要考虑商业环境。外部竞争环境包括地缘环境、技术环境和产业环境等。对竞争环境的了解有助于对企业自身和竞争对手的准确定位。

企业自身情况是企业进行专利分析时容易忽视的部分。在专利数量较少或者公司规模较小时，对于企业自身情况尤其是专利情况是容易掌握的，但在企业专利数量形成一定规模或公司架构较复杂时，对自身情况需要有进一步的归纳梳理，比如是否在关键技术方面有专利组合并维持有效，在目前和未来的市场上有体系化的专利布局，价值较低的专利是否有必要维持等。

竞争对手既可以是可能产生利益冲突的企业，也可以是产生合作互利的企业。对竞争对手的分析一方面发现风险、化解风险，另一方面可以发现机会、把握机会。

分角度分析还可以保证分析内容的独立完整性和团队分工的明确性。每个角度的分析团队开展工作时需要不断收集和加入新的信息以保证分析的深入，同时以顺畅的逻辑统领所负责部分的内容，保证每个角度内部的分析结论不冲突，引申的结论不矛盾。

1.2.5　信息整合和结论得出

在分角度分析初步结束阶段，对于各角度给出的信息进行整合以形成综合性的结论，在对结论进行论证后将纳入企业决策和运营。分角度分析后，至少要将外部竞争环境、企业自身情况和竞争对手情况分析的数据、初步结论做横向信息整合以进一步得到更加深入的结论。

信息整合对于专利申请人分析结果的价值提升具有关键作用。在分角度分析环节对各维度的信息分别进行了分析，而信息整合环节需要将各维度的信息进一步联系、印证和引申，从分析的广度转向分析的深度。

联系是指不同维度的分析内容需要横向进行联系思考。不仅要将分析结论进行联系，还要充分考虑分析过程中所采用的数据、图表和逻辑，如通过行业环境分析和竞争对手内部分析，进一步分析竞争对手的定位和动向。

印证是由于各角度分析的内容虽然立足点不同，但采用的信息、数据等会有重叠或关联。通过各部分分析内容和分析结论的相互印证，一方面可以发现各角度分析的结论的错误或偏差，另一方面可以对共同证实的结论给予更有力的说服力。例如，通过竞争对手内部分析和对竞争对手战略分析可以更加印证对手的战略意图。

引申是指在信息整合的基础上要进一步将数据和分析结果引向结论。在分角度分析阶段，要求负责的每部分研究人员尽可能深入挖掘结论，但由于未进行信息整合，挖掘的深度有局限性。在信息整合阶段有必要对各角度分析的结论综合分析以突破各部分分析角度的局限性，从而得到尽可能全面且深入的结论和建议。

对于企业来说，在进行外部环境、自身情况和竞争对手分析后的结论要落脚于企业操作层面，需要提出企业专利战略规划和企业专利博弈策略等。企业专利战略包括专利布局战略和专利运用战略，是企业基于产业环境、自身情况和竞争对手的现状和发展预判而制定的中长期的规划设计。中长期的时间概念对于每个产业不尽相同，主要和技术更新换代和市场产品更替的速度相关，更新速度越快的产业中长期的期限越短。专利博弈策略种类很多，和商业策略可以结合使用，无法穷举。专利无效和诉讼、技术引进、专利并购等都属于专利博弈的策略，通常专利博弈策略指可以在 1 年内实施的策略。专利博弈策略的制定需要考虑竞争对手和产业对于我方策略的反馈，不能孤立地采取对我方有利的策略而不考虑其他竞争对手对我方的反制。

1.2.6 分析结果的验收和利用

分析结果的优劣会对其发挥的作用产生影响，在得到分析结果后，对分析结果进行审阅验收和利用非常必要。这一阶段主要考虑以下几点。

① 结论和建议是否较全面考虑各类信息。好的分析结果依托于好的数据信息和分析逻辑，数据信息的全面性是分析结果和建议可信性的重要保障。好的分析结果应全面考虑收集到的信息，对各方面的信息是否采用有明确的观点，对纳入分析体系的数据和信息有较充分的利用。如果仅依托片面的信息源开展专利分析则会导致分析结果可借鉴性差、执行性差，如仅具备专利、技术和法律背景的分析人员容易忽略企业经济活动相关信息。

② 结论和建议是否能满足提出的需求。在分析过程中，各研究人员应密切关注研究内容是否偏离提出的需求，整个研究过程要以解决需求为导向开展工作。分析结果不仅应包括数据、图表和文字的事实性呈现和罗列，还应当包括对分析过程的逻辑表述和结论解读。通过阅读分析报告，可以从原始数据信息和分析结果两个角度初步判断结论的可靠性，判断结论和建议是否满足分析之初提出的需求。

③ 解决方案是否符合企业现状。申请人分析在企业专利工作中应用较多，在对企业自身和竞争对手信息通盘分析后，提出的解决方案不仅要准确，还要符合企业自身

的能力和发展方向。分析结果应该在综合考虑企业自身的结构、人员、财务、产品等非专利现状进行应用。

④ 能否纳入决策体系。专利申请人分析是专利分析在企业专利工作中的战略性应用，从数据信息到分析过程都立足于整个企业，分析结果的运用不应仅限于专利部门。分析结果应当纳入企业的战略决策体系，由企业高层统筹技术、专利、法务、市场、人事、财务等各部门的战略规划和战术动作，协同配合以产生预期作用。

1.3　专利申请人分析的维度

申请人分析内容既包括趋势分析、排名分析等常规分析内容，还包括专利布局、研发方向、研发团队、风险专利等特色分析内容。因此在申请人分析过程中除了采用常规的分析维度，还需要引入申请人分析特有的分析维度。

申请人分析通常具有很强的目的性，根据目的不同，可选择的分析维度也有差异。例如，需要了解申请人总体申请态势时，可选择申请量趋势、地域分布、技术构成等维度；需要了解申请人研发方向时，可选择技术路线、技术功效等维度；需要了解申请人风险专利时，可选择地域分布、法律状态等维度。本书根据申请人分析常见的目的，对申请人分析维度进行了归类，见表1－3－1。

表1－3－1　申请人分析常见目的与维度对应表

常见目的	常规维度					特色维度								
	申请量趋势	申请类型	地域分布	技术构成	重点专利	技术路线	技术功效	法律状态	发明人排名	核心发明人追踪	核心专利追踪	合作申请	专利并购	专利诉讼
掌握对手专利布局	√	√	√	√				√						
掌握对手研发方向	√					√	√			√				
掌握对手风险专利	√		√	√	√			√			√			
掌握对手研发实力	√	√	√	√	√			√	√	√				
掌握对手合作情况			√									√	√	
掌握对手应激反应			√					√					√	√

1.4 专利申请人分析的成果呈现

申请人分析既包含定量分析，也包括定性分析。因此在申请人分析的成果呈现方面也包括统计类图表和信息类图表两种方式。以下就分析内容示例性地介绍申请人分析成果呈现的方式。

在申请人分析对象选择时，一种最基本的遴选方法是对申请人的申请量、授权量、有效量进行排名。申请人排名可用柱形图/条形图、矩形树图来展现。

柱形图/条形图

直观反映排名情况

矩形树图

反映排名及层次关系

在进行地域分布分析时，主要了解申请人在各国或各地区的专利布局情况，传统的情况下，可以用柱形图或条形图来表示地区之间申请量的比较，另外，地图也是一种更为简单易读的方式。

地图

直观反映与地理位置相关的数据

柱形图/条形图

展示不同地区的数据信息

在进行技术构成分析时，主要了解申请人在各技术点的专利布局情况。通常，可采用饼图/环图、矩形树图、瀑布图来反映这种构成分布的数据关系。当需比较不同项目的构成差异时，还可采用比较条形图、百分比堆积柱形图来表现。

饼图/环图

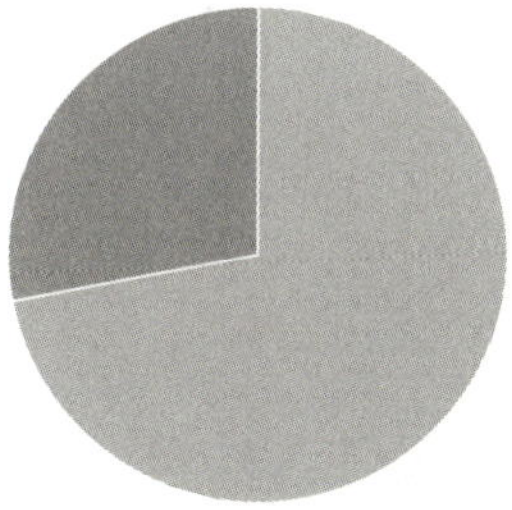

表达6个以下类别之间百分比相对关系

矩形树图

表达更多类别之间的百分比相对关系

比较条形图

两个系列对应项目数量的比较

百分比堆积柱形图

反映多个系列的构成比较

瀑布图

重点展示总体关系

弦图

用于展示多个发明人之间的合作关系，其展示的发明人数量相对于力导向布局图较少

力导布局图

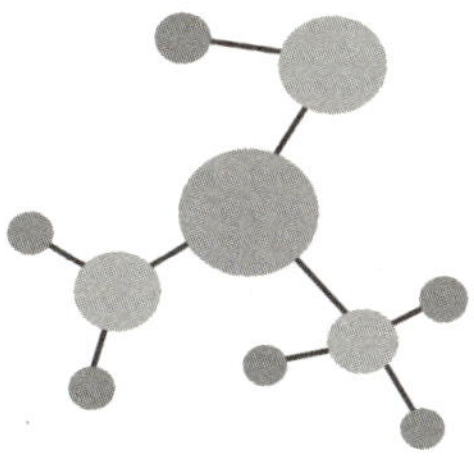

用于展示较多发明人之间的复杂合作关系，并从中找到合作较多的关键发明人

散点图

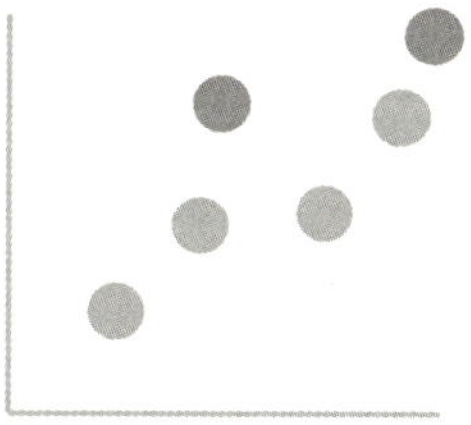

利用专利组合分析的方法，找到专利活动较多且专利价值较高的关键发明人

在进行研发团队分析时，可以挖掘出行业内的领军研发人员，发现技术合作者与竞争者，也可以分析出自身与竞争对手在研发人力资源方面的优势与差距。可以用弦图、力导布局图和散点图等形式来呈现。

在进行专利诉讼分析时，所展现的关系通常为两类：多个市场主体之间诉讼的关联关系、某一诉讼案件始末的流程关系。因此，由于数据的不同，可以采用非缎带弦图、线型进程图来展现。

非缎带弦图

用于展示多个市场主体之间诉讼的关联关系

线性进程图

用于展示某一诉讼案件始末

第2章　重点专利申请人确定

在竞争大棋局之中，各色各样的市场主体纷纷登场，在其中扮演着相应的角色，有的雄踞四海，有的偏安一方，各有各的特点。

针对竞争对手开展专利分析是专利申请人分析中的重要一环，是专利预警、专利分析评议和专利导航的重要组成部分。通过对技术实力和研发走向加以梳理，了解对手的过去和现在，预测其未来，可以为技术研发提供创新启示；通过对权利分布和布局动向加以辨析，可以标出雷区，降低侵权风险，并为专利的创造、运用、保护、管理提供学习和模仿的范例；通过对技术构成和研发实力加以评估，可以找到潜在的威胁者和合作对象。

2.1　基本原则

提到竞争对手，人们首先想到的便是与本公司在商业战场上短兵相接的直接对手。也就是说，竞争对手通常被认为是在同一行业或领域内，与本公司拥有相同或相似资源和市场地位，与本公司竞争同一市场，从而对本公司的利益带来影响的企业或机构。但商业战场的局势一向是瞬息万变、风云莫测的，只有两军对垒的情形极为罕见，往往是群雄逐鹿，谁执牛耳，犹未可知。如果不仅仅拘泥于一时一地，把视野放宽，就会发现所谓的竞争对手远不止于眼前，还包括了与公司实力或市场地位不对等的企业或机构，例如相同行业或领域内的龙头企业，可以收购的弱小企业，拥有技术却无产业的高校、研究机构等，还包括了因时间或地域因素尚未成为直接竞争对手的企业或机构，例如可能通过整合或延伸等方式进入本行业的企业，占据公司尚未涉足的潜在市场或新兴市场的企业或与本公司未来目标一致的企业等。

2.2 锁定主要竞争对手

由于不同企业的市场定位不同或是技术选择不同，因此虽然彼此间都存在一定的竞争关系，但真正与企业处于直接竞争关系的主要竞争对手可能并不会太多。本节重点介绍通过产业信息和专利信息来锁定主要申请人的方法。

2.2.1 产业信息法

（1）SWOT 模型分析法

在经典西方经济学理论中，对企业战略分析的基本方法是 SWOT 模型分析法。SWOT 分析模型是哈佛商学院的 K. J. 安德鲁斯于 1971 年首次提出的。它将内部因素的优势（Strength）和劣势（Weakness）、外部因素的机遇（Opportunity）和威胁（Threat）等信息依照一定的次序按矩阵形式罗列起来，然后将各因素相互匹配进行系统的分析研究，得出一系列相应的结论。基本模型如表 2－2－1 所示。

表 2－2－1 SWOT 基本模型

内部因素	外部因素	
	机会（O）	威胁（T）
优势（S）	SO	ST
劣势（W）	WO	WT

SWOT 模型分析法是竞争对手分析的常用方法之一，通过对行业内关键战略因素的评价比较，分析企业的主要竞争对手及相对企业的战略地位、面临的机会与风险大小，为企业制定战略提供依据。其中，SW 分析主要是着眼于企业自身的实力及与竞争对手的比较，反映企业超越其竞争对手、实现企业目标的能力。OT 分析主要着眼于企业外部环境带来的机会和威胁，关注外部环境的变化及对企业的可能影响。经过模型构建衍生四种战略：SO 战略能充分发挥内部资源优势，利用外部环境机遇，增强企业的竞争力；ST 战略能利用内部优势降低外部环境威胁，提高抗风险能力；WO 战略能利用外部环境机遇克服内部劣势，改善内部短板，迎合外部机遇；WT 战略需减少内部劣势，回避外部威胁，接受较为严峻的挑战。

SWOT 模型分析法简便实用，对于企业自身决策往往作用更大。通过 SWOT 模型分析，企业可以明确自身的强项和弱项、该进入或退出哪些领域、选择或放弃哪些业务，发现同行业的直接竞争对手和间接竞争对手，预测竞争对手下一步可能采取的行动，并为企业应对提供具体详细的竞争策略。

但是，SWOT模型分析法过于笼统，考虑的因素较为粗放，分析结果的客观性有限；分析过程更强调于静态分析，而对动态分析和其他介入因素考虑不足，得出的结论仅仅显示了企业的可选战略，但不一定是最佳战略。在针对竞争对手进行分析时，往往由于很难主观判断对手的优势和劣势，因此需要一种相对细化、更详尽、更具体、可操作性更强的战略分析矩阵。

（2）波特（Porter）五力模型分析法

20世纪80年代初，美国竞争战略家迈克尔·波特（Michael Porter）在SWOT法的基础上，提出了波特五力产业分析基本模型，以求通过战略分析的细化和深化从产业信息上分析竞争对手。该模型将产业态势抽象成决定竞争规模和程度的五种力量，并认为是这五种力量的此消彼长影响着产业的吸引力以及现有企业的竞争战略决策。五种力量分别为同行业内现有竞争者的竞争能力、潜在竞争者进入的能力、替代品的替代能力、供应商的讨价还价能力、购买者的讨价还价能力（见图2－2－1）。同时，通过系统地对竞争对手的未来目标、现行战略、假设和能力这四种要素进行分析，提出其战略行动计划与产业预测，比较完整地分析出竞争对手的核心内容。

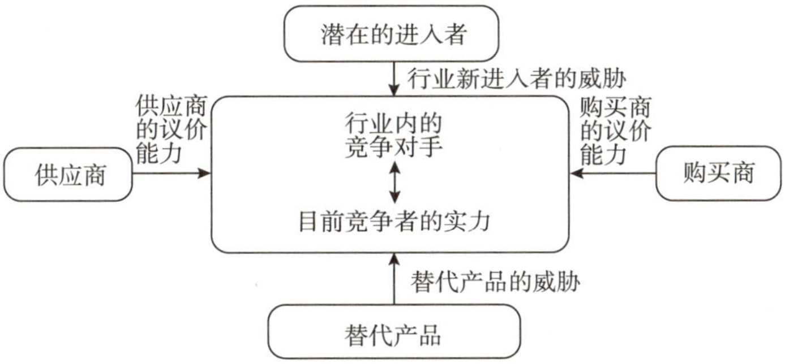

图2－2－1　迈克尔·波特五力模型

波特的“五力”分析法是对一个产业营利能力和吸引力的静态断面扫描，说明的是该产业中的企业平均具有的营利空间，所以这是一个产业形势的衡量指标，而非企业能力的衡量指标。这种分析法也可用于创业能力分析，以揭示企业在本产业或行业中具有何种营利空间。①

相较于SWOT分析，波特的五力模型显然更加客观一些，然而我们认为用其确定企业的主要竞争对手还是不够的，五力模型更加适宜于对传统生产型企业的分析，对于存在变化的产业而言，这种静态分析方法不能满足产业快速变化的要求。此外，随着产业结构的不断升级，企业间的竞争业态也不再仅仅是相互竞争的关系，逐渐会出

① 波特五力模型［EB/OL］.（2006－10－04）［2018－07－26］. http：//baike. baidu. com/link？url－2JjErci9cpy6sEfC918qjS6YBz2LGZF1A8S4h4kIIJBHZpCTytcEYvCrr5JZMDV9vKxxBXRDzF_ VshOBJvF92Jsd5x2yGIYpSjWKPSJeU8Nf1hpxxEUIpbyf_ PjqgFlcm_ TfjkaSvsJCfcEMCOt10i_ .

现产业细分，相互合作共生的局面，显然五力模型并不适合寻找合作伙伴。再者，该模型仅仅提出要考虑潜在竞争对手的存在，然而如何发现这些潜在的竞争对手，该模型并没有给出具体办法。①

（3）价值链模型分析法

1985 年，迈克尔·波特在《竞争优势》一书中首次提出了价值链分析模型，从价值链的角度分析企业如何保持竞争优势，战胜竞争对手。价值链分析是竞争对手分析的主要方法之一，基本模型如图 2－2－2 所示。

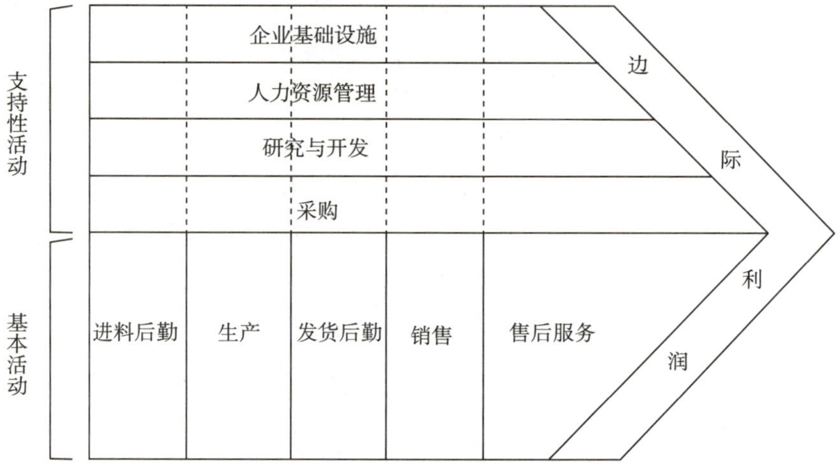

图 2－2－2　波特价值链模型

价值链分析是对增加一家企业产品或服务的实用性或价值的一系列作业活动的描述，主要包括企业内部价值链、竞争对手价值链和行业价值链三部分。其中，把企业内外价值增加的活动分为基本活动和支持性活动。基本活动包括五种基本类型，分别是涉及企业生产、销售、进料后勤、发货后勤、售后服务。企业生产是与将投入转化为最终产品形式相关的各种活动，销售是与提供买方购买产品的方式和引导它们进行购买相关的各种活动，发货后勤是与集中存储和将产品发送给买方有关的各种活动，进料后勤是与接收、存储和分配相关联的各种活动，售后服务是与提供服务以增加或保持产品价值有关的各种活动。支持性活动可以被分为四种基本类型，分别涉及采购、研究与开发、人力资源管理和企业基础设施，其中，采购是指购买用于企业价值链各种投入的活动，研究与开发是指企业每项价值活动所体现出来的技术，人力资源管理是指涉及所有类型人员的招聘、雇佣、培训、开发和报酬等各种活动，企业基础设施

① 安迪·格鲁夫. 只有偏执狂才能生存［M］. 安然，译. 北京：中信出版社，沈阳：辽宁教育出版社，2002.

是指支撑企业价值链条的基础制度。基本活动和支持性活动构成了企业的价值链①。

相较于五力分析模型和 SWOT 模型，价值链模型分析的优势在于把从原材料到最终消费者的活动链分解为战略上相关联的若干部分，从而得以解释成本变动形态并识别出企业形成差异化优势的环节。价值链一旦建立起来，就会非常有助于准确分析价值链各个环节所增加的价值。企业要保持的竞争优势，实际上就是企业在价值链某些特定的战略环节上的优势。运用价值链的分析方法来确定核心竞争力，能够指导企业密切关注组织的资源状态，以形成和巩固企业在行业内的竞争优势。

但是价值链分析往往是简单、静态地看待问题，认为每个企业在价值链上占有一个确定的位置，忽视了价值链的复杂性和动态性，分析的准确性和科学性有待校正。同时，由于过分重视企业内部运行过程中的成本控制，却忽视了长期战略性目标。

2.2.2　专利信息线图分析法

技术是一家企业的核心竞争力之一，可以说技术就决定了企业在市场中竞争地位。专利信息对于技术发展的敏感性是极高的，通过分析竞争对手的专利信息可以达到侦察和监视竞争对手动态的目的。为方便对比某一领域下各个申请人的状况，现有的一些评价体系会通过加权计算不同的技术指标来得到一个简单的申请人评价分值，从而评价申请人的实力。但是，该方法不能直观地反映各个申请人的优势和劣势，无法准确地反映出申请人的特点。这样计算得到的分值往往在实际使用时难以发挥作用。例如，某公司希望通过专利收购或者公司并购来弥补其在某项技术上的缺憾，如果决策者得到的只是各个申请人的评价分值，其很难作出正确的决策，因为该分值无法直观地反映各项评价要素，决策者不得不逐一核对申请人的各项指标，自己重新评估申请人。

在多年的专利分析工作中，我们发现通过专利信息的挖掘来分析企业的主要竞争对手是一种行之有效的方法，在反复实践总结后，得出专利信息线图分析法。线图分析法有利于直观地评估申请人，该方法在对申请人进行分析时，更具实际意义。其中，"线"指的是时间线，是指申请人的申请量随时间变化的示意性曲线；"图"是指申请状况雷达图，即通过从不同维度对申请人的申请状况进行评估所形成的示意性面积图。通过线图模型的快速匹配，可以很快锁定值得关注的目标申请人，从而节约决策时间。

图 2-2-3 为本方法所使用的时间线，该线仅仅是一条示意性曲线，并不包含水平的时间坐标和垂直的申请数量坐标。时间线不仅可以反映出申请人进入该领域的早晚，还能够反映出申请人的申请高峰出现在何时，以及是否退出该领域等信息。

---

① 波特价值链分析模型［EB/OL］.［2018-08-01］. http://wiki.mbalib.com/wiki/%E6%B3%A2%E7%89%B9%E4%BB%B7%E5%80%BC%E9%93%BE%E5%88%86%E6%9E%90%E6%A8%A1%E5%9E%8B.

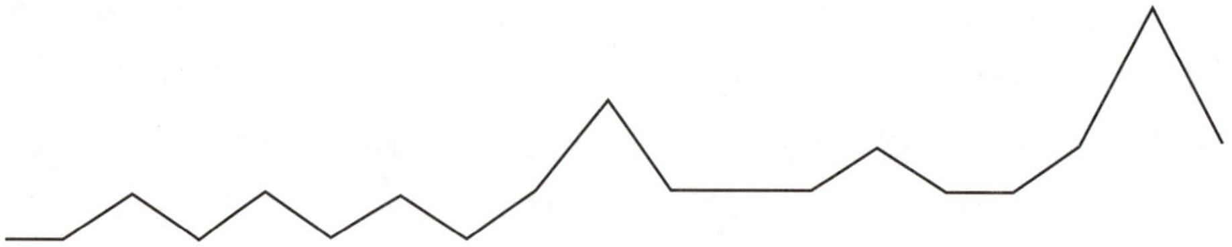

图 2-2-3 时间线

雷达图可以具有多个维度指标，这些维度指标应尽量从不同的侧面反映申请人的状况。本书选择了申请量、发明人数量、平均进入国家数以及专利权量这 4 个维度来评估申请人的整体状况（见图 2-2-4）。其中，申请量反映了申请人在该领域的活跃程度，发明人数量反映了申请人研发团队的规模，平均进入国家数反映了申请人专利布局的地域广度，专利权量反映了申请人目前在该领域的地位。当然，这里的维度还可以根据需要增加或删除。例如，在将本方法应用于更宽泛的技术领域时可以增加申请人的技术广度指标，可以根据需要引入市场化指标，也可以将专利权量替换为根据同族专利规模、引用频次、基础专利数量、专利权量等指标加权得到的专利质量指标。但为了便于识别，建议不要采用多于 6 个维度。

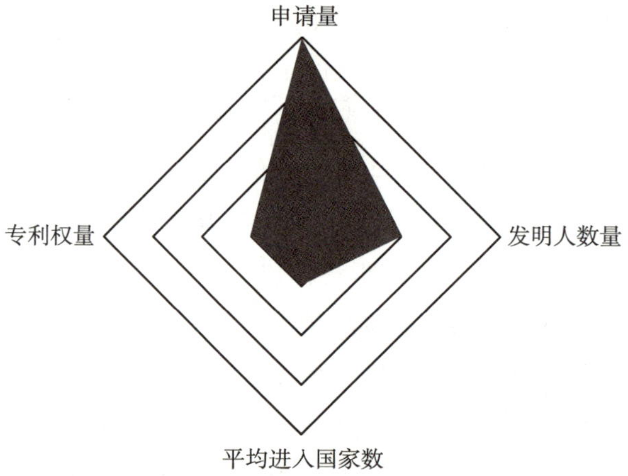

图 2-2-4 雷达图含义示意图

在制作雷达图时，需要在每个维度上对申请人的样本做归一化处理。归一化时，将每个维度中最大值作为该维度的基准，归一化为 1。得到归一化数据后，即可绘制雷达图。

通过归纳不同雷达图的面积特征，并同时参考时间线情况，可以总结出不同类型的申请人，如表 2-2-2 所示。

通过上述线图分析法，可以从多个维度对申请人进行评价，并可获知申请人的特点和所属类型，能够为锁定主要申请人提供了有效的情报信息。

表 2－2－2　申请人类型

类别	时间线	雷达图	申请人特点	应对
1			领导者 进入该领域较早，持续性强，申请量大，获权数量多，在该领域往往最具话语权	跟随
2			新星 进入该领域较晚，然而申请量较大，研发团队规模大，专利权量少	预警
3	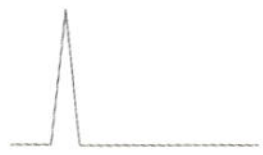		退出者 申请高峰出现早，但之后申请量不大，曾经在多个地区布局，获得较多专利权	专利收购
4		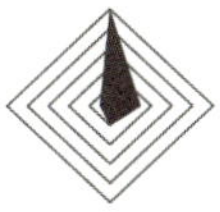	勤奋型 进入该领域较早，持续性强，申请量大，但是获权较少，研发团队规模不大	忽略
5			技术专家 在该领域有较长的研发经历，发明人极少，但是申请量和授权量较多	人才引进

【案例 2－1】　手势遥控领域主要竞争对手竞争力分析①

以手势遥控领域的主要申请人索尼、三星、微软、日立、奥林巴斯、飞利浦和 JVC 为研究对象，示意如何应用上述方法。

上述 7 家公司在手势遥控领域的原始数据如表 2－2－3 所示。

表 2－2－3　手势遥控申请人原始指标数据

申请人	申请量/件	发明人数量/位	平均进入国家数/个	专利权量/项
索尼	23	46	3.087	11
三星	13	50	2	6
微软	12	34	1.417	0
日立	11	24	2.455	0
奥林巴斯	8	4	1.125	2
飞利浦	8	23	4.625	5
JVC	8	8	2.714	6

对原始数据进行归一化处理，可以得到表 2－2－4。

① 杨铁军. 产业专利分析报告（第 13 册）：智能电视［M］. 北京：知识产权出版社，2012：233－234.

表 2－2－4　手势遥控申请人归一化指标数据

申请人	申请量/件	发明人数量/位	平均进入国家数/个	专利权量/项
索尼	1	0.92	0.667459459	1
三星	0.565217	1	0.432432432	0.545455
微软	0.521739	0.68	0.306378378	0
日立	0.478261	0.48	0.530810811	0
奥林巴斯	0.347826	0.08	0.243243243	0.181818
飞利浦	0.347826	0.46	1	0.454545
JVC	0.347826	0.16	0.586810811	0.545455

得到归一化数据后，即可绘制雷达图。结合时间线数据，可以得到上述 7 家公司的综合评价，如表 2－2－5 所示。

表 2－2－5　手势遥控技术下主要申请人线－图分析

申请人	时间线	申请概况	主要布局地区	重要发明人	核心专利	核心产品
索尼			日本、美国、欧洲、中国	Richard Marks	JP9128141	EYE TOY
三星			美国、韩国		US2006077174	ES8000 TV
微软			美国	Markovic R、Geisner K	US2010194762	Kinect
日立			日本、美国、中国	松原孝志	JP2010－257093	
奥林巴斯			日本		JP2000132305	
飞利浦			中国、欧洲、日本、韩国、美国		US2003001908	uWand 3D 遥控器
JVC			日本、美国、中国	Kitaura M	JP2001005975	

表 2－2－5 中数据说明，索尼在该领域处于领导地位，拥有庞大的研发团队和较多的授权专利。三星、微软是该领域的新星。三星稍早进入该领域，已经有部分专利获得授权，而微软几乎是刚刚进入该领域。但是，从研发团队规模来看，微软在该领域投入很大，已经有不少专利申请产出。预期这两家公司在未来将撼动索尼在该领域

的领导地位。奥林巴斯和飞利浦是该领域的退出者，两家公司手上都有不少已授权专利，特别是飞利浦的专利布局范围很广，授权专利价值较高，是较好的专利收购对象。

2.3　预测潜在竞争对手

潜在竞争对手，顾名思义，其并没有发生实质上的竞争行为，因此并不需要过多地关注其可能采取的竞争策略以及己方需要采取的应对方式。分析潜在竞争对手的重点应集中在如何通过公司的日常经营行为，例如专利申请等，来间接预测其未来变成主要竞争对手的可能性。

相对于主要竞争对手，潜在竞争对手的重要性相对较弱。但是由于其在未来可能演变为主要的竞争对手，同时对它的觉察相对较难，因此对潜在竞争对手的发掘也是专利申请人分析中非常重要的方面。

潜在竞争对手主要来源大致可以分为五种：一是不在本行业，但能够轻易克服行业壁垒的企业；二是进入本行业可产生明显协同效应的企业；三是行业战略的延伸必将导致加入本行业竞争的企业；四是可能前向整合或后向整合的客户或供应商；五是可能发生兼并或收购行为的企业。

理论上潜在竞争对手的挖掘过程包括下列步骤：① 识别企业核心竞争对手的基本特征；② 确定潜在竞争对手的基本特征；③ 收集企业基本信息、企业产品信息等结构化信息；④ 数据自动分类，选择潜在竞争对手；⑤ 从文本型竞争情报资料中挖掘市场信号，发现需要重点关注的潜在竞争对手。

利用专利的引证数量和技术流向可以分析申请人之间的关系，而采用这种引证的关系来推测二者之间发生竞争行为的可能性，能够为我们在众多企业中简单而快速地锁定潜在竞争对手提供一种可行的方式。这一方法的原理是：如果申请人 A 和申请人 B 共同引证相同的专利文献数量越多，则说明申请人 A 的技术方案与申请人 B 的技术方案均是在该相同技术方案的基础上进行的改进或者延续，也就是说申请人 A 和申请人 B 的技术方案是相近的。这样的后果就是，授权的专利文献的保护范围会存在一定的交叉和重复，而企业申请专利保护的技术方案与该企业的重要产品又息息相关，因此关键技术与核心产品的重叠将在很大程度上使二者存在成为竞争对手的可能。

【案例 2－2】　新能源汽车领域潜在竞争对手的挖掘[①]

本案例以新能源汽车领域的一件基础专利 US5343970（以下简称“970 专利”，专

① 杨铁军. 产业专利分析报告（第 38 册）：新能源汽车［M］. 北京：知识产权出版社，2014：553－555.

利权人为 Paice 公司）为例，说明如何通过使用上述方法来分析企业之间潜在的竞争关系。对引证该专利的申请人情况进行分析可知（见图 2-3-1），引证 Paice 公司 970 专利的 309 件在后专利申请的申请人分布情况，福特以 84 件稳居第一，第二位为丰田。

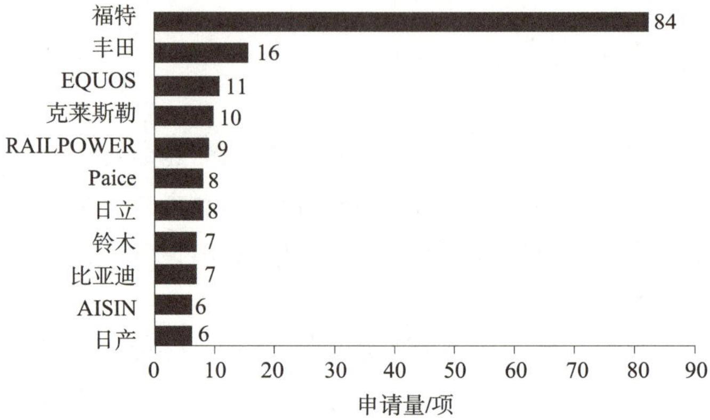

图 2-3-1 引证 970 专利的申请人分布

我们对具体的企业进行进一步的分析，以确定 PAICE 公司成为其潜在竞争对手的可能性。例如，以丰田为例分析引证970 专利的 16 件（实际为 15 件，有 2 件专利为同族专利）专利的引证情况，该引证情况包括数据库中 CT 字段（检索报告引文）/EX 字段（审查期间审查员引文）/RF 字段（申请人的引文），与 970 专利的引证与被引证的文献的集合相与，得出在一级引用关系下两者引证相同的文献数量，称其为两者之间的共同引证强度，进一步确定两者共同引证数量最多的文献，如图 2-3-2 所示。

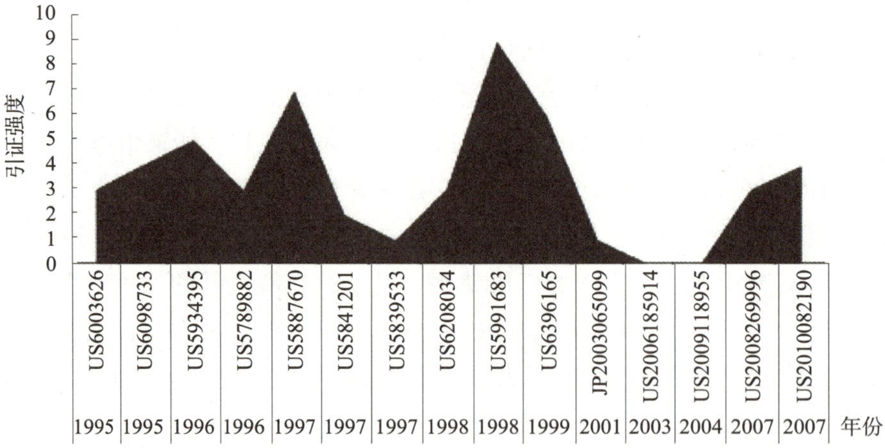

图 2-3-2 丰田的专利与 970 专利的共同引证强度分析

通过分析不难看出，丰田在2004 年前申请的专利数量共有 12 件，其中共同引证强度最高（有 9 件共同引证文献）的专利出现在 1998 年（US5991683，以下简称“683

专利”，其于 1999 年 11 月 23 日授权）是关于一种混合动力车辆能量输出管理的方法，进一步对该专利权利要求中的关键技术与 Paice 公司的 970 专利的关键技术进行对比，如表 2－3－1 所示。

表 2－3－1　970 专利与 683 专利对比

专利号	US5343970（1994 年授权）	US5991683（1998 年授权）
持有人	Paice 公司	丰田
关键技术	扭矩传输单元（CTTU）	控制装置（Control Means）
权利要求中关于关键技术的特征记载	扭矩控制传输单元用于接收内燃机和电动机的输出扭矩，并将所述扭矩通过输出轴输出至驱动轮，控制内燃机与发动机用于驱动车辆的扭矩相对比例	控制装置用于控制所述电机和所述动力管理装置，使得所述内燃机目标动力值转换成所述驱动轴的目标动力值，驱动所述内燃机在动力状态使得在控制电机和动力管理装置时所述电机输出扭矩不小于预设的扭矩（控制内燃机与发动机的扭矩比例）

通过分析二者在关键技术中所使用的核心技术方案可以发现，关于扭矩控制单元的限定，丰田 683 专利的权利要求相关部分落入了 Paice 公司 970 专利权利要求限定的范围内，整体技术方案中存在一定的交叉和重叠，反映到产品层面很有可能会出现产品功能和性能等方面的相近性，也就是说 Paice 公司非常有可能成为丰田的潜在竞争对手。

当然，上述基于专利引证发掘潜在竞争对手的方法也存在一定的局限性。因此我们在使用这一方法时至少需要注意两个前提条件：① 申请人为保护产品而申请了相关的专利；② 专利文献中的引用关系是真实有效的。

第 3 章　专利申请人信息收集

信息是决策的依据。在专利分析的过程中，对于信息的收集越全面、越准确、越及时，决策越准确。从全面的角度来说，对申请人专利分析需要收集的信息包括基本信息、专利信息、产品信息、产品/技术信息等。本章重点介绍了申请人信息收集的方法。

3.1　基本信息收集

申请人基本信息收集是了解申请人的第一步。基本信息一般包括申请人的名称、地址、发展历程、组织架构等信息。在进行申请人分析时，对申请人基本信息掌握得越全面，分析得到的结论越准确。由于个人申请人的信息收集工作相对简单，本节着重介绍企事业单位专利申请人名称、发展历程和组织架构信息的收集。

3.1.1　名称

专利申请人的名称是专利申请人检索的基础，决定了专利申请人的信息是否全面准确。在现实场景中，经常出现企业不清楚竞争对手的全部名称，或者不清楚竞争对手的关联公司情况。对于专利申请人的名称，我们首先应当明确，专利申请人通常不会只有一个名称。在专利检索时，如果遗漏其中某一名称，就会造成漏检，因此对于专利申请人名称信息的收集至关重要。

首先，我们需要了解造成专利申请人名称多样化的原因。本节以示例的方式逐一列举了专利申请人名称多样化的主要原因。

原因 1：翻译。很多国外企业进入中国后，由于专利申请文件需要以中文形式提交，因此存在专利申请人名称翻译的问题。在翻译的过程中，由于翻译的差异，专利申请人的名称经常会被翻译成多个版本。例如，BASF 翻译后可能会是巴斯夫、巴斯福等。

原因 2：更名。申请人名称变更的情况国内外企业都可能存在，例如某公司一开始是某厂，发展到一定程度更名为某公司或某有限责任公司，上市后更名为某股份有限公司。

原因 3：合资公司和子公司。有些企业名称看起来和专利申请人名称毫无关联，但有可能就是专利申请人。合资公司和子公司有时候能很好地隐藏专利申请人。有些合资公司会分别取两个母公司的元素组成公司名称，例如华米科技就是华恒与小米的合资公司；有些合资公司则与母公司名称完全不同；子公司也存在类似情况。因此在信息收集时应通过互联网等各种手段进行核实。

原因 4：兼并重组。专利申请人有兼并重组情况时，需要将被兼并企业或者重组的对象一并进行调查，收集被兼并企业和重组对象以及重组后的名称，以便在后续专利检索过程中检索得更全面。例如，霍尼韦尔与联合信号公司合并后仍以霍尼韦尔冠名，但在后续检索霍尼韦尔专利时，除了霍尼韦尔外，还需检索联合信号公司。

专利申请人名称信息常见收集途径有：① 搜索引擎；② 公司网站；③ 公司年报；④ 别名查询软件。

在搜索引擎和公司网站上，经常从企业的发展历程中找到专利申请人的多个名称。公司年报中经常会披露企业更名、并购、重组等重大信息。大部分商业网站已经实现了申请人名称的扩展检索，其中涵盖了部分申请人的别名。除此之外，国家知识产权局官方网站专利检索与服务系统提供了申请（专利权）人别名查询工具，其中输入想要查询的专利申请人，系统即可列出可能相关的申请人别名，但是需经过人工鉴别来确定专利申请人名称。

专利申请人名称归一化时，应当做好记录，可以在分析报告中以申请人名称约定的方式来呈现。

【案例 3-1】　阿克马名称信息收集

在进行氟化工产业专利分析时，对法国的阿克马的所有别名、合资公司、子公司进行收集、整理，在分析时将所有公司的专利归一化到阿克马名下，见表 3-1-1。

【案例 3-2】　日本东丽株式会社合资公司和子公司①

自 1963 年在泰国开展生产开始全球化至今，东丽在 23 个国家和地区拥有 226 家公司，超过 4 万名雇员。其中涉及碳纤维的公司和合作机构就有 23 家，分布在欧洲、美洲以及亚洲三大市场。

---

① 杨铁军. 产业专利分析报告（第 14 册）：高性能纤维［M］. 北京：知识产权出版社，2013：139-141.

表3-1-1 法国阿克马名称信息①

阿克马（法国）	阿克马法国公司
	阿科玛股份有限公司
	埃勒夫阿托化学有限公司
	阿托菲纳公司
	阿托化学公司
	阿托菲纳化学股份有限公司
	埃尔夫阿托化学有限公司
	阿克马公司
	阿肯马法国公司
	阿科玛法国公司
	法国阿科玛公司
	阿肯马公司
	阿托菲纳研究公司
	阿托特希德国有限公司

图3-1-1表示东丽合资公司、子公司以及合作院所情况，将油剂、溶剂、原料定义为上游产品，碳纤维作为产业链中游，复合材料和应用视为下游。东丽在合资、子公司以及合作院所的建立上充分反映了其市场策略，体现了行业巨头对产品的销售进而转化成利润的保障策略。

在制备碳纤维所需的丙烯腈等原料、溶剂以及油剂等上游产业，东丽在从事碳纤维生产初期就意识到其属于自己的薄弱环节，在1966年与另一产业巨头道康宁公司合资成立了道康宁东丽株式会社。2009年，东丽精细化学品和中国石化集团旗下中石化资产管理公司投资2100万美元，在沧州组建沧州东丽精细化学品公司，主营业务范围包括二甲基亚砜，共同开发研究碳纤维生产中的聚合溶剂。

在碳纤维产品这一中游领域，作为东丽的拳头产品，东丽牢牢地将生产技术掌握在自己手里，逐年建立独资或全资子公司。东丽于1982年与法国阿克马（Arkema）合资成立了Soficar（索费卡）碳纤维公司，专门从事碳纤维生产和销售。此前，东丽拥有该公司70%的股权，阿科玛持有剩余的30%股权。2012年，东丽从阿科玛公司手中购得索费卡（Soficar）的剩余股份，索费卡成为东丽的全资子公司，名称也变更为东丽碳纤维（欧洲）公司。1994年，东丽在中国设立投资有限公司，从事纤维、塑料、薄膜业务，并且以东丽（中国）投资有限公司的名义申请过1件相关专利。随后的2002年，东丽纤维研究所（中国）有限公司成立，东丽在中国开始开展新型纤维研究工作。

① 杨铁军．产业专利分析报告（第26册）：氟化工［M］．北京：知识产权出版社，2014：366.

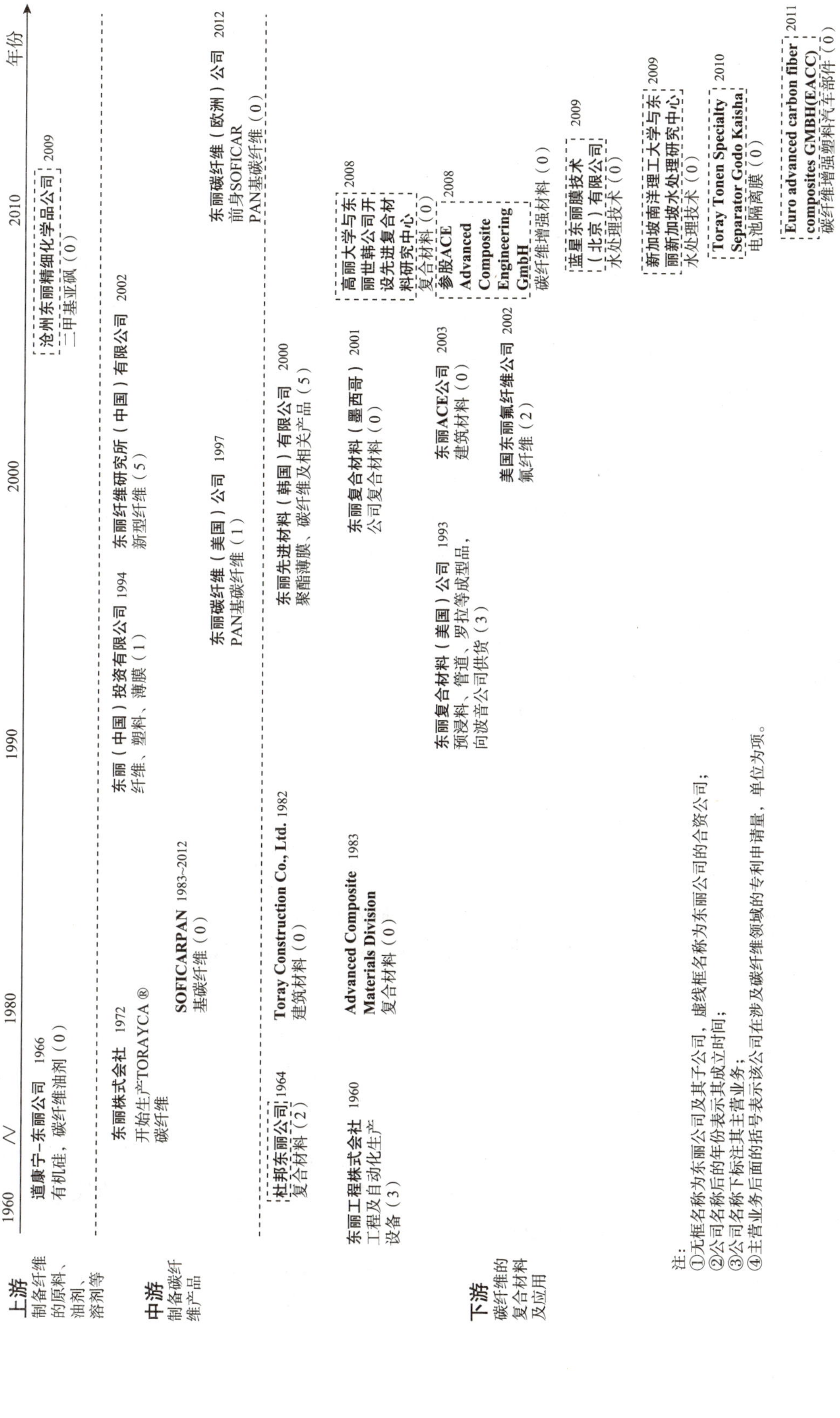

注：
①无框名称为东丽公司及其子公司，虚线框名称为东丽公司的合资公司；
②公司名称后的年份表示其成立时间；
③公司名称下标注其主营业务；
④主营业务后面的括号表示该公司在涉及碳纤维领域的专利申请量，单位为项。

图3-1-1 东丽涉及碳纤维的合资公司、子公司及研究院所

在碳纤维利润最高的复合材料和应用的下游领域，东丽与建筑、汽车、环境等碳纤维应用广泛相关的行业公司建立起合资公司，同时开始与高丽大学等科研院所联合进行科研开发。2003 年，东丽投资德国碳纤维应用制品专业公司——新复合材料工程公司（Advanced Composite Engineering，ACE），进入欧洲应用市场。此外，东丽与德国汽车制造商戴姆勒公司于 2011 年 1 月 26 日宣布双方在德国埃斯林根（Esslingen）组建合资企业。决定在汽车领域拓展其碳纤维增强复合材料业务，作为其优先业务之一，生产和销售碳纤维增强塑料（CFRP）汽车部件，以促进碳纤维复合材料在汽车领域的应用。东丽工业公司除了开发应用于 CFRP 的最佳碳纤维中间体材料外，也开发了设计和模塑工艺，戴姆勒公司则从事部件设计和技术开发。两位合作伙伴计划采用短循环树脂迁移模塑（RTM）技术，于 2012 年起为戴姆勒公司轿车提供大批量生产的 CFRP 部件。在中国，东丽于 2009 年和蓝星集团合资成立蓝星东丽膜技术（北京）有限公司，开展水处理业务。

综上可见，在合资公司和子公司的设立方面，东丽最大的特点是：明确优势、市场全面。在其擅长和优势明显的中游碳纤维生产领域，全部为独资公司，将主要生产技术牢牢掌控，而在相对弱势的上游和下游领域，则采用强强联手合资合作的形式。同时，从市场角度分析，在亚洲、欧洲以及美洲三大市场，东丽均设有自己的全资子公司：东丽碳纤维（欧洲）公司、东丽碳纤维（美国）公司、东丽（中国）投资有限公司，形成了覆盖全球的公司网络。

3.1.2 发展历程

专利申请人的发展历程信息是专利申请人分析必不可少的信息。对于一家企业来说，其发展历程就是企业从小到大、由弱变强的历史缩影。通过专利申请人的发展历程，能够从中发现企业的战略规划、行业定位、利益诉求等信息。

从专利分析的角度而言，专利申请人的发展历程往往可以从以下几个方面进行调查。

① 企业的创立。企业的创立是发展历程的第一个时间节点，在创立之初，企业的定位和业务是分析专利申请人应当考虑的方面。在不同的环境下，企业创立的目的也不尽相同，分析企业创立的目的，有助于对专利申请人作更深入的分析。

② 重要产品的推出。专利申请人的产品是其市场竞争的重要筹码，在发展历程中，不同的产品会在不同的时间推出，这些产品的推出是否有专利护航，产品的代际关系是否明显，都是需要进行调查的方面。

③ 重要市场的开拓。专利申请人处于特定的竞争环境中，专利和技术的比拼往往在特定市场进行。因此掌握专利申请人的市场信息，有助于从整体上了解专利申请人

的势力版图，并迅速聚焦特定的区域，使后续的专利分析更具针对性。

④ 营收变化。专利申请人的营收情况是考察其发展的另一显著特征。在市场上占据多大市场份额，每年的产能、产量、销售额信息都能从一定程度上看出专利申请人在市场中的位置。

专利申请人发展历程信息的常见收集途径包括：① 搜索引擎；② 公司网站；③ 公司年报；④ 行业报告。

在大部分搜索引擎中对于特定专利申请人都会有发展历程的介绍，大多数是以编年体的形式进行介绍。公司网站是专利申请人对自身的发展历程介绍，偏宣传部分较多，但从中可以看出专利申请人认为自身的竞争力在哪些方面。公司年报一般不会专门针对发展历程进行介绍，但对公司年报中的重要信息进行梳理、整合，往往能够得到一份非常详尽的专利申请人发展历程报告。如果专利申请人在行业内有足够的受关注度，行业报告中通常会对专利申请人进行非常详细的解读，但是行业报告获取较为困难，而且数据更新的及时程度也有限。

以下列举了若干分析报告中列出的专利申请人发展历程。

【案例 3－3】　杜邦发展历程①

杜邦由法国移民 E. I. 杜邦于 1802 年在美国特拉华州创建，迄今已有 200 多年的历史。起初，杜邦主要从事火药的生产和销售，是 19 世纪美国最大的火药制造商。进入 20 世纪之后，杜邦将业务重心从军火行业转至化工行业，并开始采取多元化的经营策略。目前，杜邦设有建筑创新、应用化学及氟产品、植物保护、电子与通信、工业生物科技、营养与健康、包装与工业聚合物、高性能聚合物、先锋良种、防护技术、可持续解决方案和钛白科技共 12 个业务部门，② 其业务范围已遍及全球 90 多个国家和地区，产品和服务涉及农业、食品、营养、纺织、电子、通信、交通、建筑和能源等众多领域。

杜邦是全球最大的氟化工企业，其在氟化工领域的探索持续时间较长，并已形成多项创新。仅在含氟聚合物领域，杜邦就开发出了聚四氟乙烯、聚氟乙烯、全氟磺酸树脂、氟橡胶 26 和氟醚橡胶等多个著名产品，其生产技术和市场份额位居全球前列。在制冷剂领域，杜邦成功地生产和开发了第二代制冷剂氯氟烃和氢氯氟烃、第三代制冷剂氢氟烃以及被称为第四代制冷剂的 HFO－1234yf，引领着该领域的技术发展。目前，杜邦生产和销售的氟化工产品主要有 Teflon 系列氟树脂、Tedlar 薄膜、Freon 系列制冷剂、Suva 系列制冷剂、ISCEON 9 系列制冷剂、Opteon 系列制冷剂、Viton 系列氟橡胶及多种含氟烯烃、含氟乙烯基醚、含氟环氧化物、含氟醇类、含氟酸类等含氟中

① 杨铁军. 产业专利分析报告（第 26 册）：氟化工［M］. 北京：知识产权出版社，2014：310－311.

② ［EB/OL］.［2013－11－01］. http：//www. dupont. cn.

间体。① 上述产品主要涉及杜邦的应用化学及氟产品、电子与通信和高性能聚合物等业务板块。2013 年 7 月，杜邦对外释放出调整信号，考虑对旗下高性能化学品业务板块进行拆分、出售或通过其他交易将有关业务全部或部分分离。② 该计划涵盖杜邦钛白科技事业部和应用化学及氟产品事业部。目前，杜邦尚未确定其战略调整的时间表。

【案例3-4】 日本东丽株式会社发展历程③

日本东丽株式会社（以下简称“东丽”）是世界上最大的碳纤维制造商，创建于1926 年 1 月，前身是东洋人造丝公司。主要生产和销售的产品分三大类：纤维类、化工产品类和新事业产品类。其中碳纤维和复合材料是东丽的新事业产品中的一个重要组成部分。

2012 年，东丽宣布将投资 450 亿日元（约 5.5 亿美元）扩大法国、日本、韩国和美国的碳纤维生产能力，合计产能将增加 6000 吨/年。当时，东丽宣布 4 个扩能项目将在 2015 年 3 月前全部完成，届时公司碳纤维总生产能力达到 2.71 万吨/年，可确保全球客户的稳定供应。

20 世纪 70～80 年代，东丽先后生产出 T300、T400、T700、T800 和 T1000 级碳纤维，其中 T1000 的抗拉强度达到了 7060MPa，抗拉模量达到 294GPa。20 世纪 80 年代中期，为适应飞机结构件高强、高模同时并重的需求，东丽在高模碳纤维 M40 和 M50 的基础上又开发了高强、高模型“MJ”系列产品 M50J、M55J、M60J 和 M65J 等。

东丽在日本新建一套 1000 吨/年的碳纤维前体纤维束和高性能小丝束碳纤维一体化生产设施，当时预计 2015 年 3 月建成投产。这种小丝束碳纤维主要应用于汽车部件、自行车架和工业机器人领域，同时还可以应用于商用飞机的次要结构部件，如活动部件、动叶、扰流板等。东丽碳纤维（欧洲）公司（CFE）将在法国拉克新建一套碳纤维前体纤维束生产装置。当前 CFE 从日本进口前体纤维束。该装置建成后，将可以停止从日本进口。东丽碳纤维（美国）公司将新增一条 2500 吨/年的碳化生产线。东丽先进材料韩国公司（TAK）将在韩国龟尾工厂内新增一条 2500 吨/年的碳化生产线，计划满足韩国和中国工业和运动商品应用市场增长的需求。东丽工业 2011 年 1 月还宣布，TAK 将在韩国龟尾的工厂内新建一套 2200 吨/年的碳纤维生产装置。

东丽称，2011 年全球聚丙烯腈基碳纤维需求已达到 3.7 万吨，预计未来几年将以年均 15% 的速度快速增长。当时东丽拥有碳纤维产能 1.79 万吨/年，并计划到 2013 年 1 月增加至 2.11 万吨/年。

---

① [EB/OL]. [2013-11-01]. http://www.dupont.cn.

② 张起花. 杜邦“瘦身”[J]. 中国石油石化，2013 (16)：48-49.

③ 杨铁军. 产业专利分析报告（第 14 册）：高性能纤维 [M]. 北京：知识产权出版社，2013：137-138.

3.1.3　组织架构

企业组织结构是进行企业流程运转、部门设置及职能规划等最基本的结构依据，常见组织结构形式包括中央集权、分权、直线以及矩阵式等。

从专利分析的角度，可以从以下几个方面进行重点调查：

① 法人和管理层。企业法人是承担企业责任的主体，而董事长、总经理等管理层是企业的关键岗位。就专利申请而言，除了以单位为专利申请人，企业还可能以企业法定代表人、主要管理者作为专利申请人。因此针对企业检索时，应当以法定代表人或主要管理者进行补充。

② 研发主管和研发团队。在组织架构中，研发主管和研发团队是产生专利最直接的主体。在后续的发明人分析时，需要对其研发团队的关系进行梳理，如能调查到相关信息，则有利于后续的发明人分析。例如，在进行查全验证时，可以用主要发明人进行检索，作为样本进行验证。

专利申请人组织结构信息常见的收集途径包括：①互联网；②公司网站；③公司年报；④企业信用网。

通过互联网，关注对方员工的微博，从只言片语里能够分析出很多有价值的情报；也可以关注招聘信息，而通过分析竞争对手关键岗位的招聘信息，可以看出其业务发展方向；通过公司网站和公司年报，可以找到其主要管理者和研发人员信息；通过企业信用网，可以找到公司法定代表人以及投资者信息。

以下列举了若干专利申请人的组织架构。

【案例3-5】　微软的组织架构

图3-1-2列出了微软的组织架构，从该图能够看到微软的层级设置，哪些部门有可能与专利有着更大的关系。

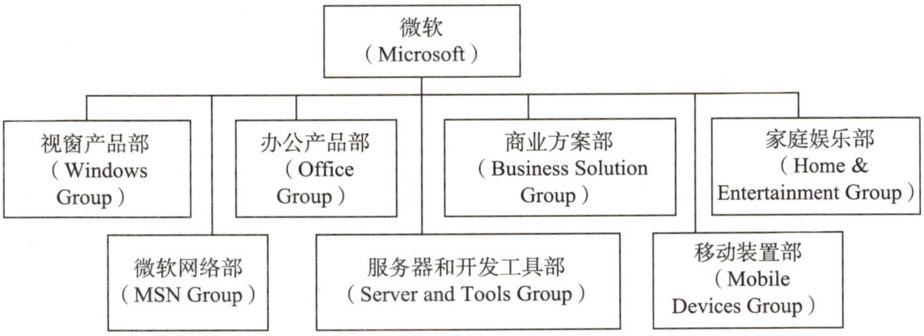

图3-1-2　微软的组织架构

图3-1-3是微软的管理层架构，从该图中能够发现主要的管理者，其中负责技术和科研的执行副总裁以及CEO、COO等均可能出现在微软专利的发明人中。

图3-1-3　微软的管理层架构

3.2　专利信息收集

专利信息是指以专利文献作为主要内容或以专利文献为依据，经分解、加工、标引、统计、分析、整合和转化等信息化手段处理，并通过各种信息化方式传播而形成的与专利有关的各种信息的总称。与其他信息不同的是，专利信息既是关于专利保护客体内含的信息，同时又是有关专利权利的信息，它集技术信息、法律信息、经济信息于一体，是一种数据量巨大、内容广博的重要信息资源。本节着重介绍专利申请人分析所需采集的字段以及专利申请人分析特色的专利信息收集方法。

3.2.1 采集字段的选取

从专利分析的角度来说，在做专利信息采集时，所选的字段越全越好。但是如果采用 Excel 进行分析时，字段太多会影响打开和分析速度。从分析的必要性来说，申请人的专利数据采集字段可以从以下几个方面来考虑。

① 与专利文献日期相关的，例如申请日、公开日、优先权日等。

② 与专利文献技术内容相关的，例如发明名称、摘要、权利要求书、说明书、附图等。

③ 与专利文献类别相关的，例如专利类型、申请号、优先权号、公开号、授权公告号、国际分类号、特殊分类号等。

④ 与专利文献的审批历史相关的，例如审批的中间文件。

⑤ 与专利文献的地理相关的，例如国别、省别、申请人地址、代理人地址等。

3.2.2 法律状态信息

专利法律状态是指专利或专利申请当前所处的状态，是专利价值的重要体现形式之一。专利法律状态信息收集的目的是了解专利申请是否授权，授权专利是否有效，专利权人是否变更，以及与专利法律状态相关的信息。对申请人专利法律状态的采集有助于掌握申请人专利布局现状、发现申请人风险专利等。

通常专利法律状态信息包括：专利权有效、专利权有效期届满、专利申请尚未授权、专利申请撤回、专利申请被驳回、专利权终止、专利权无效、专利权转让等。

法律状态的确定对严谨性要求很高，因此推荐通过官方途径进行查询确认，其他商业网站信息可作为参考。

3.2.2.1 中国专利法律状态信息

中国专利法律状态信息可在国家知识产权局官方网站进行查询确认，具体方法如下：

① 首先输入网址 www. sipo. gov. cn/zljsfl/，进入国家知识产权局检索系统，进入中国专利查询系统模块，点击公众查询后，进入查询界面。

② 点击事务数据查询，在申请号查询框内输入需要查询的专利的申请号，点击查询。

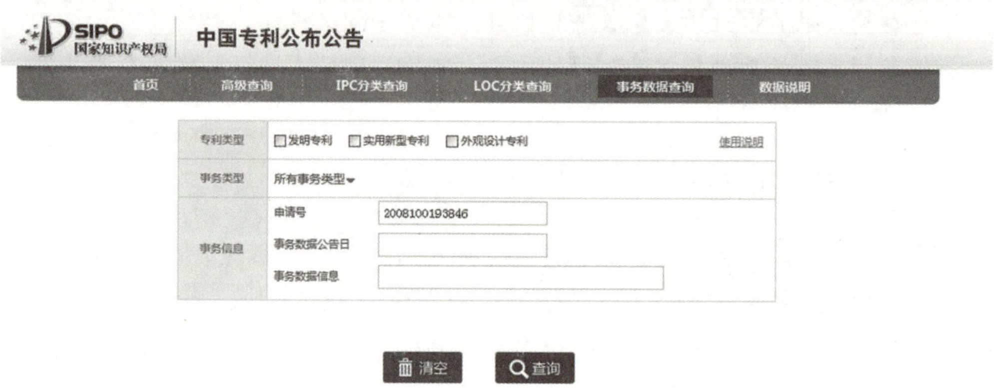

③ 进入结果显示界面，在事务信息中任意点击一个申请号，进入信息显示界面。

④ 在基本信息事务公告中，可查看具体的法律状态信息，包括专利权转移信息等，在审查信息中可查看审查意见通知书及中间文件。

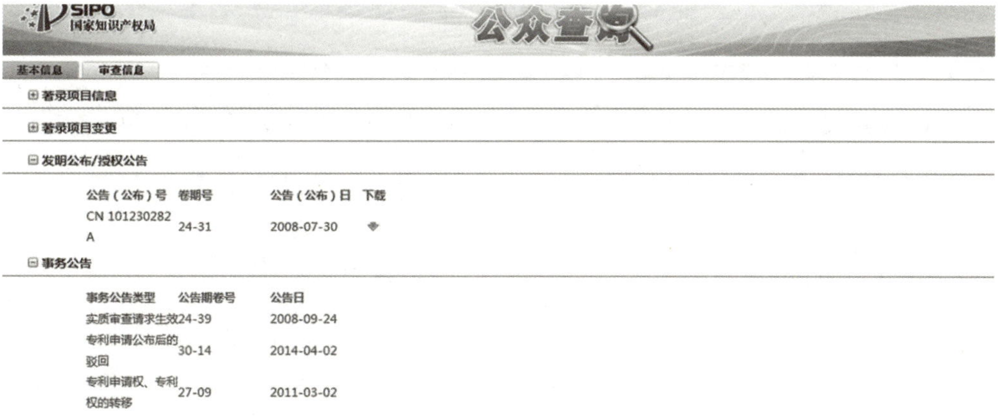

3.2.2.2　国外专利法律状态信息

（1）美国专利商标局官方网站

① 输入网址：http：//portal. uspto. gov/pair/PublicPair，进入专利信息检索界面，在申请号或公开号处输入相应信息，点击 SEARCH。

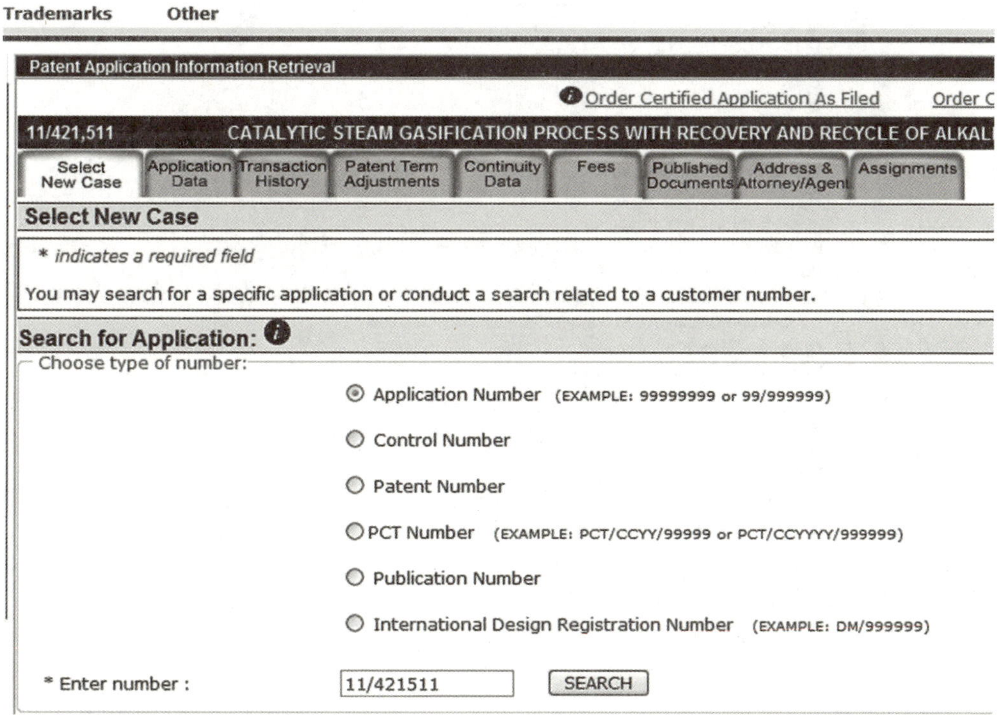

② 进入结果显示界面，导航栏分别是申请信息、审查审批历史、专利期限调整、专利继续数据、专利缴费信息、公开文本、申请人和代理人信息等。

Trademarks　Other

Patent Application Information Retrieval

Order Certified Application As Filed　Order Certified File Wrapper　View Order List

11/421,511　CATALYTIC STEAM GASIFICATION PROCESS WITH RECOVERY AND RECYCLE OF ALKALI METAL COMPOUNDS　FN-0003

Select New Case | Application Data | Transaction History | Patent Term Adjustments | Continuity Data | Fees | Published Documents | Address & Attorney/Agent | Assignments

Bibliographic Data

Application Number:	11/421,511	Correspondence Address Customer Number:	77003
Filing or 371 (c) Date:	06-01-2006	Status:	Patented Case
Application Type:	Utility	Status Date:	03-23-2011
Examiner Name:	AKRAM, IMRAN	Location:	ELECTRONIC
Group Art Unit:	1723	Location Date:	-
Confirmation Number:	2693	Earliest Publication No:	US 2007-0277437 A1
Attorney Docket Number:	FN-0003	Earliest Publication Date:	12-06-2007
Class / Subclass:	048/127.300	Patent Number:	7,922,782
First Named Inventor:	Atul C. Sheth , Fairfield, CA (US) all Inventors	Issue Date of Patent:	04-12-2011
First Named Applicant:	-	International Registration Number (Hague):	-
Entity Status:	Undiscounted	International Registration Publication Date:	-
AIA (First Inventor to File):	No		

Title of Invention: CATALYTIC STEAM GASIFICATION PROCESS WITH RECOVERY AND RECYCLE OF ALKALI METAL COMPOUNDS

③ 点击 Transaction History，查看专利的审批历史和法律状态。

11/421,511　CATALYTIC STEAM GASIFICATION PROCESS WITH RECOVERY AND RECYCLE OF ALKALI METAL COMPOUNDS

Select New Case | Application Data | Transaction History | Patent Term Adjustments | Continuity Data | Fees | Published Documents | Address & Attorney/Agent | Assignments

Transaction History

Date	Transaction Description
04-12-2011	Recordation of Patent Grant Mailed
03-23-2011	Issue Notification Mailed
04-12-2011	Patent Issue Date Used in PTA Calculation
03-11-2011	Dispatch to FDC
03-11-2011	Application Is Considered Ready for Issue
03-08-2011	Issue Fee Payment Verified
03-08-2011	Issue Fee Payment Received
02-16-2011	Mail Notice of Allowance
02-14-2011	Document Verification
02-14-2011	Notice of Allowance Data Verification Completed
09-14-2010	Information Disclosure Statement considered
12-10-2010	Date Forwarded to Examiner
12-01-2010	Response after Non-Final Action
10-15-2010	Mail Examiner Interview Summary (PTOL - 413)
10-13-2010	Examiner Interview Summary Record (PTOL - 413)
10-06-2010	Case Docketed to Examiner in GAU
09-14-2010	Reference capture on IDS
09-14-2010	Information Disclosure Statement (IDS) Filed
09-14-2010	Information Disclosure Statement (IDS) Filed
09-02-2010	Mail Non-Final Rejection
08-30-2010	Non-Final Rejection
06-22-2010	Date Forwarded to Examiner
06-14-2010	Response after Non-Final Action

④ 点击 Fees，查看专利缴费信息。

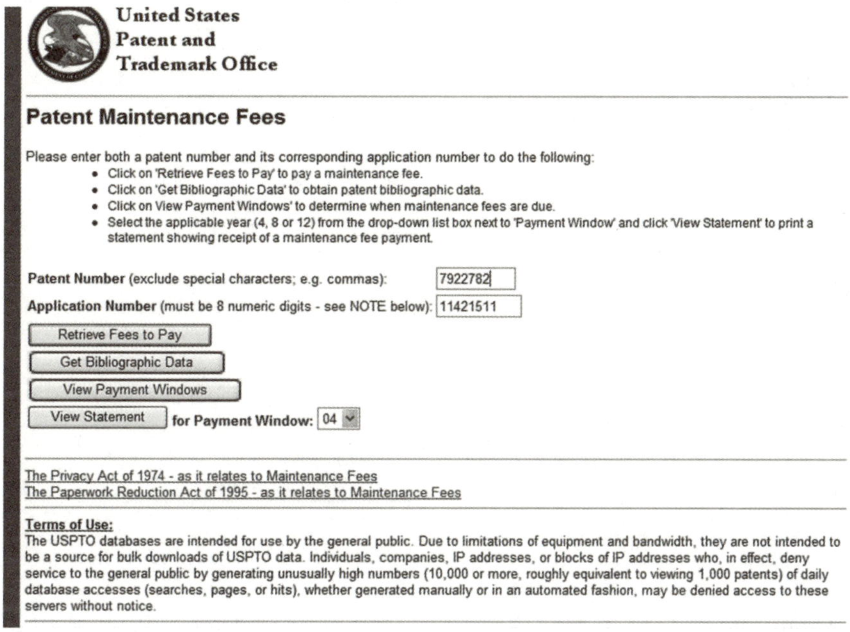

United States Patent and Trademark Office

Patent Maintenance Fees

Please enter both a patent number and its corresponding application number to do the following:

- Click on 'Retrieve Fees to Pay' to pay a maintenance fee.
- Click on 'Get Bibliographic Data' to obtain patent bibliographic data.
- Click on View Payment Windows' to determine when maintenance fees are due.
- Select the applicable year (4, 8 or 12) from the drop-down list box next to 'Payment Window' and click 'View Statement' to print a statement showing receipt of a maintenance fee payment.

Patent Number (exclude special characters; e.g. commas): 7922782

Application Number (must be 8 numeric digits - see NOTE below): 11421511

Retrieve Fees to Pay

Get Bibliographic Data

View Payment Windows

View Statement **for Payment Window:** 04

The Privacy Act of 1974 - as it relates to Maintenance Fees
The Paperwork Reduction Act of 1995 - as it relates to Maintenance Fees

Terms of Use:
The USPTO databases are intended for use by the general public. Due to limitations of equipment and bandwidth, they are not intended to be a source for bulk downloads of USPTO data. Individuals, companies, IP addresses, or blocks of IP addresses who, in effect, deny service to the general public by generating unusually high numbers (10,000 or more, roughly equivalent to viewing 1,000 patents) of daily database accesses (searches, pages, or hits), whether generated manually or in an automated fashion, may be denied access to these servers without notice.

⑤ 在 Patent Number 和 Application Number 分别输入公开号和申请号，点 View Payment Windows。

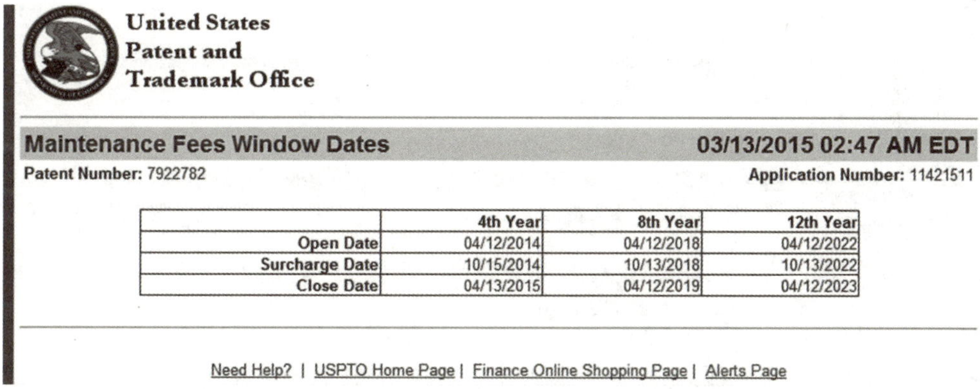

United States Patent and Trademark Office

Maintenance Fees Window Dates **03/13/2015 02:47 AM EDT**

Patent Number: 7922782 **Application Number:** 11421511

	4th Year	8th Year	12th Year
Open Date	04/12/2014	04/12/2018	04/12/2022
Surcharge Date	10/15/2014	10/13/2018	10/13/2022
Close Date	04/13/2015	04/12/2019	04/12/2023

Need Help? | USPTO Home Page | Finance Online Shopping Page | Alerts Page

（2）欧洲专利局官方网站

① 输入网址 ep. espacenet. com，进入主页后，点击左侧 Advanced Search，进入检索界面。

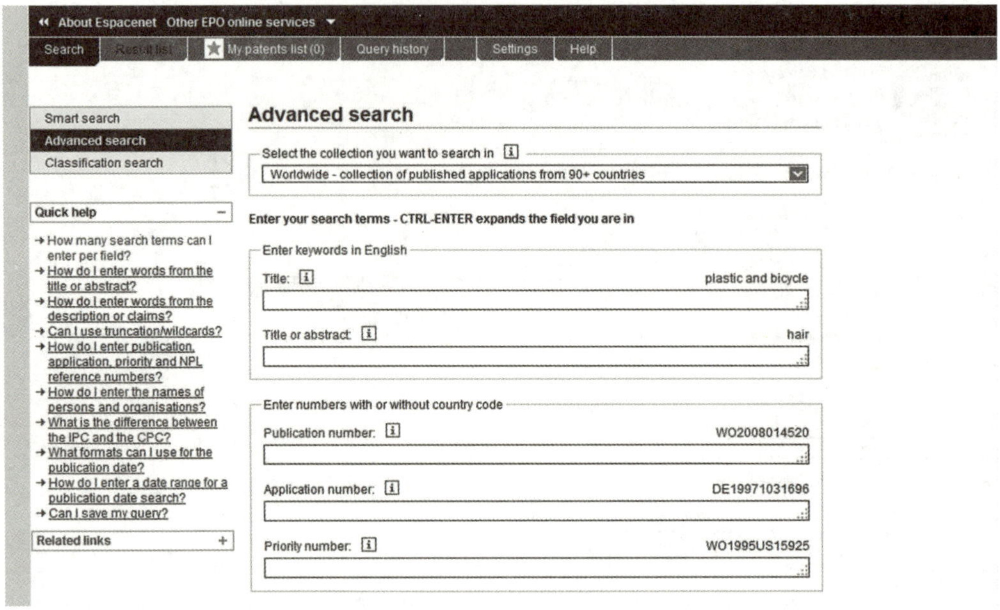

②选择在 Applicant（s）框下输入申请人名称，点击 Search，进入显示结果界面。

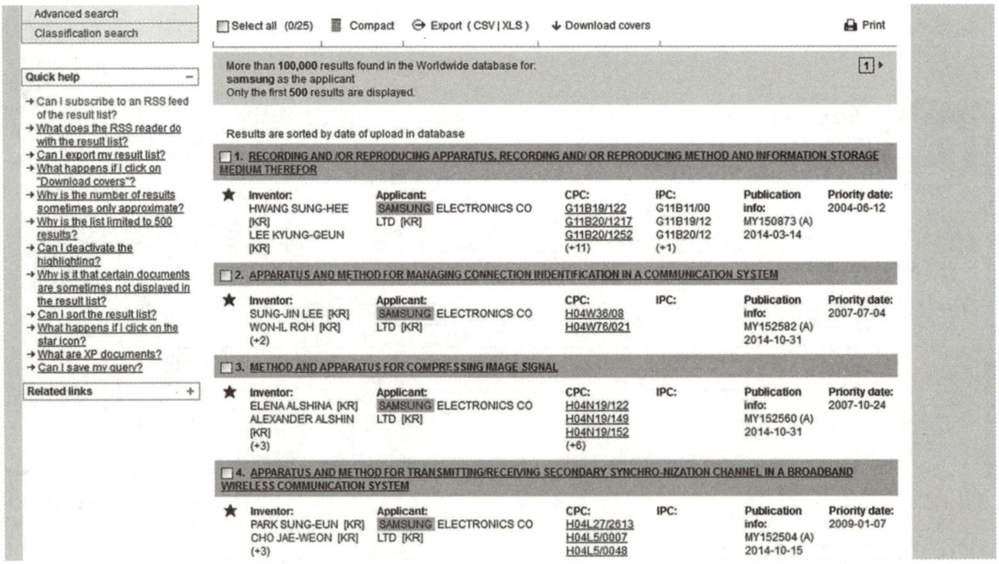

③点击专利名称后，点击 EP Register，进入详览界面。

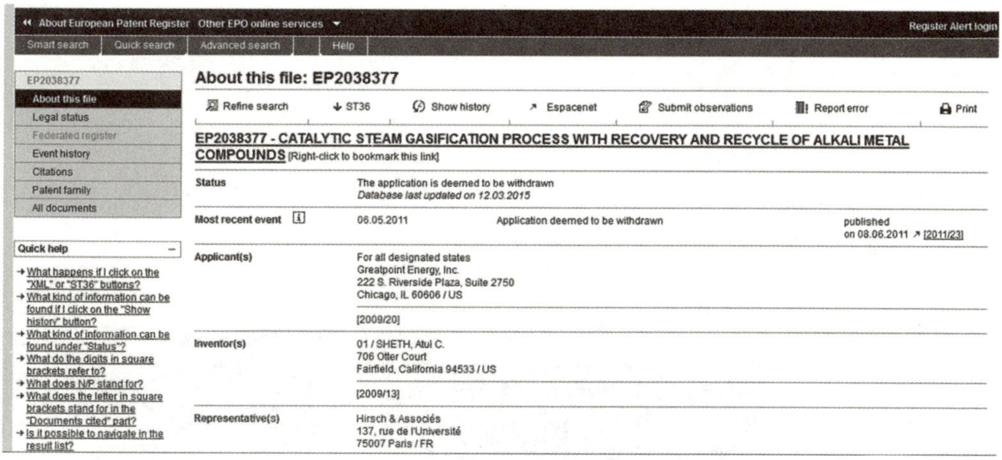

④ 点击左侧的 Legal status，查询法律状态。

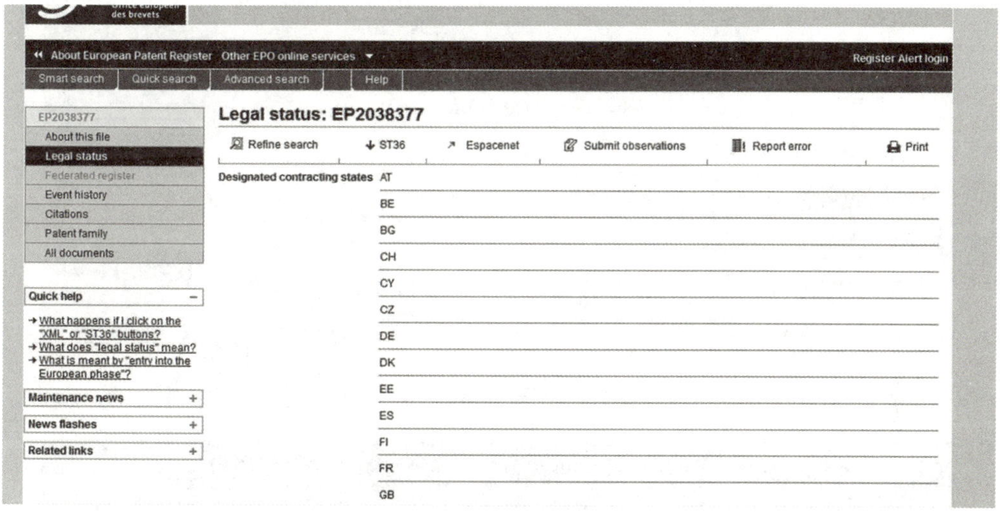

⑤ 还可以点击 Event history 和 All documents 分别查看历史事件和审批文件。

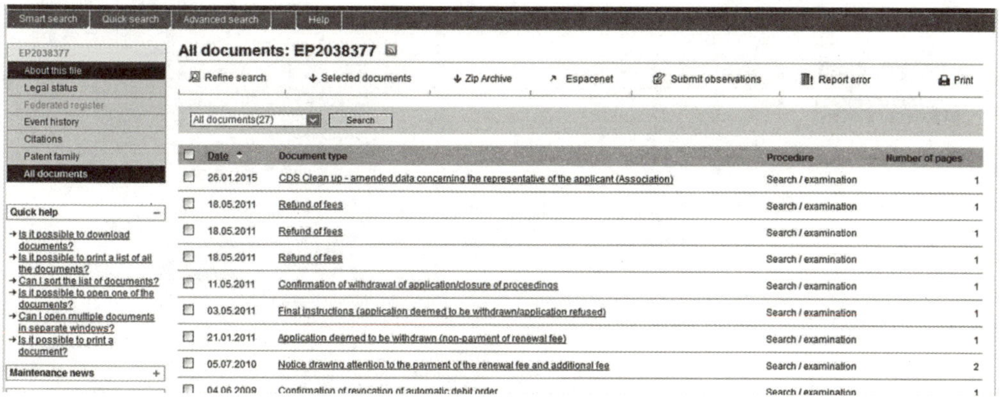

3.2.3 复审无效信息

专利复审无效信息可在专利复审委员会官网查询，具体方法如下。

① 输入网址 sipo－reexam. gov. cn，进入专利复审委员会网站主页，点击左下角的信息查询中的审查决定检索。

② 在选择框中选择复审/无效后，在查询框中输入相关信息，点击查询。

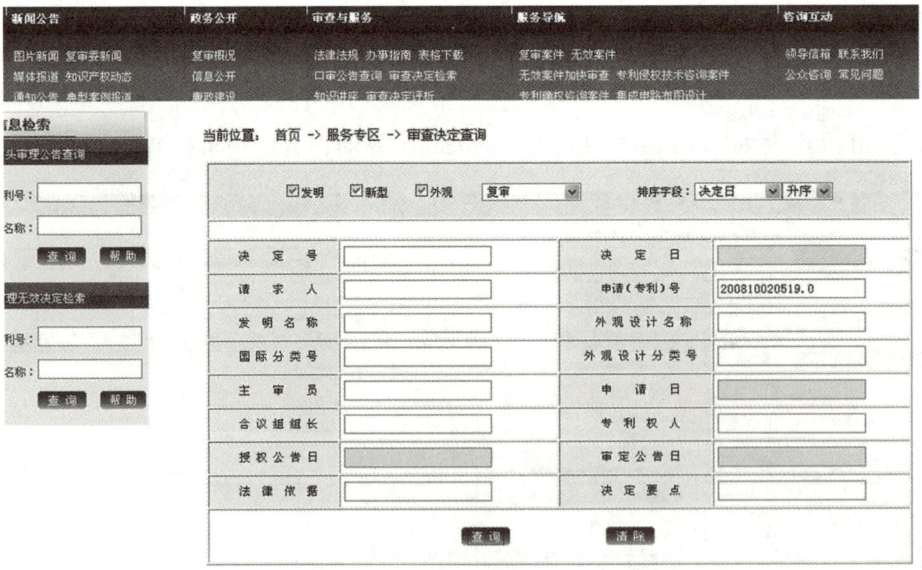

③ 进入查询结果目录后，点击决定号，显示复审/无效结果，点击审查决定 Word，可下载审查决定。

3.2.4　侵权诉讼信息

专利诉讼信息主要收集各类判例，常见的收集途径包括北大法宝、万律中文法律信息数据库、Westlaw international 数据库和 LexisNexis 数据库。其中北大法宝和万律中文法律信息数据库收集了中国司法判例；Westlaw international 数据库和 LexisNexis 数据库收集了国外判例。

（1）北大法宝

① 输入网址 www. pkulaw. cn，进入北大法宝法律法规检索系统，选择司法案例，输入检索词，在左侧导航栏选择筛选条件，点击检索。

② 在查询结果中点击名称，查看专利侵权诉讼案件。

（2）万律中文法律信息数据库

万律中文法律信息数据库（www. westlawchina. com）对中国大陆的法律法规以及裁判文书进行整理和归纳，将其整合形成。该数据库涵盖了国内的法律法规、各级法院官方公布的裁判文书以及合同文本和法学期刊，并将法律法规和裁判文书进行专业分析和整合，提供多个由法律要点体系组成的法律专题和裁判要点。

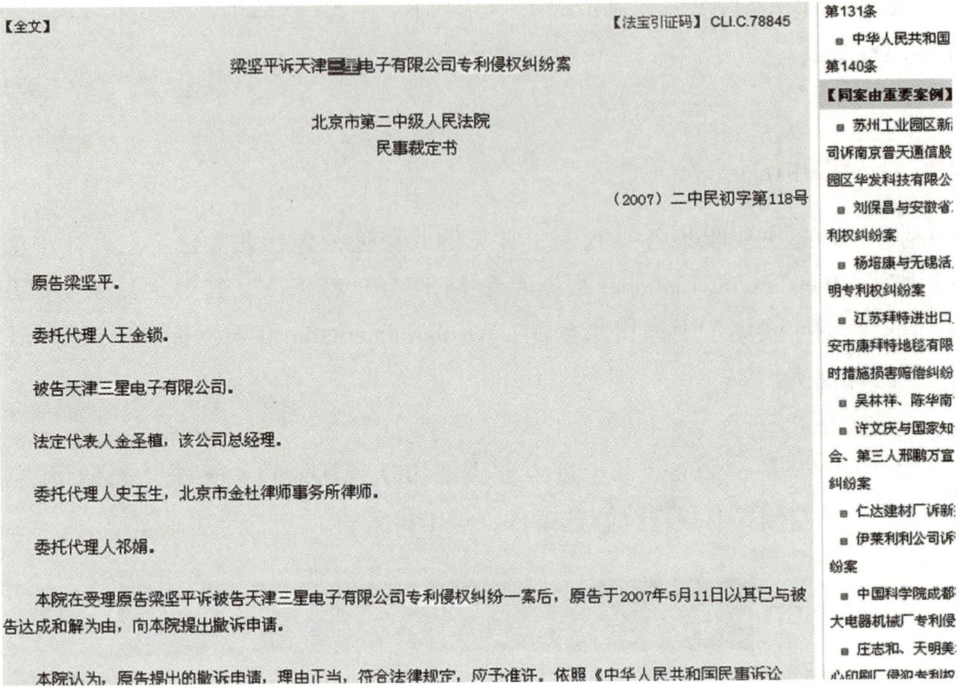

【全文】 【法宝引证码】CLI.C.78845

梁坚平诉天津[redacted]电子有限公司专利侵权纠纷案

北京市第二中级人民法院
民事裁定书

（2007）二中民初字第118号

原告梁坚平。

委托代理人王金锁。

被告天津三星电子有限公司。

法定代表人金圣植，该公司总经理。

委托代理人史玉生，北京市金杜律师事务所律师。

委托代理人祁娟。

本院在受理原告梁坚平诉被告天津三星电子有限公司专利侵权纠纷一案后，原告于2007年5月11日以其已与被告达成和解为由，向本院提出撤诉申请。

本院认为，原告提出的撤诉申请，理由正当，符合法律规定，应予准许。依照《中华人民共和国民事诉讼

第131条
■ 中华人民共和国
第140条
【同案由重要案例】
■ 苏州工业园区新
司诉南京普天通信股
园区华发科技有限公
■ 刘保昌与安徽省
利权纠纷案
■ 杨培康与无锡活
明专利权纠纷案
■ 江苏拜特进出口
安市康拜特地毯有限
时措施损害赔偿纠纷
■ 吴林祥、陈华南
■ 许文庆与国家知
会、第三人邢鹏万宣
纠纷案
■ 仁达建材厂诉新
■ 伊莱利利公司诉
纷案
■ 中国科学院成都
大电器机械厂专利侵
■ 庄志和、天明美
心印刷厂侵犯专利权

（3）Westlaw International 数据库

Westlaw International 法律在线数据库（www. westlaw. com）提供案例、法令法规、表格、条约、商业资料和更多的资源。收录了美国联邦和州 1658 年至今，英国 1865 年至今，欧盟 1952 年至今，澳大利亚 1903 年至今，中国香港 1905 年至今，加拿大 1825 年至今的所有判例。

（4）LexisNexis 数据库

LexisNexis（www. lexisnexis. com）是一家商业性法律全文信息服务系统。收录有 300 年来美国联邦与州政府、美国国际贸易委员会（USITC）、国际贸易管理机构（ITA）法律案例全文，1790 年以来美国联邦最高法院案例，1789 年以来美国联邦最高法院上诉案例和美国地方法院案例，50 个州所有层级法院及美国破产法院、国际贸易法院、税务法院、商标与专利上诉法院、退伍军人法院、商业与军事法院的判决书。

3.2.5 许可、质押和转让信息

许可、质押和转让信息在网上披露的免费信息并不多。在此，主要介绍在国家知识产权局官方网站上如何查询这些信息。

① 首先进入国家知识产权局官方网站，在“服务”板块中点击“专利检索”，进入国家知识产权局综合服务平台，选择进入专利公布公告查询模块，进入查询界面，点击事务数据查询，选择事务类型。

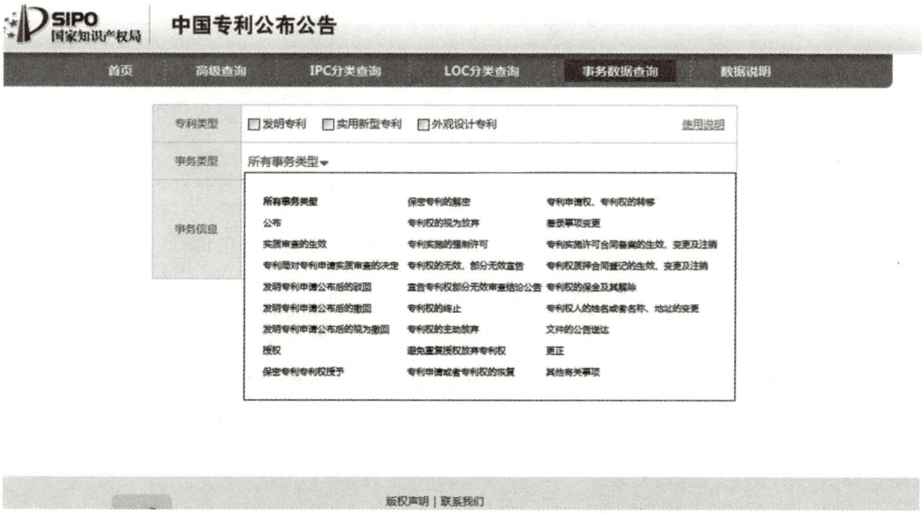

② 选择许可、质押、转让类型，可查询相应的专利信息。

3.3 产业信息收集

产业信息是专利分析中不可或缺的信息，包括产业政策、产业链、价值链、产业主体、主要产品等信息。产业信息收集得全面与否，决定了最终分析结果的综合性。

本节重点介绍了产业链、价值链等概念以及其信息收集方法，尤其是对产业环境下产业链、价值链的调查方法进行系统归纳，以期在专利申请人分析时，分析人员能够更有效地获取有价值的参考信息。

3.3.1 产业链信息收集

3.3.1.1 产业链的定义和分类

产业指一个经济体中，有效运用资金与劳力从事生产经济物品的各种行业，或者指具有某种同类属性的经济活动的集合或系统。

产业链是各个产业部门之间基于一定的技术经济关联的一个概念，是指基于最终产品生产需要和最终用户需求而向上下游或旁侧延伸的企业集合。产业链是产业层次、产业关联程度、资源加工深度、满足需求程度的表达，其表现了产业部门间基于技术经济联系的环环相扣的关联关系。

产业链的形成是由社会分工所形成的，随着技术的发展，生产过程划分为一系列有关联的生产环节，分工与交易的复杂化带来了企业组织结构的分化，企业在应对越来越复杂的分工与交易活动的情况下形成了相互依靠的企业间的相互关联，从而降低了产品的生产成本，扩大了市场规模。

专利分析人员在调研企业竞争环境之初，通常是站位在产业微观构成单位——企业的角度，因此在竞争环境分析过程中必须了解调研对象及产业链的构成。

产业链可分为接通产业链和延伸产业链。接通产业链是指将一定地域空间范围内的断续的产业部门借助某种产业合作形式串联起来，延伸产业链则是将一条既已存在的产业链尽可能地向上下游拓展延伸。

对于专利分析人员来说，重点要关注上下游拓展的延伸产业链信息收集，同时也不能忽视特定地域产业合作所形成的竞争环境信息收集。

3.3.1.2 产业链的划分方式

产业链从不同的角度出发有不同的分类方法，产业链的 7 种主要分类方法分别是行业分类法、层次范围分类法、生态属性分类法、龙头企业地位分类法、形成机制分类法和其他分类法。

产业链的行业分类法是根据行业进行分类。行业是指从事相同性质的经济活动的所有单位的集合。《国民经济行业分类表》（GB/T 4754—2011）对我国的行业按照门类、大类、中类、小类进行了划分，相应地按照行业分类的方法，产业链可以分为汽车产业链、钢铁产业链、电信产业链等。

产业链的层次范围分类法是产业链按作用的层次进行分类。产业链按照层次范围分类法可分为宏观产业链、中观产业链、微观产业链。宏观产业链是指全球产业链或全国范围内某行业产业链，中观产业链是指区域内部或区际之间的产业链，微观产业链是指区域内某个经济主体或行业的产业链。

产业链的生态属性分类法是按产业链的生态属性分类。产业链按照生态属性分类法可分为生态产业链、非生态产业链。

产业链的龙头企业地位分类法是按产业链中龙头企业的地位分类。产业链按照龙头企业地位分类法可分为王国式产业链、共和式产业链、联邦式产业链。

产业链的形成方式分类法是产业链按形成过程中企业与企业之间的关系进行分类。产业链按照形成方式分类法可分为技术推动型、资源带动型、需求拉动型、综合联动型 4 种。

企业专利分析人员可以综合考量上述多种产业链分类方法，选取一种或几种有利于梳理企业所处产业链的分类，进行全面和系统调研，整理出企业的产业链结构。

3.3.1.3　产业链调查方法及重点

（1）产业链调查方法

可以考虑从以下三个角度对产业链进行全面的调查。

首先，在系统调研的基础上描绘产业链的拓扑结构，从而构建产业链的上游、中游、下游企业生态结构，获取直观、清晰的产业链上下游关系；其次，通过深入的情报信息搜集，获取市场占有情况、技术情报信息、法律事务信息等情报信息，描绘出企业间的竞争合作关系，为后续的专利分析作好情报铺垫；最后，通过信息的积累和整理，获取产业或行业内目前市场或技术的主导企业及其相关市场、技术等信息，为后续深入的龙头企业分析、竞争对手分析、市场占有垄断、专利技术占有分析做好信息储备。

（2）产业链调查重点及示例

产业的相关背景和产业发展历史信息是专利分析进行宏观分析的首要切入点，只有充分掌握产业信息，才能深入分析企业在产业链中所处的位置及其市场占有情况。

对产业链的调查，可以从上下游企业、竞争对手、产品形态、企业合作等角度获得有用的信息。对于成熟的产业，可以通过产业联盟、协会等获得产业链信息，进而获得某企业的市场地位。下面给出分析报告中关于产业链信息收集方面的案例。

【案例 3-6】　智能手机产业链

图 3-3-1 显示了智能手机领域的简易产业链结构，根据该图所揭示的产业链信息，可以继续绘制关于该产业的市场产业链结构，包括上游配件供应商、操作系统平台商、品牌制造商、服务供应商、应用软件开发商、周边设备制造商等全面的智能手机生态产业链结构。

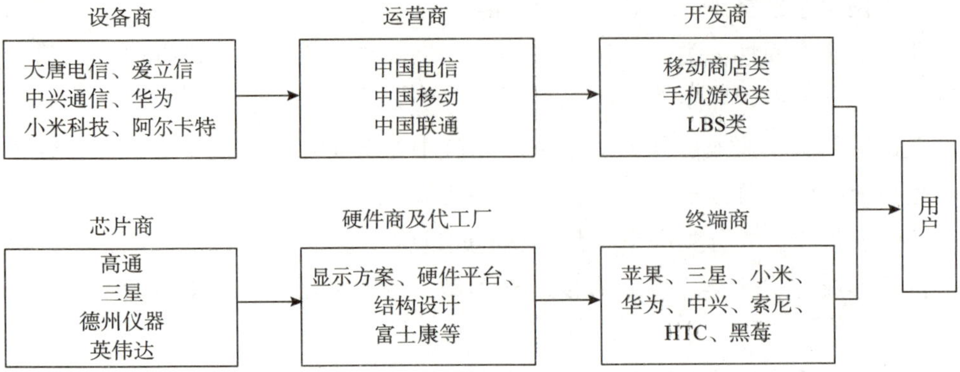

图3－3－1 智能手机领域的简易产业链结构

【案例3－7】 氟化工产业链①

本案例介绍氟化工行业的现状，重点介绍产业链现状，可为各企业在行业链中做好定位，有助于了解各企业在行业的现状和产业链中所处的位置。

一般来讲，氟化工的产业链主要包括三个主要阶段（见图3－3－2）：

原料——萤石的提取及加工：萤石是最重要的上游原材料，通过加工萤石可获得生产氟化合物的原料氟。

中游——无机氟化物和氟碳化合物：无机氟化物是有机氟工业、电子工业、冶金工业等的重要原料和辅料；氟碳化合物主要用于冷冻设备及空调行业，亦可用作生产含氟聚合物的原料。

下游——含氟聚合物和精细化学品：含氟聚合物被广泛应用于如管道工程、机器零件、建筑涂层、汽车零件、电工绝缘以及光电零件等众多行业中；含氟精细化学品产品众多，应用领域广泛，但产量相对较小，产品附加值高，是氟化工行业中的高端产品。

【案例3－8】 日本碳纤维产业联盟②

日本是全球碳纤维强国，本案例介绍了日本碳纤维产业联盟的概况及其各部会和委员会的主要活动，并总结了该联盟在碳纤维回收利用技术的研究开发方面所进行的相关工作，以期为如何更加有效地利用产业联盟这一组织形式促进我国碳纤维产业的发展带来启示。

---

① 杨铁军．产业专利分析报告（第26册）：氟化工［M］．北京：知识产权出版社，2014：5.

② 杨铁军．产业专利分析报告（第14册）：高性能纤维［M］．北京：知识产权出版社，2013：179－180，182，188，189－191.

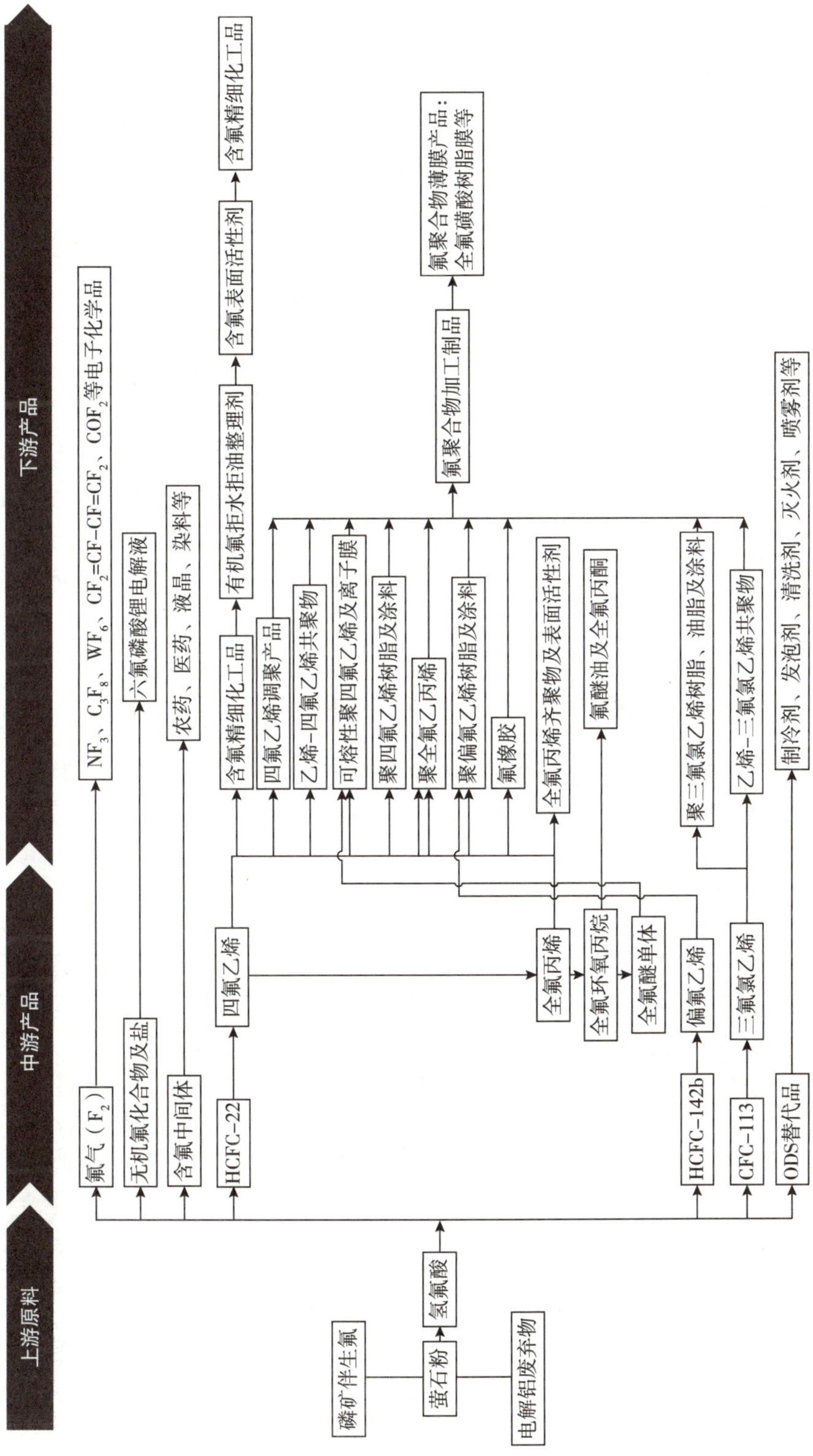

图 3－3－2　氟化工行业产业链

日本碳纤维协会设有会长、副会长、干事、监事等职位，并设有总会和常设委员会。常设委员会下设4个部会（统计部会、通商部会、用途开发部会、环境部会）和4个委员会（技术委员会、回收利用委员会、回收利用商业化研究委员会、IT宣传委员会）。此外，协会设有秘书处，负责协会的日常运作。秘书处的工作曾在1988年委托给社团法人增强塑料协会进行，并在2005年委托给日本化学纤维协会进行。图3-3-3示出了日本碳纤维协会的组织结构。

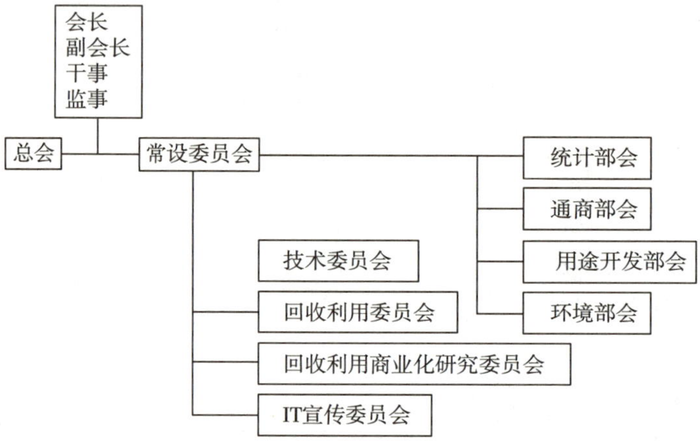

图3-3-3　日本碳纤维协会的组织结构

日本碳纤维协会的会员分为正会员、准会员和赞助会员三类。目前，该协会共有10家公司会员。其中，正会员7家，赞助会员3家，均为日本本土企业。表3-3-1示出了日本碳纤维协会公司会员的名单。

表3-3-1　日本碳纤维协会公司会员名单

会员类型	会员名称	公司代码（CPY）
正会员	东丽	TORA
	三菱丽阳株式会社（以下简称“三菱丽阳”）	MITR
	株式会社吴羽（以下简称“吴羽”）	KURE
	东邦特耐克丝株式会社（以下简称“东邦特耐克丝”）	TOHS（东邦人造丝） TENA-N（欧洲分公司） TOTE-N（东邦特耐克丝）
	大阪燃气化学株式会社（以下简称“大阪燃气化学”）	OSAG
	三菱树脂	MISD
	日本石墨纤维株式会社（以下简称“日本石墨纤维”）	NIGR-N NIOC（原日本石油）
赞助会员	日本碳株式会社（以下简称“日本碳”）	NICN
	JX日矿日石能源株式会社（以下简称“JX日矿日石能源”）	NIOC
	日本焦炭工业株式会社（以下简称“日本焦炭”）	MIMI（原三井矿山）

日本碳纤维协会的7家正会员均为碳纤维制造商，且其产品线大多较为齐全，包括了纤维、织物等各种形态的碳纤维材料，预浸料、预制件等中间材料以及碳纤维复合材料，具有从原丝到碳纤维再到复合材料的完整生产线。3家赞助会员中，2家为碳纤维、中间材料及碳纤维复合材料的制造和加工企业，1家为涉及材料回收利用业务的企业。

日本碳纤维协会的7家正会员中，东丽、东邦特耐克丝和三菱丽阳3家公司生产PAN基碳纤维。

从市场份额来看，上述3家公司的市场份额占全球PAN基碳纤维市场份额的70%以上。图3－3－4示出了PAN基碳纤维全球市场份额的分布情况。

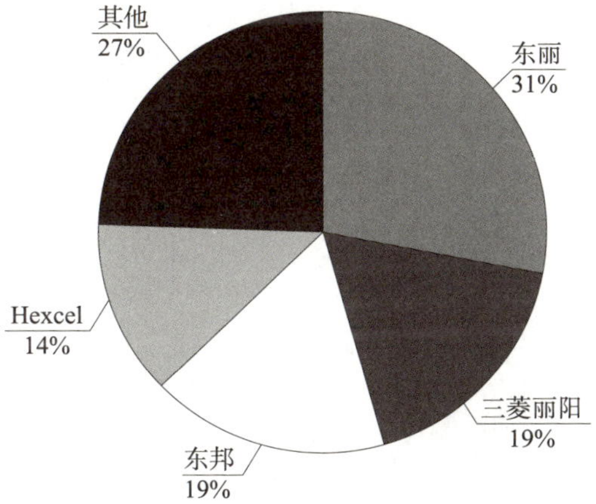

图3－3－4 PAN基碳纤维全球市场份额分布

针对全球范围内涉及碳纤维的专利申请进行了分析，结果表明：日本专利申请占全球总申请的近半数，其中，1/5以上为日本碳纤维协会会员提出的专利申请；在碳纤维生产工艺领域，日本专利申请占全球总申请的六成以上，其中，近四成为日本碳纤维协会会员提出的专利申请，参见图3－3－5。

从各碳纤维品种分别来看，在PAN基碳纤维方面，日本专利申请占全球总申请的近七成，其中，七成以上为日本碳纤维协会会员提出的专利申请；在沥青基碳纤维方面，日本专利申请占全球总申请的八成以上，其中，1/5以上为日本碳纤维协会会员提出的专利申请。

上述数据表明，日本碳纤维协会的会员不仅是碳纤维生产的主要力量和市场占有者，也是日本碳纤维相关技术的研发主体。

上述通过分析日本碳纤维联盟的历史沿革、组织结构、协会会长变化情况、联盟成员、主要成员信息等，全方位地介绍了日本碳纤维联盟组织的运作，并通过碳纤维制造商的产能信息、主要会员专利申请情况，获得了全面立体的日本碳纤维产业链情况。这为后续的几家主要专利申请人分析作了宏观的铺垫，分析过程详尽清晰。

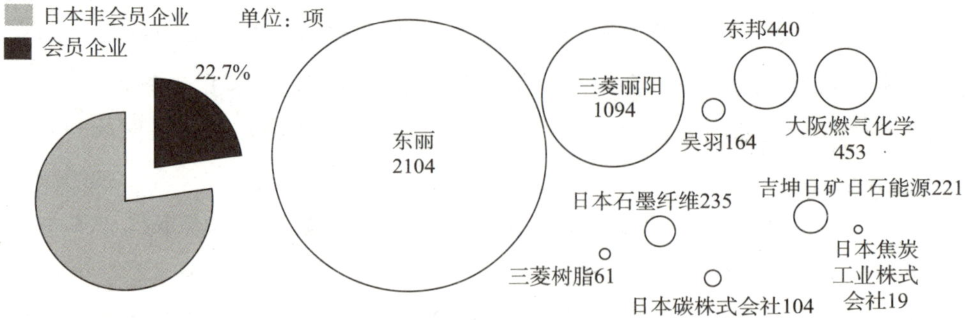

（a）碳纤维全部（全球49059，日本21524）

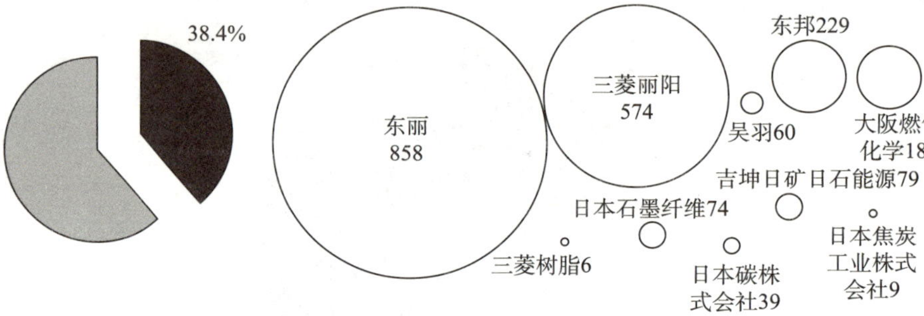

（b）碳纤维生产工艺（全球8861，日本5491）

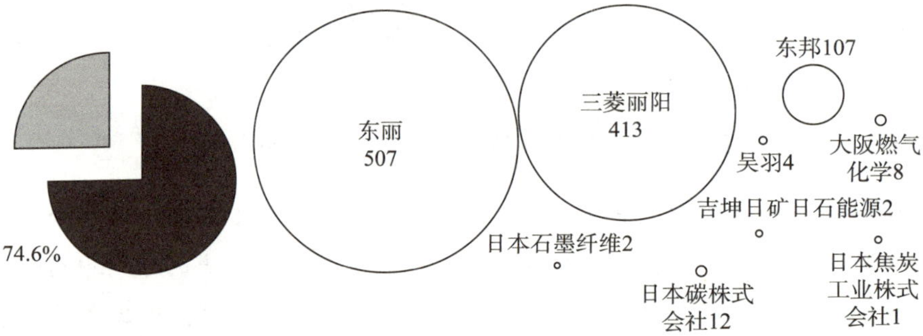

（c）PAN基碳纤维生产工艺（全球2040，日本1415）

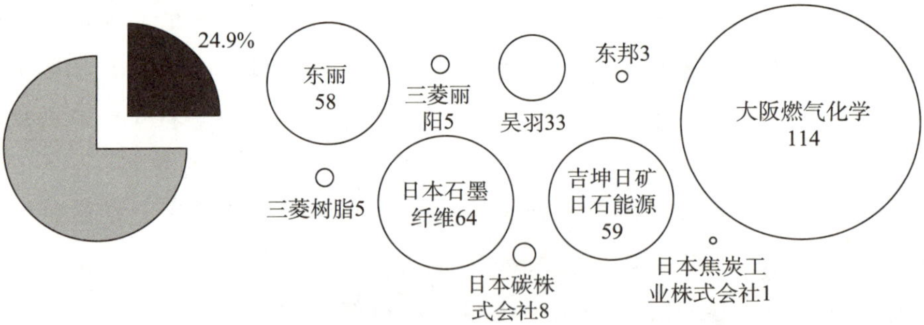

（d）沥青基碳纤维生产工艺（全球1678，日本1406）

图3-3-5　日本碳纤维协会会员的专利申请情况

3.3.2　价值链信息收集

3.3.2.1　价值链的概念

价值链是产业链价值属性的体现，是产业链的重要表达。价值链上的每一项价值活动都会对企业最终能够实现多大的价值造成影响。进行价值链研究，就是要在深入了解行业价值链“经济学”的基础上，对其影响的方面和影响程度进行深入的考察，充分权衡其中的利弊。

企业的任何一种价值活动都是经营差异性的一个潜在来源。企业通过进行与其他企业不同的价值活动或是构造与其他企业不同的价值链来取得差异优势。真正重要的是，企业的经营差异战略必须为客户所认同。另外经营差异必须同时控制实现差异经营的成本，以便将差异性转化为显著的盈利能力。

本节重点从产业链的价值属性，即价值链来重点描述专利申请人分析中价值链调查的主要内容和调查方法。

3.3.2.2　价值链信息的获取内容

价值链是产业环逐级累加的有机统一体，某一链环的累加是对上一环节追加劳动力投入、资金投入、技术投入以获取附加价值的过程，链环越是下移，其资金密集性、技术密集性越是明显；链环越是上行，其资源加工性、劳动密集性越是明显。由此，欠发达区域与发达区域的类型划分，往往是依据其在劳动地域分工格局中的专业化分工角色。一般而言，欠发达地区更多地从事资源开采、劳动密集的经济活动，其技术含量、资金含量相对较低，其附加价值率也相对较低；发达地区更多地从事深加工、精加工和精细加工经济活动，其技术含量、资金含量相对较高，其附加价值率也相对较高。

专利分析人员在进行价值链调研时，应当注意收集关于企业在产业链中盈利模式、市场占有率、成本控制、销售渠道、企业整合及并购、技术研发及合作等相关情报信息，为后续针对价值链的专利分析作充分的资料储备。企业专利分析人员在价值链信息获取中，要考虑以下要素类型。

① 资本密集型：需要大量的资本投入的产业，比如钢铁房地产。

② 技术密集型：技术含量较高，比如飞机制造。

③ 劳动密集型：主要依赖劳动力，比如纺织。

④ 知识密集型：依靠创意设计等智慧投入，比如创意产业。

⑤ 资源密集型：依赖资源消耗，比如煤炭木材。

3.3.2.3 价值链调查方法及调查重点

（1）价值链的调查方法

价值链的调查与前述产业链的调查方法的出发点不同，应当注重以下两个方面内容的调查。

首先，价值链的调查应当更加注重产业链中企业的主体形态，调查中突出企业主体在产业链条中价值交换的行为和内容，其调查角度充分反映出企业在产业链中的生态关系。通过价值链信息的搜集，获取并确定作为价值创造主体的企业的生存竞争现状。

其次，价值链的调查应当在企业生存竞争现状等情报的基础上，重点调查企业主体的要素密集度、核心技术、研发动向、合作并购等，为后续产业发展趋势分析和企业专利布局分析等提供有价值的参考信息。

（2）价值链调查重点及示例

【案例3－9】 氟化工产业价值链①

从图3－3－6和图3－3－7中可以明显看出，我国氟化工产业目前主要集中在产业链较上游的氟化氢、氟化盐和氟烷烃上，而附加值较高的含氟聚合物和含氟精细化学

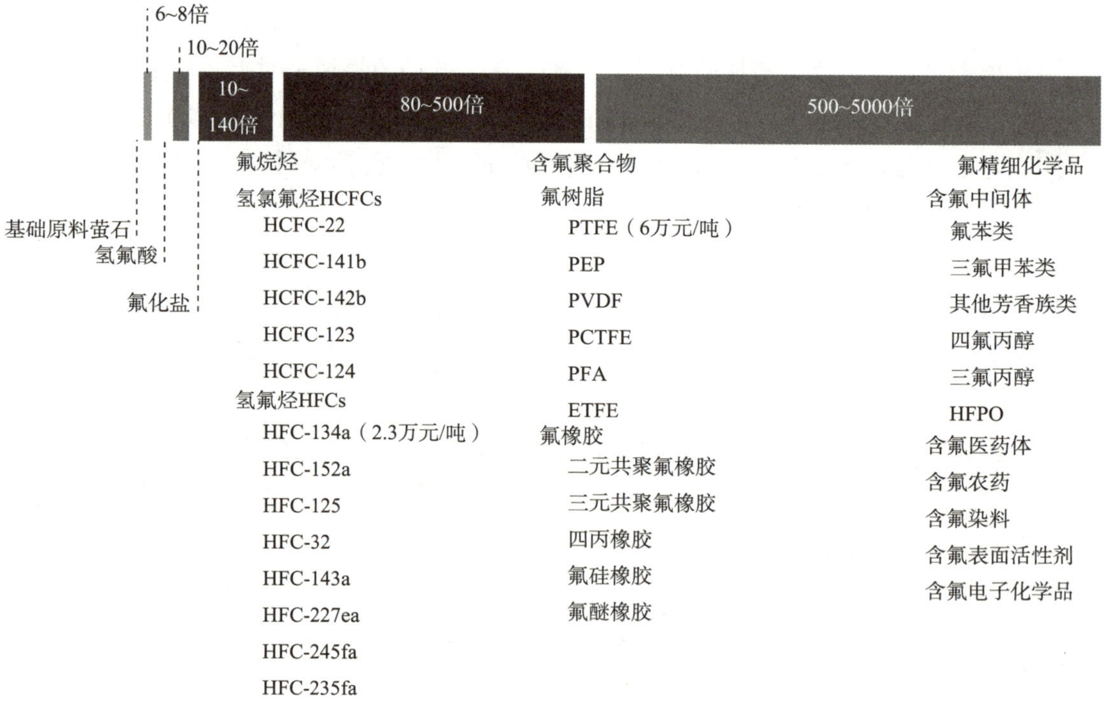

图3－3－6 氟化工价值链

① 杨铁军. 产业专利分析报告（第26册）：氟化工［M］. 北京：知识产权出版社，2014：7.

品所占的份额较低。相对而言，美国、欧盟和日本等发达国家和地区在含氟精细化学品和含氟聚合物所占的比例很大，特别是日本，其产业链上游的氟化氢和氟化盐所占的比例几乎可以忽略不计。

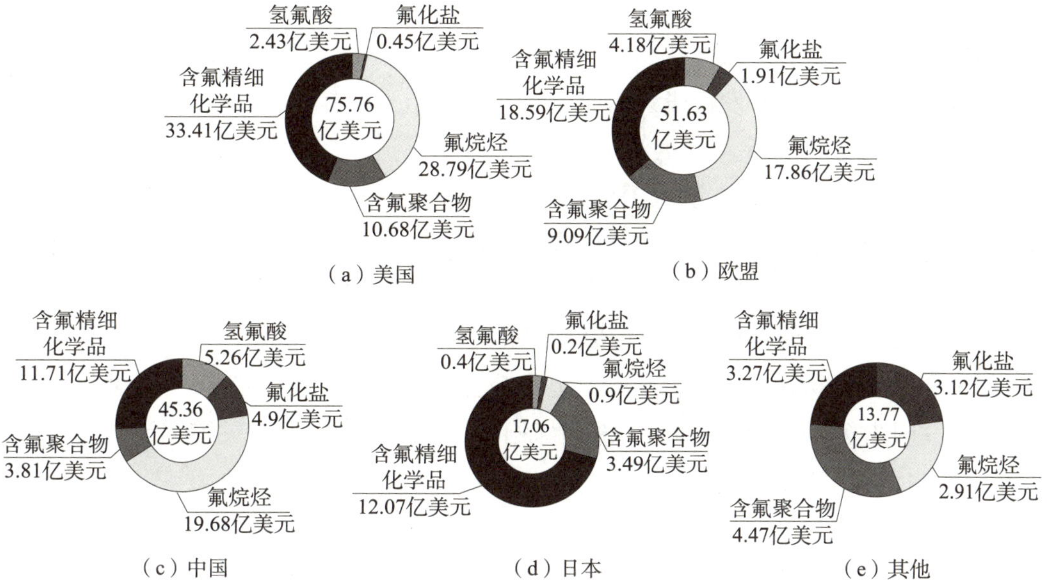

（a）美国　（b）欧盟

（c）中国　（d）日本　（e）其他

图 3－3－7　2010 年世界氟化工总产值分布

目前，我国氟化工产业链的明显特征为前粗后细。氟资源消耗过速，萤石资源得不到优化配置，产业链集中趋向于上游一端，简单的资源型企业过多，相对于国际企业缺乏竞争力。

3.3.3　上市公司信息收集

上市公司是指所发行的股票经过国务院或者国务院授权的证券管理部门批准，在证券交易所上市交易的股份有限公司。上市公司的信息向社会公众公开，透明度高。对于上市公司的商业信息可以通过其年报以及证券网站等途径获取。

3.3.3.1　上市公司年报

（1）上海证券交易所

首先输入网址 http：//www. sse. com. cn/，进入上海证券交易所首页；在页面左侧的“资料检索”目录下，找到“上市公司”；点击“上市公司”后进入界面，在搜索栏中可键入想要查找的上市公司简称关键字，例如想要搜索“中石油”，输入“石油”；无须点击回车，出现检索结果，点击其中“中国石油”，点击“GO”。

页面出现检索信息，点击“中国石油”，或相应证券代码；出现所有相关信息，在标题下的一排目录中选择“公司公告”；在检索范围选择“定期报告”，之后可以在后面的“更多条件”选择报告的起止日期，之后点击“GO”；上市公司季报、年报就可以找到了。

如果需要找招股书，同样在相同的路径下，键入搜索公司关键词，之后在公司公告上即可找到“首次公开发行股票招股说明书”及相关内容。

（2）深圳证券交易所

键入网址 www. szse. cn，进入深圳证券交易所主页，点击“信息披露”，之后在左侧点击“上市公司信息”中的“上市公司公告”；在搜索栏中输入想要查询的公司证券代码或名称（并在下拉选择中选择需要的公司），选择需要的公告类型和日期范围，之后进行搜索，在其公告全文中就可以找到其历年的季报和年报。

如果需要找招股书，可以在点击“上市公司公告”后，在页面靠上中央部分下拉菜单选择“首次公开发行及上市”，选择好相应日期及公司代码或关键词后，点击搜索即可。

（3）香港证券交易所

进入香港证券交易所网站 www. hkex. com. hk；点击左侧 quick links 的“for inventors”，进入后点击 HKExnews website 的“Listed Company Information”，点击左上方的“advanced search”进行搜索；在股份代号栏中输入想要查找公司的股票代号或公司名称，即可查看所有公告。

若想查找尚未上市公司的招股书，可以在“For Investors”界面中点击“New Listing Information”；之后点击“Prospectuses”，即可查看目前尚未上市企业的招股书。

（4）NASDAQ

进入纳斯达克主页 www. nasdaq. com，点击页面中间的搜索栏，输入公司代码进行搜索；点击页面左上“Quotes”中“Fundamentals”的“Financials”；即可直接出现 annual data，之后分别有 Income Statements、Balance Sheets、Statements of Cash Flow、Financial Ratios。

3.3.3.2 证券公司网站

（1）中国证监会官方网站

① 键入网址 http：//www. csrc. gov. cn/pub/newsite/，进入中国证监会主页。

② 在界面上部的“政务”标题中点击“信息披露”。

③ 点击页面左侧的“上交所信息披露”或“深交所信息披露”看到相关公告，点击页面右侧的“更多”，即会进入到“上海证券交易所”或“巨潮资讯网”，可以进行更加详细的查找。

（2）金融界

① 键入网址 http：//www. jrj. com. cn/，进入金融界网站主页。

② 在搜索栏中输入想要查询的上市公司股票代码，如输入“000002”查找万科公司。

③ 在出现的所有关于万科公司的信息界面中，左边的“业绩报告”中可以找到完整翔实的年度报告。

（3）雅虎财经

① 进入网站 http：//finance. yahoo. com。

② 在左侧搜索栏 Quote Lookup 中键入戴尔的名称：Dell，然后点击“go”，之后在搜索结果通过 symbol 栏确认查找的企业，进入戴尔的信息主页。

③ 在左侧 Financials 栏下，分别点击 Income Statement、Balance Sheet、Cash Flow，可依次找到戴尔近 3 年的财务报表数据。

3. 3. 4　非上市公司信息收集

对于非上市公司，由于其没有对公众公开其经营情况的义务，因此其相关信息的收集较为困难。但是仍然能够通过以下几种方式，收集部分经营信息。

3. 3. 4. 1　公司官方网站

目前大多数企业都有自己的官方网站，在官方网站中一般会有企业介绍的版块，在该版块中一般会涉及公司规模、企业发展历史、涉及行业、主要产品等信息，有些企业还会披露其营业额、收入增长情况等。这些信息能够初步了解企业，但是上述信息也具有一定的局限性。首先，上述信息均为企业希望披露给公众的信息，也就是说，上述信息均为能够较好反映企业经营情况的信息，必然无法体现企业可能存在的问题。其次，企业官方发布的信息，其真实性无从考证，通过官方网站发布的介绍性文章所披露的信息并不具备特定的法律效力。因此，上述信息只能作为参考，不能作为对企业经营情况等分析的具体依据。

3. 3. 4. 2　企业信用信息查询

全国企业信用信息公示系统（http：//gsxt. saic. gov. cn/）能够查询在全国各地工商部门登记注册的企业的工商公示信息（如登记信息、备案信息、动产抵押、股权出质等信息）、企业公示信息（如企业年报、行政许可信息等）以及其他部门公示信息（如相应的行政许可与处罚信息等）。

登录该网站后，通过进入各地方工商部门的链接，即进入对具体企业的检索，我们仍然以“联想”为例，进入北京工商部门链接。

通过输入企业名称，并在搜索后点击具体企业即可进入相应企业的信息公示页面。

在左侧“企业公司和信息”标签中的“企业年报”页面，可以看到由企业提交的年报信息，由于企业年报由企业提供，因此并不是所有企业的页面均具有相应年报，也不是所查询企业会把自身每一年的年报均进行公示。需要注意的是，其真实性与合法性均由企业自身负责，该公示系统并不对年报的真实性进行全面核查。

点击相应年度，可以查询到企业基本信息、股东及出资信息、对外投资信息等。

此外，还可以通过查询各地的“红盾网”对企业的信用信息进行查询，例如广州红盾信息网（www. gzaic. gov. cn），天津红盾信息网（http：//www. tjaic. gov. cn/）等。

3.3.4.3 企业纳税信用等级查询

纳税信用也能够从一个侧面反映企业的经营以及信用情况。通过全国企业纳税信用等级查询系统，可以查询相应企业的纳税信用等级，从而对企业的综合经营状况有所了解。全国企业纳税信用等级查询网址：http：//hd. chinatax. gov. cn/fagui/action/InitCredit. do。

3.3.4.4 产权交易信息查询

某些企业在经营过程中，由于经营状况的变化，例如经营恶化、经营重心转移、寻求投资与合作等因素，可能会将自身的部分产权用于交易。而通过对该企业产权交易信息的查询，可以从另一个侧面对企业经营状况进行了解。

很多企业会通过产权交易所公开自己的产权交易信息，国内各地区均具有自己较有影响力的产权交易所，例如：北京产权交易所（http：//www. cbex. com. cn/），上海联合产权交易所（http：//www. suaee. com/suaee/portal/index2012. jsp）等。

3.3.4.5 其他信息查询

除了上述方式之外，调查非上市企业经营情况最为直接的方式即为查阅该企业所处的行业报告。一些重点企业的经营情况可能会出现在该领域行业报告中，可以对该领域行业报告进行查阅，从而获得该企业的经营情况。

3.3.5 特色商业信息收集

除了常规商业信息的收集，在某些领域还存在特色的商业信息，例如在很多领域对于并购信息都需要掌握，在医药领域需要了解准入信息，对通信行业而言标准和协议显得尤为重要。本节主要介绍如何获取这些特色商业信息。

3.3.5.1　并购信息

国外企业在进行并购时，如果并购双方涉及某一特定联盟或组织，一般会在该联盟或组织进行备案甚至审批。例如，美国联邦通信委员会对于涉及美国通信领域企业之间的并购在其网站上均有记录。可以通过以下网址进行查询：http：//www.fcc.gov/mergers。

与上市公司年报查询类似，很多金融网站也包含专门涉及企业间并购信息的板块，上述板块一般会直接登载最新的重大企业并购新闻及信息，并可以查询往年的重大企业并购信息。如雅虎财经并购板块 http：//finance.yahoo.com/news/category－m－a/，路透社并购专栏 http：//www.reuters.com/finance/deals/mergers，每日财经并购专栏 http：//www.dailyfinance.com/category/mergers－acquisitions/。而国内网站，例如中国并购交易网（http：//www.mergers－china.com/）其并购新闻板块以及投资中国网站的并购板块（http：//capital.chinaventure.com.cn/merger/）均具有较为丰富的信息可供查询。

另外，一些金融研究机构会对公众免费开放部分商业研究信息，例如 BUREAU VAN DIJK（http：//www.bvdinfo.com/zh－cn/home）会在其并购信息发布网站（http：//www.mandaportal.com/Home）定期免费发送近期全球企业并购信息。

此外，在各公司的官方网站一般也可以查询到相应的并购信息。

当外国投资者希望并购境内企业时，需要在中华人民共和国商务部进行安全审查（http：//wzbgsc.mofcom.gov.cn/zhinan.shtml）。一些涉及重大影响的并购案件，商务部会在其网站上公布审查结果，例如商务部就可口可乐公司收购中国汇源公司案反垄断审查作出裁决（http：//www.mofcom.gov.cn/article/ae/ai/200903/20090306108388.shtml）。此外，对于其他涉及垄断行为的并购案件，商务部也会将相应公告进行公开，如商务部公告2014年第24号关于附加限制性条件批准微软收购诺基亚设备和服务业务案经营者集中反垄断审查决定的公告（http：//www.mofcom.gov.cn/article/b/e/201404/20140400542508.shtml）。

3.3.5.2　标准、协议信息

很多领域的企业在进行产品生产时，需要遵循国家标准或者相关协议，而如果该企业能够参与国家标准或者相关协议的制定，对于企业的发展而言将具有极大的推动作用，同时也是企业在该行业中实力的认可。对于在国内实行的国家标准，可以通过国家标准查询网（http：//cx.spsp.gov.cn/）在免费注册后进行查询与预览，标准内容中一般会涉及起草单位。而对于通信领域标准协议可以通过通标网（http：//www.ptsn.net.cn/standard/）进行查询，可以查询到最新发布的通信领域相关标准协议、执行情况以及起草单位等。

3.3.5.3 药品批号信息

按照《关于实施国家药品编码管理的通知》（国食药监办〔2009〕315号）的要求，对批准上市的药品实行编码管理，在国家食品药品监督管理总局网站上予以发布。因此，对于国内企业而言，药品若要上市必须通过国家食品药品监督管理总局的许可。对于具体种类的药品、保健食品、化妆品、医疗器械，以及普通食品的生产厂家，均可以在国家食品药品监督管理总局官方网站的数据查询页面进行查询（http://app1.sfda.gov.cn/datasearch/face3/dir.html）。

美国食品药品监督管理局（FDA）隶属于美国国务院保健与服务部的公共健康服务署，负责美国所有有关食品、药品、化妆品及辐射性仪器的管理，其要求在美国销售的药品不仅有安全性还要证明有效才可销售。对于相应药品、食品添加剂等的名称、成分及生产公司信息可以在FDA官方网站（http://www.fda.gov/NewsEvents/ProductsApprovals/default.htm）进行查询。

3.3.5.4 认证信息

中国政府为兑现“入世”承诺，于2001年12月3日对外发布了强制性产品认证制度，从2002年5月1日起，国家认证认可监督管理委员会开始受理第一批列入强制性产品目录的19大类132种产品的认证申请，即为3C认证。3C标志并不是质量标志，而只是一种最基础的安全认证。对于企业生产相关产品的3C认证信息可以通过中国质量认证中心的证书查询页面（http://www.cqc.com.cn/chinese/zscx/A0107index_1.htm）进行查询。

3.4 产品/技术信息收集

3.4.1 产品信息收集

在竞争对手分析中，对竞争对手的产品信息进行收集，有助于我们深入地了解竞争对手的现有产品分布状况，预测竞争对手的未来发展方向。产品信息通常包括现有产品构成、产品市场概况、产品性能、产业链的构成等。产品信息收集的现有方法各有优劣，主要包括以下几种方法。

（1）网络公开信息收集法

产品网络公开信息的收集渠道包括竞争对手公司网站、行业协会网站、行业分析公司网站、相关专业数据库等。在收集过程中，通过专业的智能网络信息监测系统是理想的产品网络公开信息收集方法。智能网络信息监测系统主要依托于网络爬虫（或称网络蜘蛛、网络机器人）技术，自动跟踪和监测互联网上的目标网站，只要目标网站上出现与预先设定信息相匹配的关键词或关键词组，立即单篇或批量抓取下来，并经过过滤、剔除，提取有价值的文字与正文图片信息，自动打包成文件保存到产品信息数据库中。该方法适合处理海量的信息资源，其速度快、效率高、时效性强。但要注意的是，它要求收集人员预先知道目标站点，设定监测与抓取条件，但抓取下来的信息量大，而且会有失真现象，也有些往往不是我们想要的信息。此外，可以通过人工检索万方系列商用数据库、中国知网、重庆维普系列数据库等专业数据库来获得相关产品的信息，这通常需要查询多个数据库才能全面获取所需的产品信息，因此可以利用跨库检索对多个数据库进行统一检索查询，查询结果在统一的平台下汇总与去重，从而提高产品信息收集的效率。①

（2）实地调研法

实地调研是产品信息收集的重要手段之一。在各类活动如展览会、参观访问、现场考察、信息发布会、科技交流会、订货会、交易会等中，通过现场观察，与相关人员进行深层次交流沟通等，可以获得大量产品信息如现有产品构成、产品市场概况、产品性能等。实地调研具有认知直观、信息准确的优点，但存在成本较高、调研对象选取困难等缺点。

（3）问卷调查法

问卷调查是产品信息收集的常用手段之一，可作为实地调研法的重要补充手段，能够增大调查的广度。问卷调查具有针对性强、成本较低的优点，可以以较少的时间和成本获取更多的产品信息，但存在问卷设计耗时，后期调查结果整理困难的缺点。因此，在采用问卷调查法进行产品信息收集时，可根据需要目标信息，设计相关调查问卷，发放给产品的消费者、竞争对手的合作伙伴、行业内的专家等，回收问卷，并进行相应的统计分析，从而获取所需的产品信息。

（4）实物收集法

实物收集法是通过搜集目标产品相关的各种样品、样机、产品、标本等实物，并对其进行解剖、测试、化验、分析等，以获得所需产品信息如产品结构、产品性能等的方法。实物收集法获取的信息具有真实性、直观性、易仿制、易检测等特点，但存在适用领域受限以及成本较高等问题，需根据具体产品情况，酌情选用。

（5）公关与访谈法

公关与访谈法是指通过采用与各类相关人员交往、通信、咨询、访谈等方式搜集产品信息的方法。例如，通过与竞争对手的工作人员，市场销售人员的交往和私人通

---

① 侯威．企业竞争情报收集渠道及方法浅析［J］．安徽科技，2007（6）：38－39.

信搜集产品信息，利用竞争对手的竞争关系和矛盾，运用各种手段和技巧来搜集产品信息；通过与相关专家进行访谈，收集相关产品信息等。公共与访谈法的关键是公共访谈对象的选取，应结合行业和产品本身的特点和发展情况选取关键人员、权威专家等。

以上是现有的产品信息收集常规方法，其中网络公开信息收集法是最常用且最有效的方法。在进行产品信息收集时，收集人员可以根据所涉及的具体研究对象的实际情况，将网络公开信息收集法与以上其他方法共同使用，进行相关产品信息的收集。图 3－4－1 是日本东丽主要碳纤维产品性能信息，这是相关研究人员通过网络公开信息收集法收集的日本东丽碳纤维产品信息。图 3－4－1 中显示了截至该报告研究之前，东丽拥有的碳纤维系列产品种类众多，涵盖普通型、高强型、高强中模型、高强高模型。其代表性产品有 T300、T1000、M60 等，其中最新高模型产品 M70J 的最大拉伸模量已经达到 690GPa，高强型产品 T1000 拉伸强度已经能够达到 7020MPa。

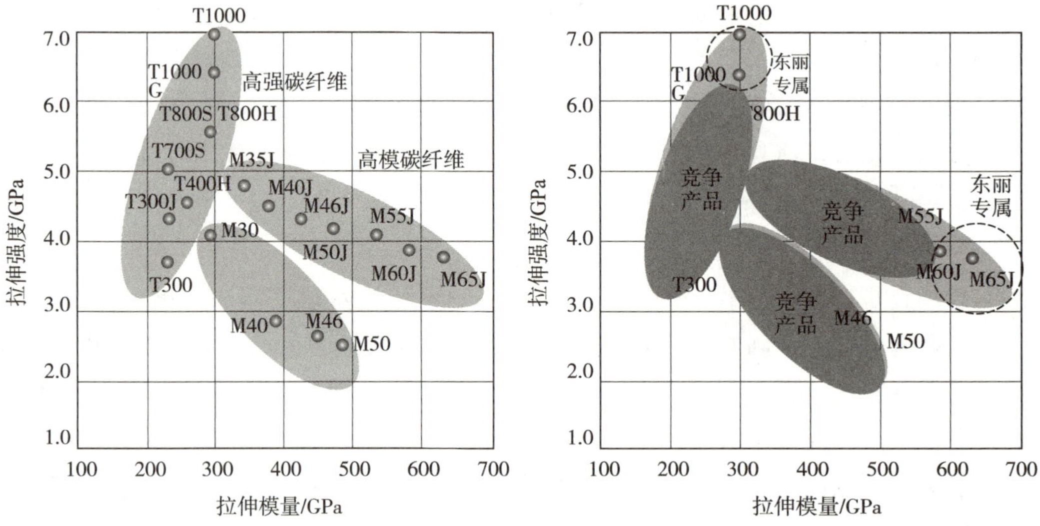

图 3－4－1　日本东丽主要碳纤维产品性能①

3.4.2　技术信息收集

技术是公司发展的根本，也是公司产品依托的基础，因而在竞争对手分析中，除了要对其产品信息进行收集，还应对其技术信息进行收集和监控。技术信息通常包括：技术的发展历程、现状和趋势，技术链的构成，研究对象关注的技术热点和难点，相关产业政策等。目前，关于技术信息的收集渠道主要包括相关专利技术信息和非专利

① 杨铁军. 产业专利分析报告（第 14 册）：高性能纤维［M］. 北京：知识产权出版社，2013：139.

技术信息。

（1）专利技术信息的收集

专利技术信息的收集主要是对研究对象所拥有的专利技术进行分析，从而获取相关的技术信息。绝大部分公司都会针对其所研究的技术在相应目标国家和地区进行专利申请，以期在这些国家和地区获得合法的技术垄断。这些专利技术涵盖了研究对象过去的技术、现在的技术以及目前正在研发的技术，是非常重要的技术信息。

专利技术信息的收集可以以研究对象以及其研发人员为入口在相关专利数据库中进行检索。

图3-4-2是美国戈尔公司在全氟磺酸树脂膜领域的全球技术发展路线图，图中显示了截止到该报告研究之前，美国戈尔公司在该领域的相关专利技术信息。这是相关研究人员通过对戈尔公司拥有的全氟磺酸树脂膜相关专利技术进行检索、分析归纳后所绘制的全氟磺酸树脂膜的技术发展历程。①

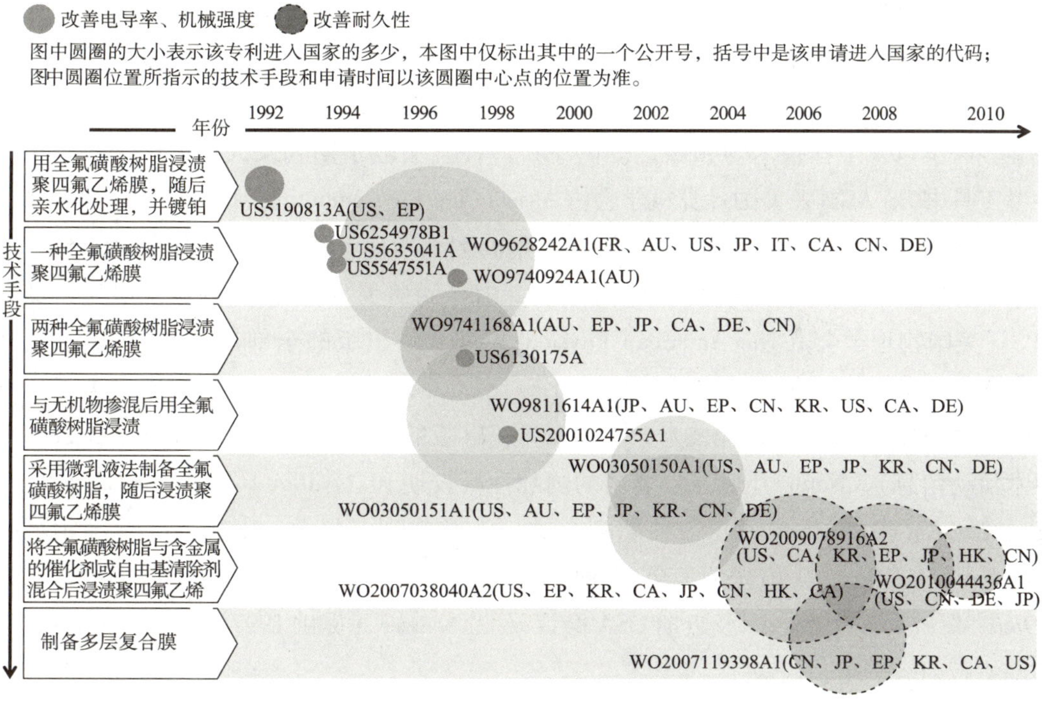

图3-4-2　美国戈尔公司在全氟磺酸树脂膜领域的全球技术发展路线图

（2）非专利技术信息的收集

非专利技术信息主要包括国内外期刊、学位论文、国内外会议、相关国家地区的产业政策等。以上关于产品信息收集的方法大部分也可以用于非专利技术信息的收集，

① 杨铁军. 产业专利分析报告（第26册）：氟化工［M］. 北京：知识产权出版社，2014：138.

具体内容参见本章第 3.4.1 节。然而，非专利技术信息的收集最主要、最常用的渠道是相关专业数据库，目前的主流专业数据库包括：

① 中文专业数据库，主要包括：中国知网 CNKI（包括中国期刊、中国优秀博硕士学位论文、中国重要报纸、中国重要会议论文等全文数据库），万方数据库（包括中国学术会议论文全文、外文学术会议论文全文、中国数字化期刊、中国学位论文等全文数据库以及中国标准数据库、科技信息子系统等文摘数据库），维普数据库（提供自然科学、工程技术、农业、医药卫生、经济、教育和图书情报等学科的数万余种中文期刊数据资源），读秀学术搜索（提供全文、图书、期刊、报纸、学位论文、会议论文、专利、标准、视频 9 种类型的资源检索，并提供部分资源的全文在线浏览和下载）等。

② 国外专业数据库，主要包括：Web of Science（以科学引文索引（SCI）为核心，集期刊、专利、会议录、化学反应等学术资源，涉及自然科学、工程技术、生物医学等领域），Elsevier Science Direct（最大的科技、医学文献全文数据库，收录期刊、图书等，涉及生命科学、物理、医学、工程技术等领域），SpringerLink（提供医学、生命科学、计算机科学等多个学科的文献全文，包括 2600 多种期刊全文和计算机讲义等丛书），Wiley Online Library（整合 Wiley 及 Blackwell 的全部数据资源，涉及化学、生命科学、医学以及工程技术等领域，提供 360 多种全文电子期刊及大量电子图书、电子参考工具书），ACM（美国计算机学会（Association for Computing Machinery）数字图书馆，收录 ACM 出版的 45 种期刊及在线计算机文献指南），ACS（美国化学学会（American Chemical Society）出版的 35 种期刊，内容涵盖了 24 个主要的化学研究领域），APS（美国物理学会（The American Physical Society）出版的全部期刊），Embase（生物医学和药理学领域信息的文摘库），IEEE/IET Electronic Library（美国电气电子工程师学会（IEEE）和英国工程技术学会（IET）出版的期刊、会议录、标准全文及相关学术活动信息），Nature［收录了著名的国际性科技期刊（*Nature*）及 *Nature Biotechnology*、*The EMBO Journal* 等几十种期刊全文，涉及物理、化学、生物、医学等领域］，*OSA Optics InfoBas*［美国光学学会 13 种经同行评议的电子期刊、每月出版的新闻杂志（*Optics & Photonics News*）及近期 OSA 会议录］，*Science*（提供 1997 年以来 *Science* 周刊的网络版内容）等。

3.4.3 标准信息查询

在进行产品和技术信息收集时，通常还需要对本行业内相关标准进行收集。标准按照其适用范围可分为国际标准、区域标准、国家标准、行业标准、地方标准、企业标准。其中，国际标准由国际标准化组织（ISO）理事会审查，ISO 理事会接纳国际标准并由中央秘书处颁布；中国国家标准由国务院标准化行政主管部门制定；行业标准由国务院有关行政主管部门制定；企业生产的产品没有国家标准和行业标准的，应当制定企业标准，作为组织生产的依据，并报有关部门备案；企业标准由企业制定，由企业法人代表或法人代表授权的主管领导批准、发布，企业标准一般以“Q”作为企业标准的开头。在中国，国家标准一般包括：强制性国家标准（GB）、推荐性国家标准（GB/T）、国家标准指导性技术文件（GB/Z）、国家军用标准（GJB）。

以下介绍常用的标准信息查询方法。

（1）国际标准查询方法

国际标准可使用多种方法进行查询，这里仅介绍通过 ISO 网站（http：//www. iso. org）查询国际标准的方法。第一步：登录 ISO 网站首页，可直接在浏览器地址栏中输入网址，亦可在“国家标准化管理委员会”网站首页底端点击国家标准化组织 ISO 网站的链接；第二步：在页面左侧“Store”栏中，单击“Standards catalogue”；第三步：在跳转的页面中出现以下窗口，此时有三种查询方式可供选择：① 在“Search the standards catalogue”中输入所查国际标准的编号、全称或关键词，然后单击“Go”，再在跳转的页面中选择所查询的标准，点击其标准号；② 按“国际标准分类法（ICS）”查询：单击“Browse by ICS”，选择所查标准从属的领域（Field），单击其对应的 ICS 号；页面中出现对该领域的进一步细分，继续选择所查标准所属的类别，并单击其编号；在出现的标准目录页面中单击所要查询的标准的编号即可；③ 按“标准化技术委员会（TC）”查询：单击“Browse by TC”，选择所查标准归口管理的标准化技术委员会（Committee），单击其编号；页面中出现直接由该技术委员会归口管理的标准目录，同时还有该技术委员会下属的分技术委员会（Subcommittee，SC）；若所查标准直接由该技术委员会归口管理，则直接在标准目录中选择所要查询标准，若是由 SC 归口管理，则继续选择相应的 SC，再在 SC 的标准目录中选择所要查询的标准。

（2）中国国家标准查询方法

中国国家标准可通过多种方法进行查询，这里仅介绍通过国家标准化管理委员会网站查询国家标准的方法。

对于已发布国家标准，第一步：登录“国家标准化管理委员会”网站首页（http：//www. sac. gov. cn）；第二步：在页面中间“公众服务”栏中“标准查询”栏下面单击“国家标准目录查询”；第三步：在弹出的页面中输入待查标准的信息，一般有三种查询方式：① 输入国家标准号，单击页面下方的“提交（Submit）”，可精确查询所输入标准的信息；② 输入标准中文名称或英文名称的全称或关键词，单击页面下方的“提交（Submit）”，可查询所输入标准或与所输入关键词相关的标准；③ 输入归口单位名称或代码，单击页面下方的“提交（Submit）”，可查询所有由该单位归口管理的国家标准；第四步：在弹出的标准目录页面中，单击所需查询标准的标准号，即可看到该标准的发布日期、实施日期、复审日期，以及主管部门、归口单位、起草单位等信息。

对于强制性国家标准，国家标准化管理委员会网站提供全文查询，具体查询方法如下：第一步：登录“国家标准化管理委员会”网站首页（http：//www. sac. gov. cn）；第二步：在页面中间“公众服务”栏中“标准查询”栏下面单击“强制性国家标准全文公开”；第三步：在弹出的页面中输入待查标准的信息，一般有两种查询方式：① 输入标准号，单击页面右侧的“查询”，可精确查询所输入标准的信息；② 输入标准中文名称或英文名称的全称或关键词，单击页面右侧的“查询”，可查询所输入标准或与所输入关键词相关的标准；第四步：在查询结果的页面中，单击所需查询标准的标准号，即可看到该标准的发布日期、实施日期、发布单位、标准状态等信息，并在页面右上方点击“全文查看”，即可查看该标准的全文。

对于正在制定/修订的国家标准，同“已发布国家标准查询”方法类似，登录“国家标准化管理委员会”网站首页，在“公众服务”栏中“计划查询”栏下面单击“国家标准计划查询”，再在弹出的页面中输入所要查询的正在制修订国家标准的以下任意一项信息：①“项目编号”；②中文或英文名称的全称或关键词；③归口单位名称或代码；单击“提交（Submit）”，页面显示为所查找的标准目录，再单击要查询的标准即可。

（3）中国行业标准查询方法

第一步：登录“中国标准服务网（国家标准文献共享服务平台）”（http：//www. cssn. net. cn），首先进行免费注册并登录；第二步：在首页中“资源检索”下面选择“标准文献”项，输入所要查询行业标准的标准号或关键词，再点击“搜索”；也可直接点击“高级”设置检索数据项，进行高级搜索；第三步：在出现的页面中，直接找到并点击要查询的标准。实际上，通过在中国标准服务网中输入关键词，可同时查询相关国际标准、中国国家标准及行业标准，而且中国标准服务网还提供了标准的文摘信息，可帮助查询者初步了解标准所规范的内容和所使用的范围，是一种既便捷又高效的标准查询方法。

此外，常见的标准查询网站还包括：国家标准查询网（http：//cx. spsp. gov. cn），标准技术网（http：//www. bzjsw. com），用于通信标准查询的通标网（http：//www. ptsn. net. cn），查询 IEEE 标准的 IEEE 中国（http：//cn. ieee. org）等。

分析篇

拿到信息怎么去分析

How to analyze the information

第4章　技术实力分析

技术创新是企业成功的基石，是企业最核心的竞争力，因此，专利申请人分析的首要任务就是了解对手核心竞争力究竟如何，即就其技术研发的能力和方向开展研究分析。针对竞争对手开展技术分析的目的有4个：一是把握大势，通过对主流或者多个竞争对手开展比较分析，号准时代的脉搏，避免技术边缘化或走上错误路线；二是评估实力，通过对竞争对手技术研发成果的总体数量和方向偏好进行分析，从而判断其未来的市场地位和技术特点；三是抢滩创新，在竞争对手已有技术成果的基础上，获取灵感和启示，寻找弯道超车的机会；四是寻找同盟，在评估多方技术实力和特点的基础上，锁定合作对象，实现优势互补或强强联手。

在这个“不创新会死”的时代，领先他人的每一小步都可能成为奠定未来的王者宝座的基石。因此，技术研发的方向一贯是技术型企业的“Top secret”，正所谓“信息就是力量”。通常，企业可以根据搜集到的市场情报、产品信息和企业动态等信息推测对手的研发方向，但这些信息是零散、模糊、不完整的，而专利文献作为技术信息的载体，凭借其特有的制度规定，使得对专利文献的技术信息开展分析成为能够全面、快速、准确、合法地了解竞争对手研发方向的有力武器。

4.1　总体态势

对竞争对手开展专利分析，就像是试图了解一个陌生人。一般而言，都会先从上到下、从头到脚总体打量一番，通过“看人”建立起概括性的初步印象，随后再仔细地观察细节，通过深度接触，慢慢、一步一步地知晓对方的过去和现状。因此，针对竞争对手的专利分析，需要对竞争对手的专利申请总量进行统计分析开始，描绘出对方的大体轮廓。

【案例4-1】

一般而言，当技术研发的节点性事件发生时，占据市场主体地位的大型企业会迅速采取行动，抢占先机，从而带动整个行业产生方向性倾斜，因此可以通过追踪龙头企业研发走向对行业整体下一步的迁移方向进行预测。通过对抗体药物领域的行业巨头罗氏的抗体药物相关专利申请总量的趋势进行分析，从图4-1-1可以发现，从1997年开始其专利申请量进入了新的阶段，通过对该时间段罗氏的专利申请进行阅读，进一步发现其大量地借助了EBI Swiss-Prot数据库中公开的EST数据信息，从而围绕多种抗原及其抗体申请了大量专利，这主要与当时人类基因组计划的全面展开和噬菌体抗体库的快速发展有着密切的关系。在此基础上，将其与抗体药物全球申请量趋势变化相对比，便可看出，通过关注罗氏的申请量变化趋势，可以及早发现节点性事件或者预判后续的发展趋势，从而选择相应的研发方向或制定相应的研发策略。

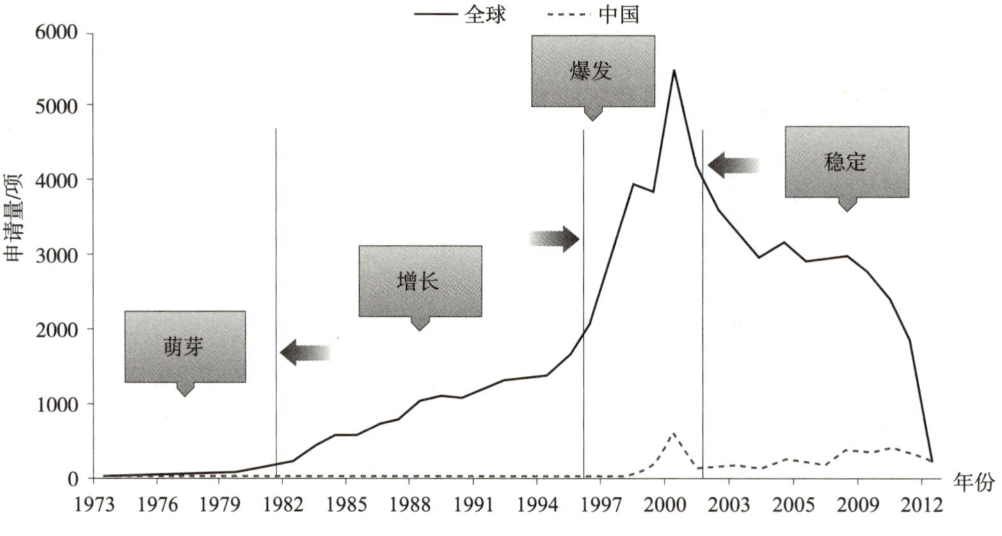

图4-1-1　罗氏抗体药专利申请量趋势①

【案例4-2】　各主要申请人移动互联网安全标准必要专利的全球分布

标准必要专利（Standard Essential Patent，SEP）对产品的推广实施有着重要的影

① 杨铁军. 产业专利分析报告（第28册）：抗体药物［M］. 北京：知识产权出版社，2014：169-170.

响，对整个产业发展起到至关重要的作用。通过对竞争对手SEP专利的地区分布情况进行研究，能够从整体上对其目标市场分布情况和市场商业策略进行了解，并通过比较不同竞争对手的异同，进而确定待分析对象的市场地位。表4-1-1可以清楚反映出布局移动互联网安全SEP的“雷区”，例如美国、欧洲、中国、日本、澳大利亚和韩国，也能明确该技术领域SEP竞争相对较缓和的区域，产品进入该区域所面临的专利成本和风险较小。从竞争对手的角度来分析，企业不仅需要了解全球移动互联网安全SEP分布，还要了解主要竞争对手的SEP布局情况。本案例也展示了诺基亚、高通等重要竞争对手在全球的SEP布局情况。诺基亚、高通在全球的SEP布局区域呈现相似的分布，欧洲、美国、中国、日本、韩国和澳大利亚是重点部署区域，与我国优势企业的部署区域不尽相同，可以看出，国内优势企业虽然在SEP总量上具有一定优势，没有将其SEP覆盖到专利竞争特点区域。在对竞争对手的SEP全球布局进行分析后，可以制定对应的专利布局策略来进行应对，提高单件SEP的作用力或扩大区域覆盖面。

表4-1-1 主要申请人移动互联网安全SEP的全球专利布局① 单位：件

部署国或地区	企业名称												
	华为	中兴	爱立信	NEC	NTT	高通	摩托罗拉	交互数字	VIRN-ETX	莫列斯	诺基亚	布尔CP8	阿尔卡特	西门子
美国	26	3	14	5	4	38	15	19	12	3	72	10	5	6
中国大陆	55	4	16	5	4	31	6	8	0	3	45	1	5	5
欧洲	25	3	13	5	4	33	7	8	5	3	61	5	5	6
日本	6	0	15	5	5	33	5	8	4	3	38	6	4	3
韩国	1	0	8	5	5	32		13	0	3	31	0	4	2
澳大利亚	1	0	11	1	4	26	2	5	5	0	49	0	1	1
德国	5	0	7	5	0	9	0	10	2	1	34	10	2	6
印度	6	0	8	3	4	20	3	4	0	0	22	0	2	2
尼泊尔	6	0	8	3	4	19	3	4	0	0	22	0	2	1
加拿大	3	0	7	2	3	18	5	7	0	1	17	2	1	0
中国台湾	0	0	2	0	0	22	0	13	0	3	13	0	0	0
巴西	1	0	7	0	0	23	1	1	0	0	16	0	1	2
墨西哥	0	0	6	0	2	19	3	32	0	0	7	0	0	1
瑞士	2	0	1	3	1	13	2	0	3	0	11	3	2	0
俄罗斯	4	0	3	1	4	15	1	4	0	0	8	0	0	1
菲律宾	0	0	1	0	1	4	5	0	0	2	5	3	0	0
新加坡	0	0	3	0	2	10	0	3	0	2	6	0	0	0
芬兰	0	0	1	0	0	3	2	0	0	0	17	0	0	0
挪威	0	0	1	0	0	8	0	1	0	0	35	0	0	0

① 杨铁军. 产业专利分析报告（第31册）：移动互联网［M］. 北京：知识产权出版社，2015：66.

【案例4－3】 日亚化学中国专利申请法律状态分析

日亚化学是全球最早利用氮化物制造蓝绿光LED的企业，拥有蓝光加YAG制造白光LED的专利。就该公司在我国专利申请的法律状态进行分析，从而分析得出其对我国产业的影响力和对我国的市场控制力的现状和未来走向。如图4－1－2所示，日亚化学在中国申请的专利66.8%处于授权状态，28.9%处于专利审批状态，终止、驳回、视撤的专利仅占总体申请量的4.3%，经过分析，失效专利均不涉及器件结构本身的改进，技术含量不高，可用性不强。经过分析筛选，在日亚化学211件的专利申请总量中，在近5年保护期限将要届满的有39件专利（见图4－1－3），近3年将要届满的有18件，且其涉及的外延、衬底、芯片结构等技术属于核心技术专利，因此，随着这些专利技术保护期限的到来，日亚化学在中国的专利垄断将被削弱。

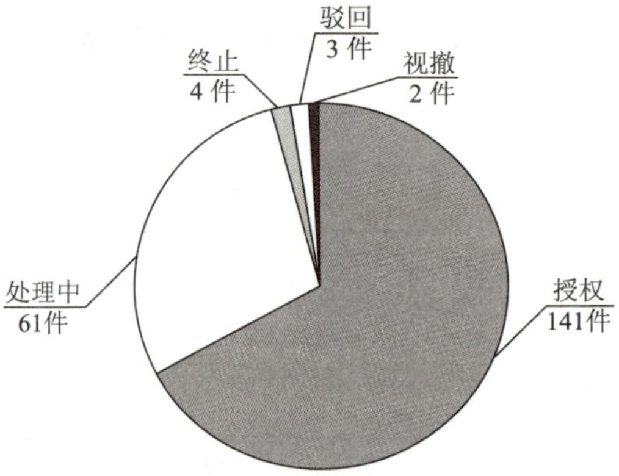

图4－1－2　日亚化学中国申请专利法律状态分布①

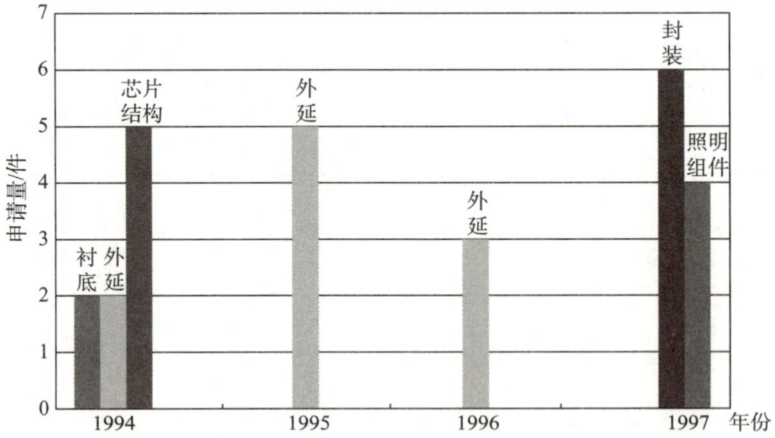

图4－1－3　日亚化学在中国近5年内即将失效专利申请技术分布②

①② 杨铁军．产业专利分析报告（第21册）：LED照明［M］．北京：知识产权出版社，2014：98.

4.2　技术/功效分析

上述统计分析仅仅能够实现对竞争对手整体情况的总览和俯瞰，初步地把握竞争对手的总体实力和地位，无法获取更多的细节，就像是在获取对方的大体印象之后，还需要对身材、肤色、眉眼和发型等各个细节进行观察以达到“识人”的程度。也就是说，根据“无细分，不分析”的数据分析秘诀，还应通过不同角度对专利文献进行分门别类的整理，将专利大数据解剖为不同的截面对其进行更深一步的分析，这就需要借助技术分解表和功效表。

行业专利技术分解是结合专利分析的特点对所分析的技术领域作进一步的细化和分类，其表现形式一般为技术分解表。行业技术分解有多种类型和分解标准，具体可参见《专利分析实务手册》第 3 章的相关内容。表 4－2－1 中展示了电池领域中二次电池分支的技术分解表，该示例综合了产品用途、产品种类、使用材料、功能等元素，对二次电池进行了 4 个层级的技术分解。如果说技术分解表对应的是不同解决方案，那么功效则对应的是要解决的问题。选取的功效应当是由解决方案产生的直接效果，其彼此之间相互独立，并能够覆盖本领域公知的技术改进需求。

表 4－2－1　二次电池技术分解表①

一级分类	二级分类	三级分类	四级分类
二次电池	铅酸电池		
	镍镉电池		
	镍氢电池		
	锂离子电池	正极	磷酸铁锂
			尖晶石锰酸锂
			钴酸锂
			三元材料
			磷酸钒锂
			其他材料
		负极	碳
			钛酸锂
			其他高比能量材料
		电池设计及成组技术	电池设计
			电管理系统
			热管理系统
			机械结构

① 杨铁军. 产业专利分析报告（第 23 册）：电池［M］. 北京：知识产权出版社，2014：9.

4.2.1 技术分支细分分析

对竞争对手的各个技术分支进行统计分析，通常可以分为静态的横切面分析，沿时间线的纵切面动态分析，以及各个竞争对手彼此之间的对比分析。

【案例4-4】 天宝（Trimble）公司卫星导航技术专利分析

天宝公司是高精度卫星定位领域的龙头企业，该公司在全球导航卫星系统定位领域中的专利申请量是全球最多的，在中国的申请量仅次于美国本土的申请量。本案例体现了一刀流中最为基础的横纵刀法。首先，沿时间线以纵切的方式观察总量变化的时间趋势，在这一过程中，结合产业信息，对趋势产生的原因进行分析，并据此判断大体的未来走向。随后，按各个技术分支进行了横切，以便横向比较各技术分支之间的总量差异，从而判断竞争对手技术投入的总体偏好，同时还在一级分支的基础上，对二级分支进行了再次的细分切割，在更精确的尺度上对技术研发热点进行了分析。通过全球、中国专利申请量趋势分析（见图4-2-1），结合四大卫星导航系统在轨卫星数量，可以把天宝公司的专利申请态势分为技术萌芽期（1984~1991年）、快速积累期（1992~2002年）、成熟发展期（2003年至今）3个时期。在1984年天宝公司申请了第一件发明专利之后，经历了7年的萌芽发展阶段，在这一阶段，主要靠购买其他公

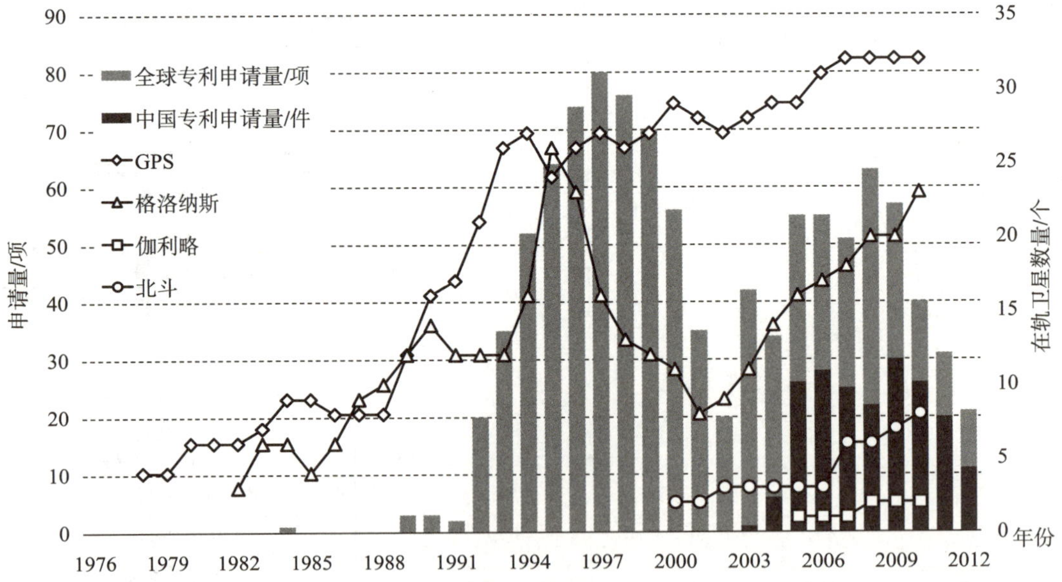

图4-2-1 天宝公司全球专利申请量及中国专利申请量vs卫星导航系统在轨卫星数量①

① 杨铁军. 产业专利分析报告（第20册）：卫星导航终端［M］. 北京：知识产权出版社，2014：15.

司的技术来开发其GPS产品；伴随着GPS的建成和运行，天宝公司借助其在军事应用上获得的极大成功，在民用市场也不断推出产品，并持续进行新技术和新产品开发，专利保护也相得益彰，从1992年开始，天宝公司的申请量以每年40%左右的速度快速增长，并在1997年前后达到顶峰，之后，受全球市场和公司自身财务等方面的影响，其申请量逐年下降，进入一段时间的调整期；随着GPS现代化的实施和格洛纳斯、伽利略、北斗等其他卫星导航系统开始建立和加大投入，天宝公司投身于这一新的发展时期，随着财务情况好转，通过并购等市场扩张，促使专利申请量再次增长，并且从2005年以来，每年的申请中约有一半的申请都有中国同族专利，说明了其对中国市场的关注和重视，预计天宝公司的专利申请量将稳定增长，尤其在中国的动作将会受到关注。

通过技术分支分布分析（见图4－2－2），在天宝公司的1041项全球专利申请中，涉及导航应用的占比最多（61%），在其他技术类分支中由多到少依次为运算（25%）、基带（7%）、射频（4%）和天线（3%）。在196件中国申请中，导航应用的占比达到79%，可见天宝公司在保护核心技术的同时，十分重视对具体应用和产品的保护。在接收机终端分支中，天宝公司擅长的是运算处理。其中涉及差分定位、单点绝对定位和载波相位测量精密定位的申请有126项；在应用分支中，定位工具、车辆控制、GIS和定位服务所占比重最大。

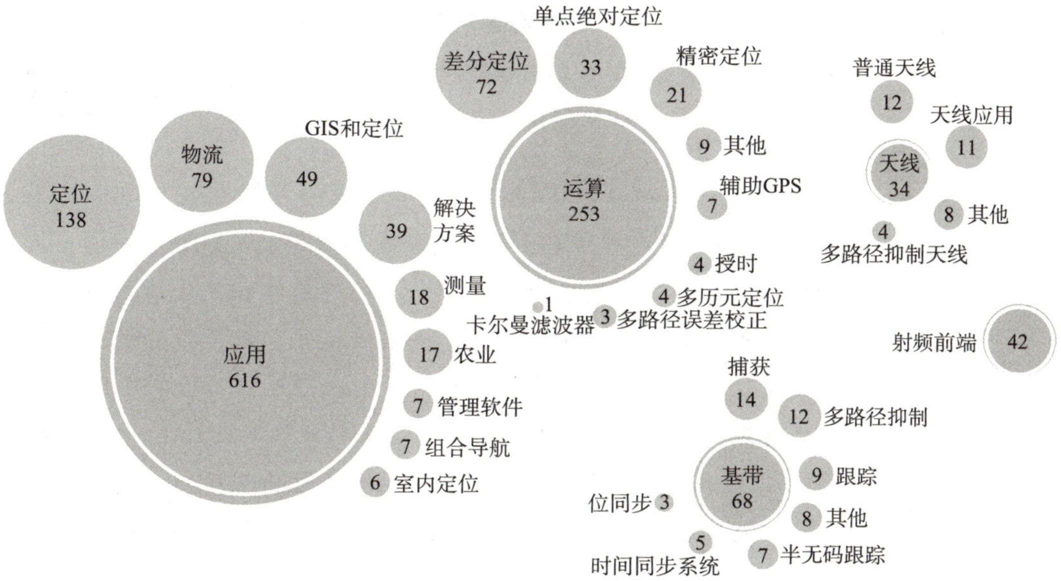

图4－2－2 天宝技术分支分布图①

注：图中数字为申请量，单位为项。

① 杨铁军．产业专利分析报告（第20册）：卫星导航终端［M］．北京：知识产权出版社，2014：16．

【案例4-5】 三星LED申请技术分支分析

对各技术分支的横切面进行剖析，可以确认了竞争对手的优势技术所在，还对于各个技术分支进行了纵切的分析，从而能够清楚地看到其各个技术分支上技术研发的起止时间，从而有利于对其研发热点是否转移、是否存在新的研发热点以及未来发展趋势进行更深层次的解读。对三星LED申请技术分支进行分析，从图4-2-3可以看出，外延、芯片结构和封装是三星在LED领域投入研发力量的3个重点方向，占到其申请总量的90%，同时，对上游的衬底和下游的照明组件、一体化灯具等技术方向，三星都有不同程度的涉及，其研发已经较为完整地覆盖了整个产业链。

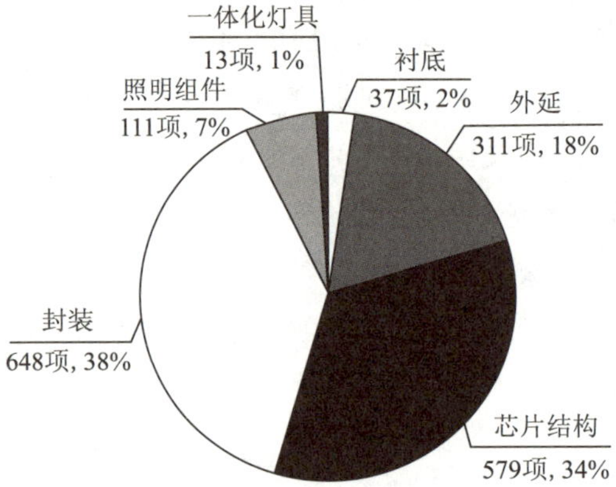

图4-2-3 三星LED申请技术分支分析①

通过分析三星在LED各个技术分支上申请量的逐年变化趋势（见图4-2-4），以2003~2005年为例，可以看出三星在2003年开始进入了第一个高速发展期，尤其是2003年和2005年这两年的申请量都接近甚至超过前一年的300%，在2003年的申请总量中，涉及芯片结构的申请量超过50%，并达到前一年芯片结构相关申请量的5倍之多，可以看出三星在芯片结构的相关技术上取得了突破性进展。进一步分解发现，这些涉及芯片结构的申请中有约70%是关于电极的改进，由此可见，三星在自身LED技术高速发展的初期将芯片电极作为研发重点并获得了显著的效果。此外，在2003年涉及封装技术的申请量也出现了明显的增长。同时，其他分支也出现了明显增长，标志三星的研发领域进一步扩展，在初步完成对外延、芯片结构等LED核心技术的累积后，开始向全产业链延伸。通过针对不同的技术分支对各竞争对手的专利数量进行横向比较，或者针对各竞争对手在不同技术分支上的专利数量进行横向比较，一是呈现了各竞争对手在不同技术分支的优势和实力，二是展现了不同竞争对手的技术研发重点分

① 杨铁军．产业专利分析报告（第21册）：LED照明［M］．北京：知识产权出版社，2014：175.

布情况，三是通过展现各个竞争对手的共同重点投入领域揭示了整个行业的研发热点方向。

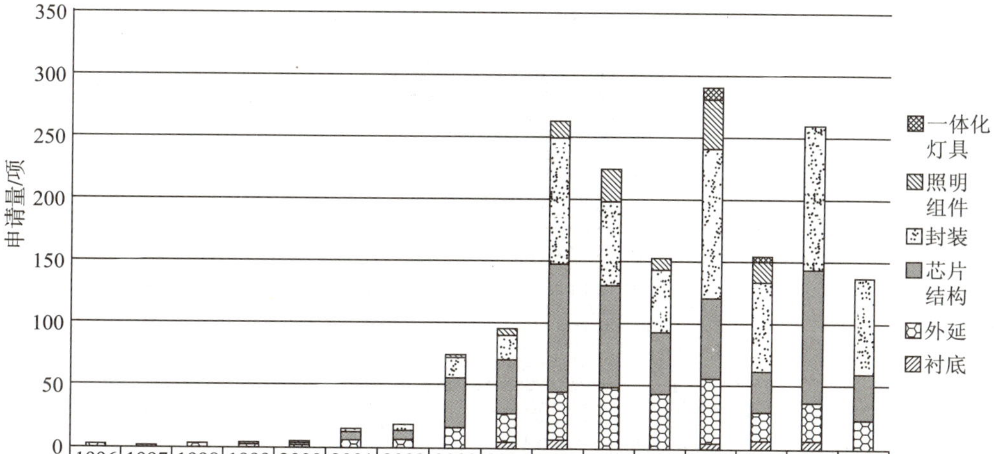

	1996	1997	1998	1999	2000	2001	2002	2003	2004	2005	2006	2007	2008	2009	2010	2011
一体化灯具													9	4		
照明组件								1	5	13	26	9	40	17		
封装					1	3	4	17	20	102	67	50	120	72	115	77
芯片结构		1		1	1	6	8	40	43	103	83	50	65	33	108	37
外延	2		2	2	1	5	6	15	23	38	47	44	52	22	30	22
衬底					1	1		1	5	7	2		5	7	7	1

图4－2－4　三星LED全球专利申请趋势①

【案例4－6】　智能物流领域各技术分支主要申请人分析

通过分别从智能物流的各重要技术分支对各重要申请人的申请量进行了统计，可以明确得出在各个技术分支中的专利优势企业排名情况。就智能物流领域而言（见图4－2－5），美国、日本和韩国在整个智能物流领域中具有很强的优势和实力，这3个国家的企业在智能物流各个分支领域的专利申请量都名列前茅，专利布局较广，拥有的实力企业较多，掌握着该领域的先进技术，具有绝对的优势。以IBM为例，其在智能运输、智能仓储、智能产品可追溯、智能配送等多个分支的申请量都占据第一或名列前茅，可见其在上述分支领域的投入很大，并具有相对优势。而讯宝科技在智能搬卸装运分支的专利申请量一枝独秀，可见其在该分支具有绝对专利优势。从上述分析中还可以看出，智能运输、智能仓储、智能产品可追溯以及智能装卸搬运这几个分支相对于其他分支具有更集中的研发投入和专利申请热度，也从侧面反映出这几个分支是目前的研发热点方向。

---

① 杨铁军．产业专利分析报告（第21册）：LED照明［M］．北京：知识产权出版社，2014：173.

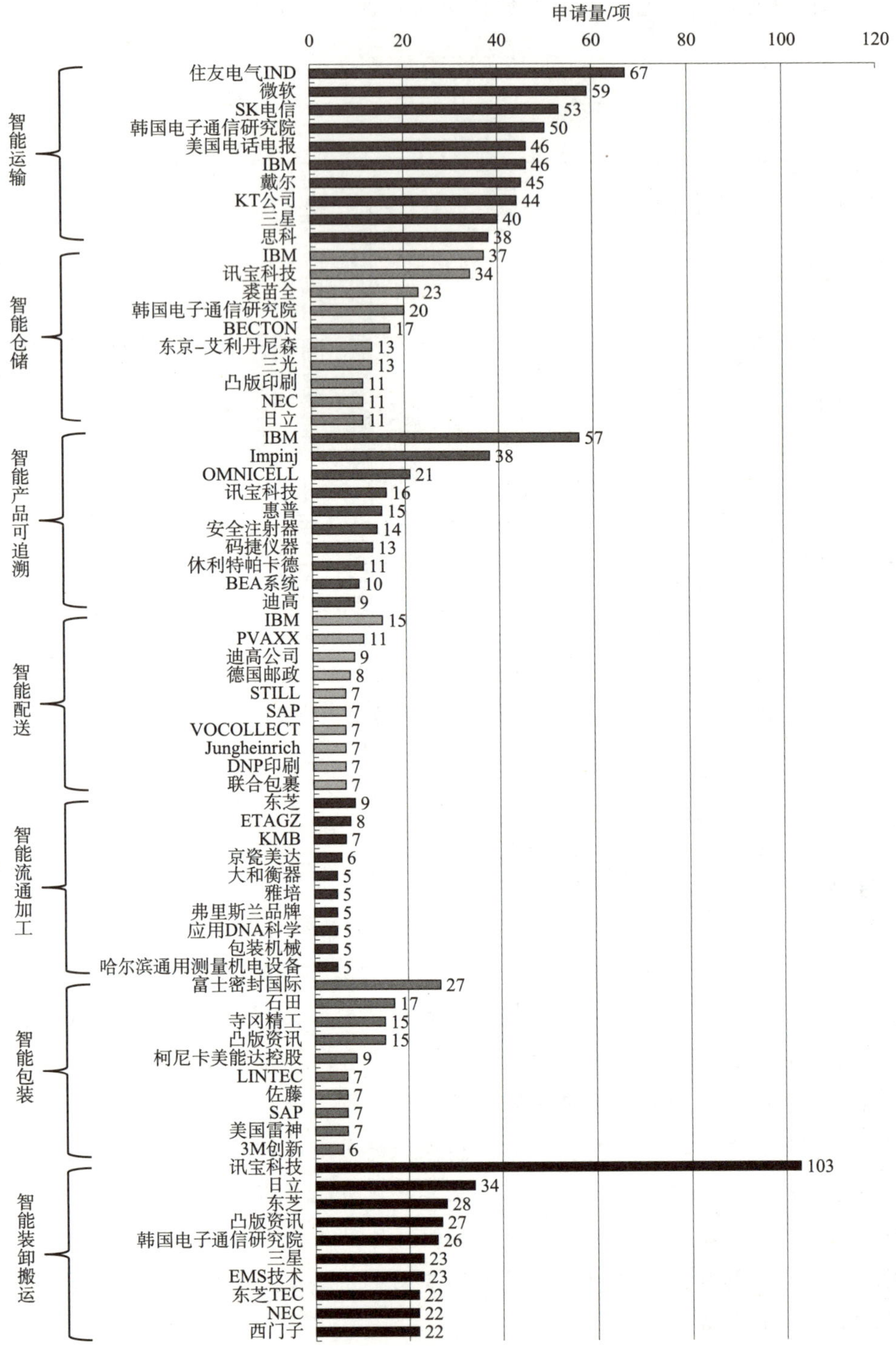

图4-2-5 智能物流领域各技术分支主要申请人申请量①

① 杨铁军. 产业专利分析报告(第24册):物联网[M]. 北京:知识产权出版社,2014:258.

【案例4-7】 燃气轮机领域各主要申请人技术分布分析[①]

通过对竞争对手在各个技术分支上的专利申请量分析，得出竞争对手的研发优势和布局弱项。通过雷达图（见图4-2-6）可以直观地看出，不同企业在各技术分支中的专利申请的优势以及专利空白区。

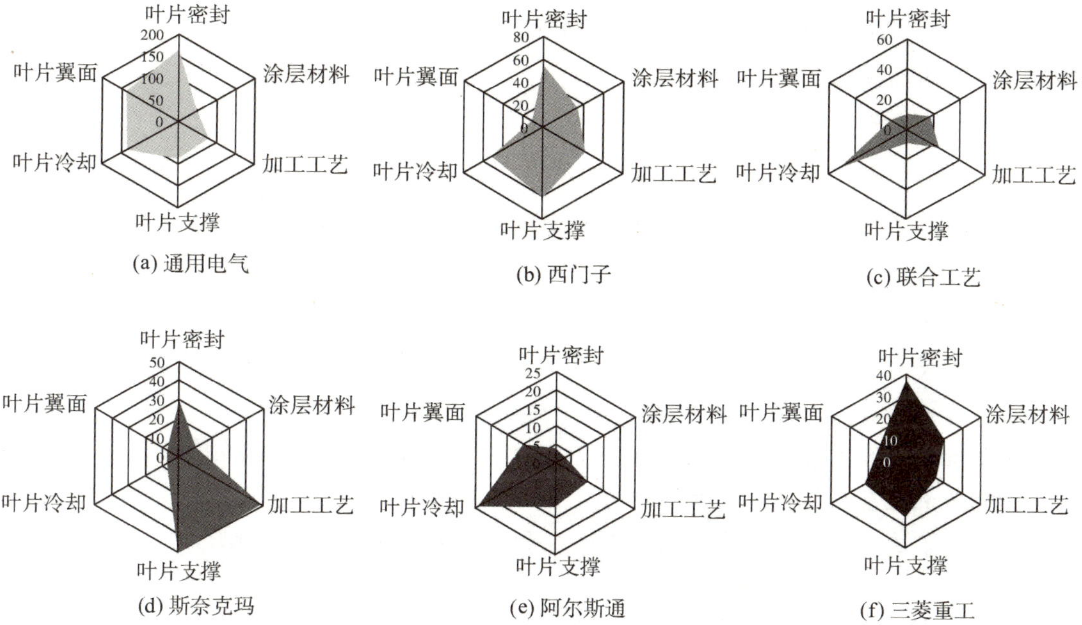

图4-2-6 巨头企业叶片技术分布图

4.2.2 技术/功效交叉分析

不论是前面的横切还是纵切，都是单纯地从技术分支的角度对数据进行解剖细分，而技术功效分析是一种对专利技术内容进行深层次综合分析的有效方法。同时从专利申请所采用的技术方案和所解决的技术问题两个角度来进行综合的分析，构建成包括技术和功效两方面在内的交叉矩阵，其表现形式通常是矩阵表格或者气泡图。

通过技术功效分析，可以一目了然地掌握“专利热点”和“专利空白区”分布情况，能够从解决某一技术问题的角度，给研发人员提供进一步的启示。对企业来说，在了解技术现状、分析竞争对手和协助制定技术发展方向具有重要作用。在进行技术功效分析时，需要首先基于技术分支构建专题数据库，然后还需要对技术问题和技术

① 杨铁军．产业专利分析报告（第17册）：燃气轮机［M］．北京：知识产权出版社，2014：53.

手段分别进行梳理和标引。

从技术功效矩阵图表中通常可以看出，竞争对手在不同的关键技术点和不同的效果需求上的集中度，一方面可以获知满足某种效果需求能够采取的解决方案，集中度较高的交叉位点通常能反映出该领域较为成熟的解决方案，提示了可优先借鉴的技术研发方向，同时也反映了竞争对手具有研发优势的技术方案和对方案的选择偏好；另一方面还可以通过集中度较低甚至专利量为零的交叉位点，获知该领域或者该竞争对手的“空白点”。值得注意的是，并非所有的空白点都意味着机会，对其进行解读时，需要考虑是否有无法实现的可能性。

【案例4－8】 锰酸锂正极电池技术功效分析

图4－2－7展示了典型的技术功效矩阵图，从该图中可以明显地看出技术热点和空白点。通过对图4－2－7和表4－2－2分析可以看出，采用制备方法以及工艺的改进、掺杂元素这两种技术手段是最容易实现的技术手段，也是国内外应用的最多的技术手段，其专利数量占比超过80%。从研发的角度来说，采用掺杂元素改性、改进制备工艺及方法、表面包覆这3种技术手段以提高安全性、倍率性、循环性、导电性、充放电性能和比容量是目前研究的热潮。一方面可借鉴的专利文献众多，另一方面可能遇到的专利壁垒也较多；如果选择居于次位的掺杂取代元素，解决的技术问题较为广泛，并且具有进一步的研发空间，研发人员在该方面可以继续关注。

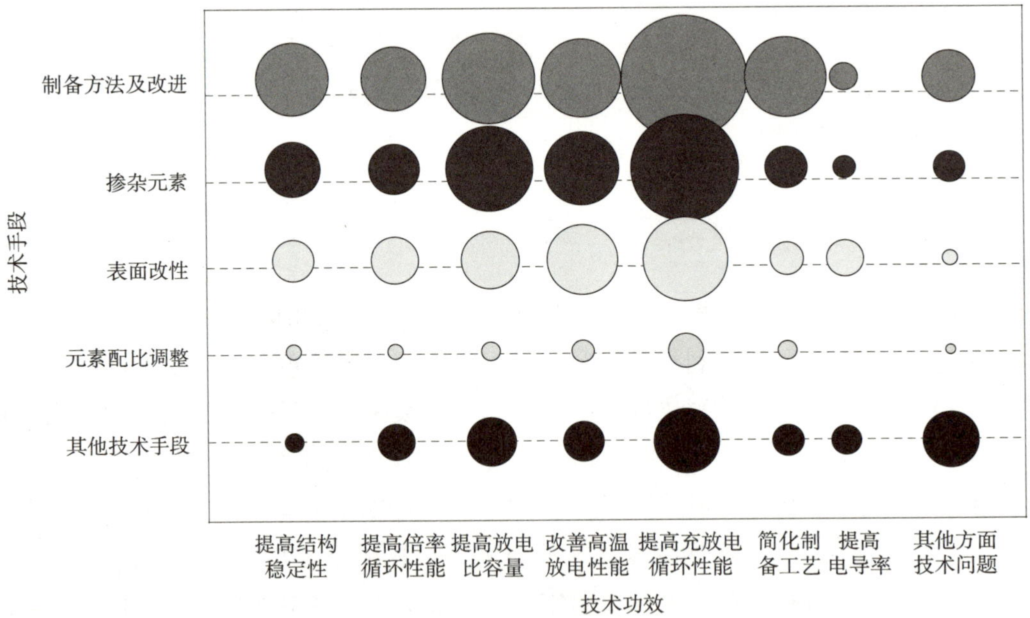

图4－2－7 高性能锰酸锂材料技术功效①

① 杨铁军. 产业专利分析报告（第23册）：电池［M］. 北京：知识产权出版社，2014：139.

表 4－2－2　主要解决的技术问题所对应采用的技术手段的专利申请情况①　　单位：件

技术问题	制备方法改进	掺杂元素	表面改性	元素配比调整	其他技术手段
提高结构稳定性	41	25	14	2	3
提高倍率循环性能	33	20	18	2	11
提高放电比容量	63	56	26	3	19
改善高温下放电性能	47	42	37	4	13
提高充放电循环性能	119	87	54	10	32
简化制备工艺	49	14	9	3	8
提高电导率	6	4	11	0	7
其他方面技术问题	22	8	2	1	24

【案例 4－9】　三星智能家居领域中控技术功效分析

在常规技术功效矩阵的基础上，还可以进一步对不同时间阶段的技术功效矩阵进行对比分析，从而发现研发热点的变迁情况。如表 4－2－3 所示，将各技术手段按一定的时间段和实现的技术功效进行统计，并结合其重要专利在各个单元的分布情况，以及专利申请的有效无效状态进行了划分。可以看出，三星在网关控制和设备接口方面的申请量和获得的专利权数量是最多的，反映出这两个技术手段三星发展最为成熟；而远程控制、网络安全和多媒体控制这几个技术手段的相关申请也不少，说明已经逐渐进入了技术发展期，特别是远程控制和网络安全相关的专利申请自 2009～2012 年以来的授权量开始增加，处于快速发展期；另外，三星的网络连接手段方面的专利申请近年来申请量和授权量趋于消失，监控手段历年来申请量较少，尚存在较大研发空间，属于技术空白领域。

表 4－2－3　三星智能家居领域中控技术功效分析②

手段	年份	提高服务质量		网络优化		高效管理		负载均衡		改善用户体验		系统可靠性	
		无效	有效	无效	有效	无效	有效	无效	有效	无效	有效	无效	有效
多媒体控制	1999～2004		3				1				2		
	2005～2008		1						1				
	2009～2012		3		2			1	1	1			
网关控制	1999～2004		2			3	6		4		2		1
	2005～2008	1	1	1		2	4						
	2009～2012		1		2		2	1	1	1	1		

---

① 杨铁军．产业专利分析报告（第 23 册）：电池［M］．北京：知识产权出版社，2014：139.

② 杨铁军．产业专利分析报告（第 24 册）：物联网［M］．北京：知识产权出版社，2014：205.

续表

手段	年份	提高服务质量		网络优化		高效管理		负载均衡		改善用户体验		系统可靠性	
		无效	有效	无效	有效	无效	有效	无效	有效	无效	有效	无效	有效
远程控制	1999～2004						1				2		
	2005～2008									2	2		
	2009～2012						1			2	5	1	1
传输及协议	1999～2004		1		1		1					1	
	2005～2008			1		1			2		1		
	2009～2012			1							1		
设备接口	1999～2004		2			1	2				5		1
	2005～2008					1	1			2	2		
	2009～2012					2	3			3	3		
网络安全	1999～2004	1											2
	2005～2008											1	1
	2009～2012		1									3	3
监控	1999～2004										1		
	2005～2008									1			1
	2009～2012											1	
网络连接	1999～2004		1	1	2	1			2				
	2005～2008										1		1
	2009～2012										1		

【案例4－10】 焊接供应商和整车厂商对比分析

通过横向比较不同竞争对手的技术功效矩阵图，能够更清晰地看出各自的技术优势和选择偏好，结合竞争对手本身在产业链中的地位和其他技术特点，从而能够对不同类型的竞争对手的研发思路加以分析归纳，进而为企业自身的发展提供参考。如图4－2－8所示，由于技术需求不同，作为焊钳供应商的小原，其比较关注的是焊点质量、小型轻量化和通用性，对定位精度完全没有涉及，而作为整车生产商的本田，其比较关注的是焊点质量、可靠性和小型轻量化，对于通用性的研究则寥寥无几。同样，不同类型的企业在技术手段和技术效果上也各有侧重。但在面对竞争对手时，企业在提供焊钳产品的同时若能一并提供控制器和控制方法，也不失为另辟蹊径增加竞争筹码的一个方法。

4.3 产品演进路线分析

对企业而言，技术研发的出发点和落脚点是产品，相关专利权的附着物也是产品，产品始终是企业技术研发所围绕的核心内容，因而产品的更新换代与相关专利技术的演进必然是如影随形。从竞争对手的现有产品出发，追本溯源地寻找其技术研发和改

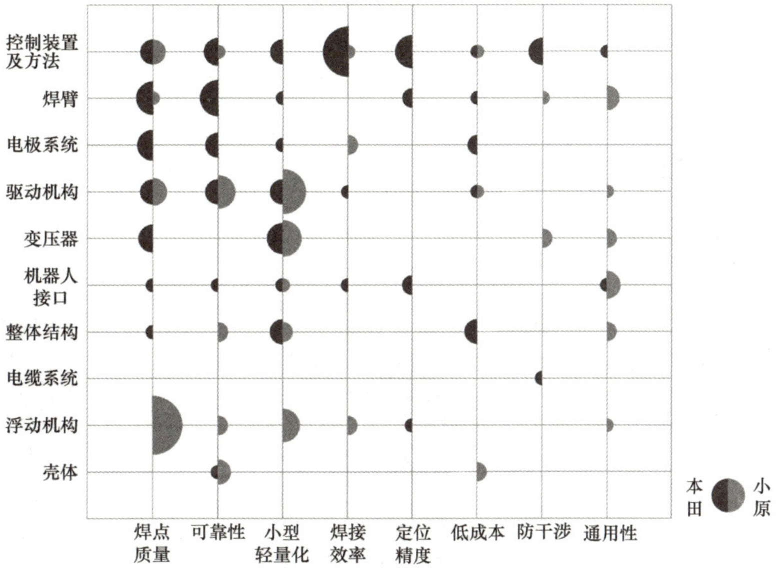

图 4－2－8　小原、本田技术功效图①

进的路线，可以了解技术创新的思路，从而为本公司的研发人员提供技术启示；反之，从竞争对手的专利技术信息出发，通过整合保护主题信息、技术改进点信息和产生的效果等信息，也可以预测其下一代产品的特点。

【案例 4－11】　东丽各产品牌号对应授权专利技术分析

从东丽的各个产品出发，分析与其对应的授权专利，可以发现其占主流的技术特点以及研发侧重点随产品代际更替的变迁情况。由图 4－3－1 可以看出，其授权专利涵盖了碳纤维的产品以及生产工艺的各个环节，但其研发重点在各个阶段有所不同：在 20 世纪 70 年代碳纤维的研发初期，侧重于氧化和碳化工艺；在 20 世纪 80 年代初出现干喷湿纺的纺丝方法后，侧重于对聚丙烯腈干喷湿纺的研究；而从 20 世纪 90 年代中后期至今，则越来越倾向于纺丝油剂的研发。在纺丝油剂方面，主要集中在有机硅化合物作为纺丝油剂主剂，其他类型的涉及较少。

【案例 4－12】　丰田皇冠设计风格的变迁

如图 4－3－2 所示，纵观丰田皇冠的外观设计路线，皇冠车型设计风格逐渐从成稳朝着年轻化、运动化发展，通过分析其产品演进或者是分析伴随其衍生的专利都可对其未来的发展趋势略见一斑。

① 杨铁军. 产业专利分析报告（第 19 册）：工业机器人［M］. 北京：知识产权出版社，2014：117.

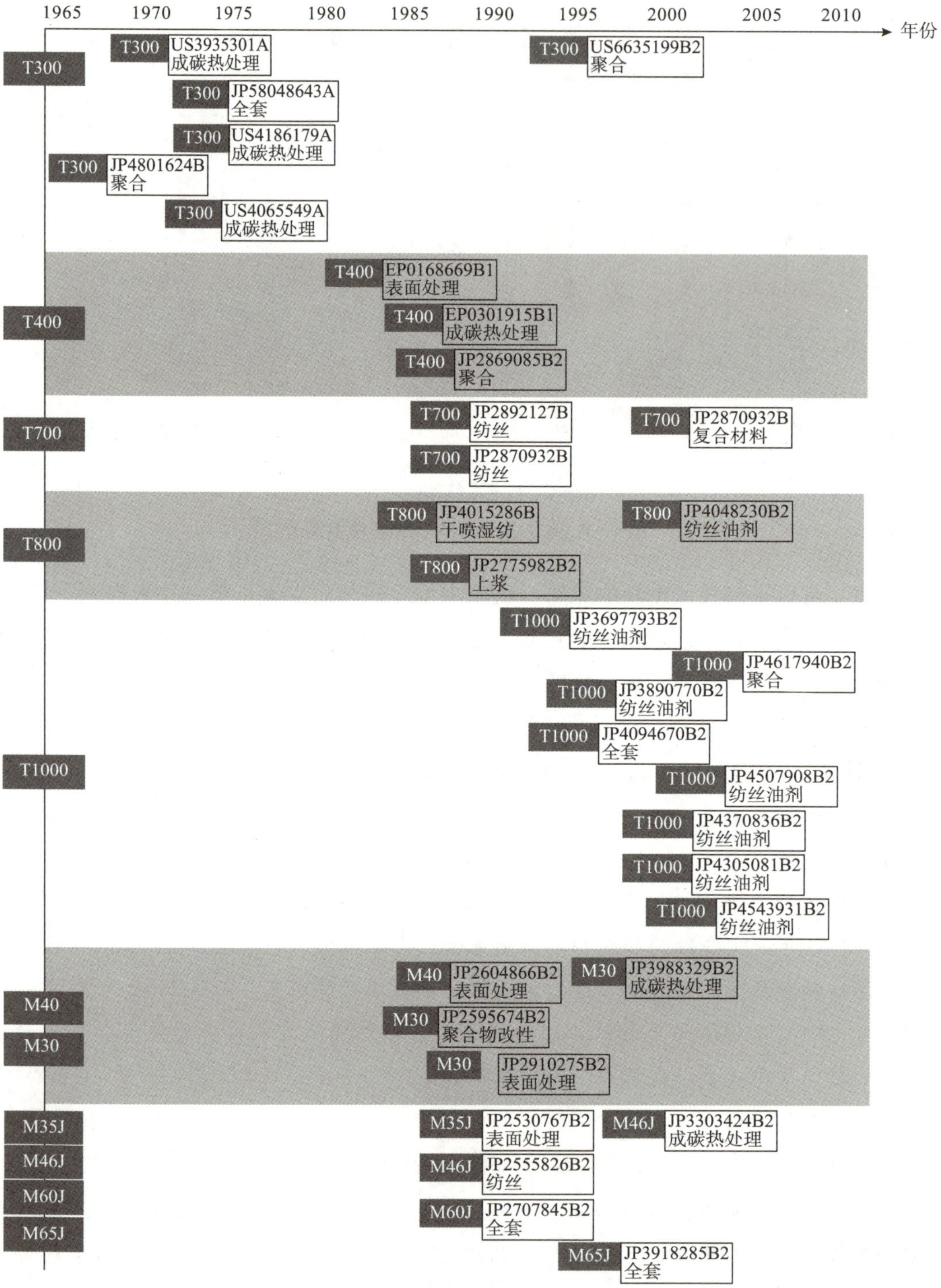

图 4-3-1 东丽各产品牌号对应授权专利技术分析①

① 杨铁军. 产业专利分析报告（第 14 册）：高性能纤维［M］. 北京：知识产权出版社，2013：69.

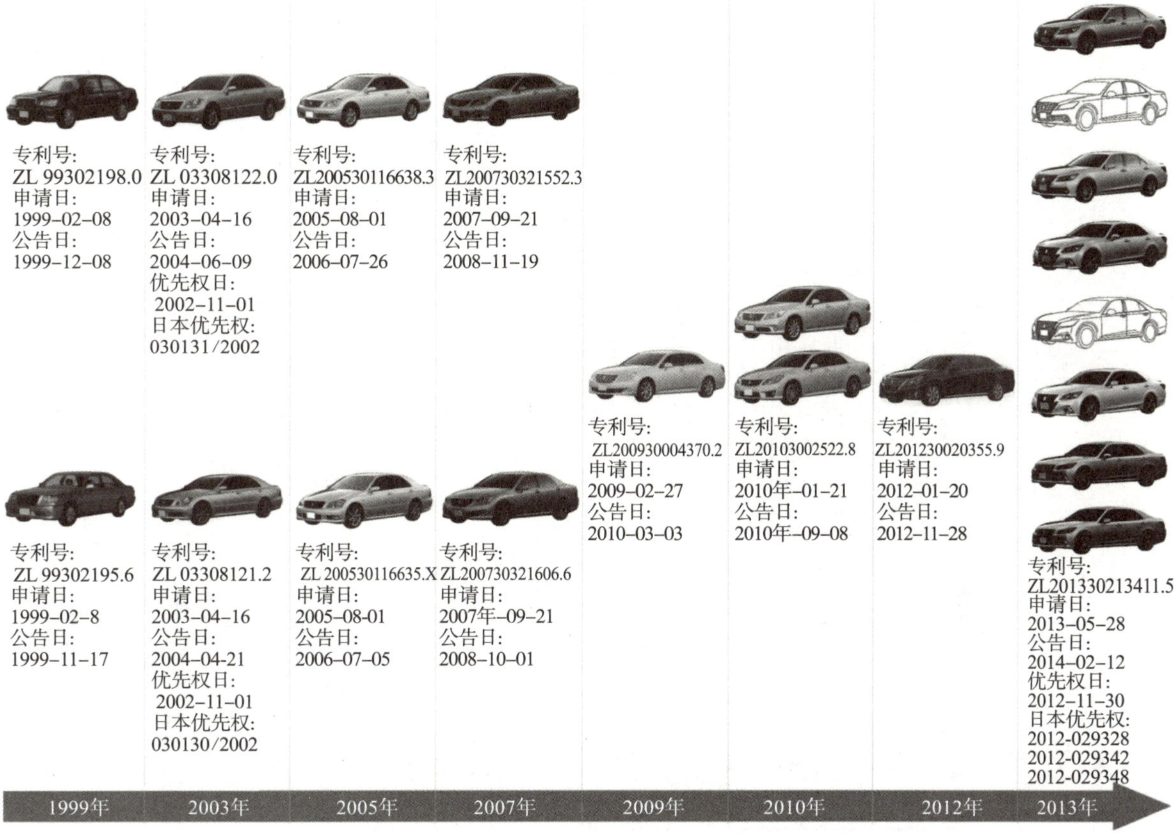

图 4-3-2　丰田皇冠中国专利申请时间分布①

4.4　技术发展路线分析

技术发展路线分析可以通过对具有并列或演进关系的一级技术分支或者二级、三级技术分支，按照技术出现的关键事件列举比较，给出相关专利申请，称为纵向比较。也可以对同级技术分支的技术优缺点进行横向比较，并给出典型的专利列表。通过横向或纵向比较可以对研发方向的预测提供参考，并能进一步对如何弥补技术的缺陷而进行相应的研发给出启示。而通过时间轴来展示技术发展路线，更能清晰地表达出技术随时间演进的发展关系，揭示未来的发展方向，给出研发方向的启示。

【案例 4-13】　苹果地图领域全球专利申请技术路线图

---

① 杨铁军. 产业专利分析报告（第 38 册）：新能源汽车 [M]. 北京：知识产权出版社，2015：281.

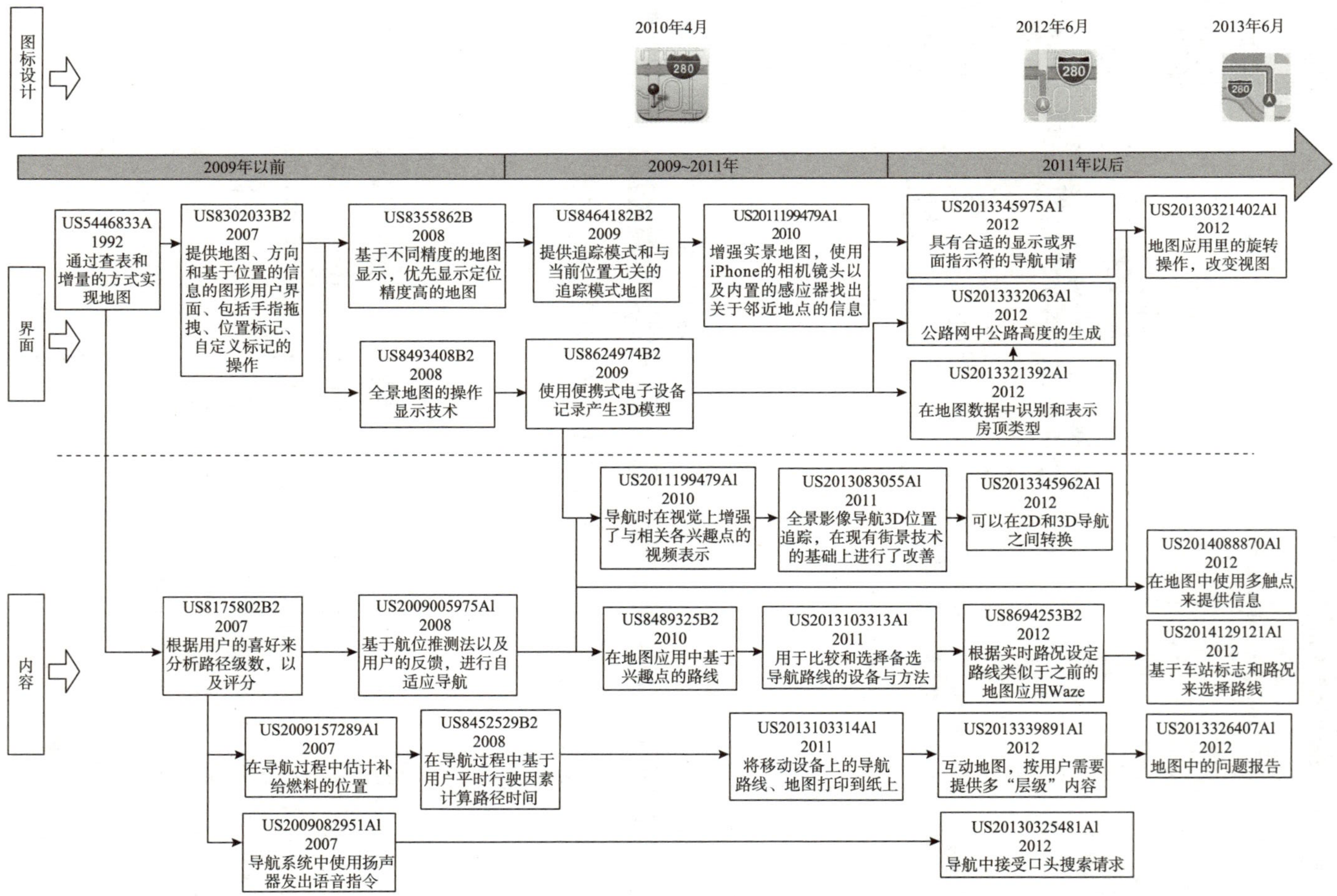

图 4-4-1　苹果地图领域全球专利申请的技术路线①

① 杨铁军. 产业专利分析报告（第 31 册）：移动互联网［M］. 北京：知识产权出版社，2015：441.

从专利的角度对技术发展路线进行梳理，能够更加清晰、直观地展示技术发展脉络，能够对竞争对手未来产品的发展趋势更准确地预测。如图4－4－1所示，将苹果地图相关专利的技术路线图主要分为三部分：图标设计（商标）、界面和内容。通过分析可以看出，界面的发展从基本的操作界面，发展到公路高度、房顶显示、3D显示等增强性视图，内容的发展从导航中基础的路线规划，扩展到3D导航、街景、语音导航、相关周边、兴趣点和多层级显示等。

【案例4－14】　被剧透的指纹识别

作为智能手机行业风向标的苹果，一贯以发布会的形式首次公开新产品，而2013年9月的苹果iPhone 5S（见图4－4－2）和5C的发布会公开一项更新——指纹识别，却提前被专利申请剧透了。早在2012年3月1日，苹果即向美国专利商标局提交了名称为“Electronic Device With Shared Near Field Communications and Sensor Structures”的专利申请，该申请于2013年9月5日公开（见图4－4－3），公开号为US20130231046A1，该专利申请公开了一种位于按键下方的指纹传感器，业界由此猜测苹果新款手机将在Home键下方设置指纹传感器，而iPhone 5S发布会也充分证实了这一点。

图4－4－2　iPhone 5s的Touch id①

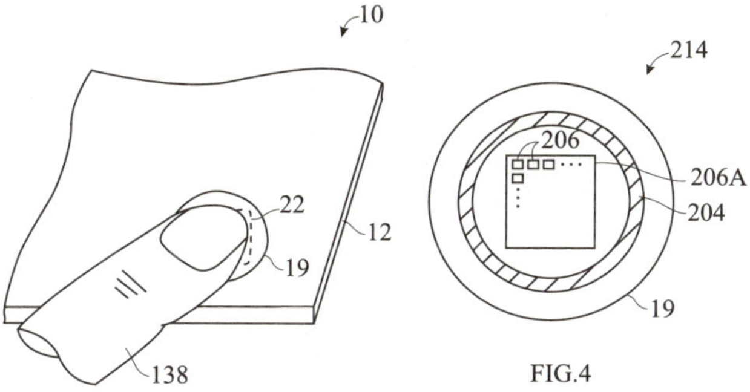

图4－4－3　US20130231046A1专利申请附图②

① 杨铁军. 产业专利分析报告（第22册）：浏览器［M］. 北京：知识产权出版社，2014：236.
② 杨铁军. 产业专利分析报告（第22册）：浏览器［M］. 北京：知识产权出版社，2014：237.

4.5 创新思维分析

【案例4-15】 罗氏美登素类ADC抗体修饰位点

在ADC药物中，毒素与抗体通过共价键偶联，偶联位点的修饰会影响抗体ADC偶联物中毒素的均一性，进而影响ADC的活性。罗氏在多件专利中，针对不同靶点的不同抗体进行了大量位点的半胱氨酸突变。通过对这些变体的突变位置进行比较，并根据Kabat规则进行位点归一化处理，从杂乱无章的表象中总结归纳出了其共有的规律，即罗氏对于抗体IgG1恒定区的修饰位点在各个专利中看似不同，但归一处理后其均在以下4个位置：HC-A114C、LC-V205C、LC-V110C和Fc-S396C（见图4-5-1）。

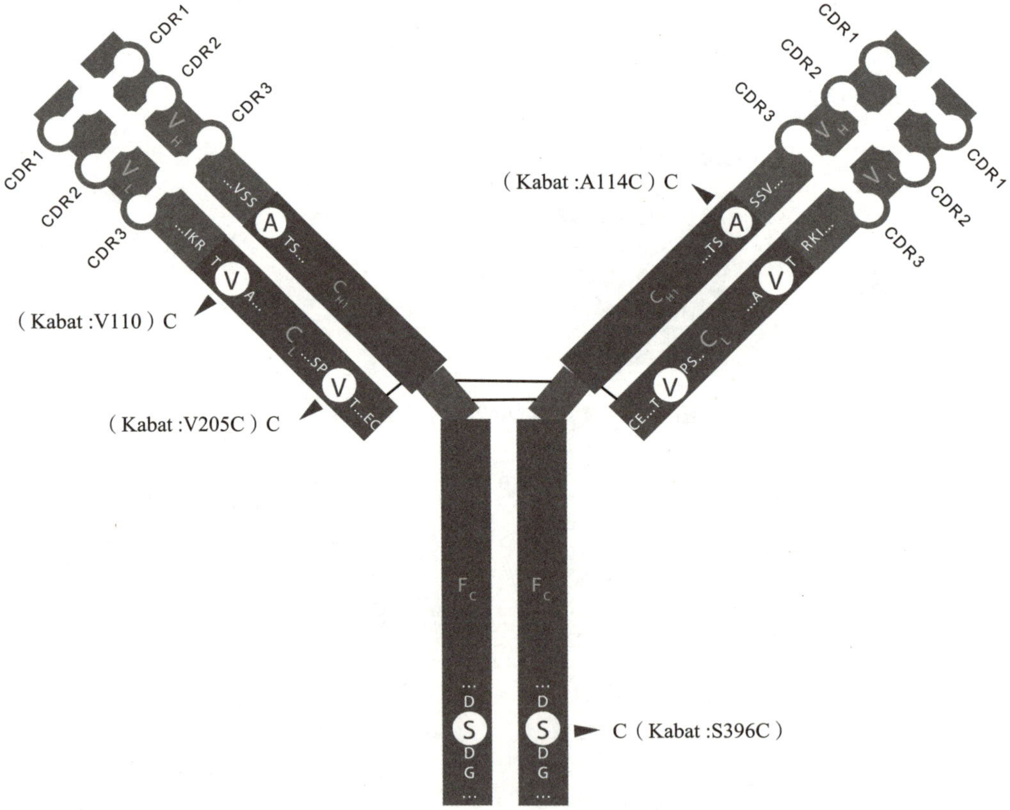

图4-5-1 美登素类ADC中抗体半胱氨酸修饰示意图①

① 杨铁军. 产业专利分析报告（第36册）：抗肿瘤药物［M］. 北京：知识产权出版社，2015：文前彩插第8页.

【案例4-16】 与HFO-1234f配合使用的主要制冷剂

制冷剂的核心在于配方，单一组分的制冷剂在制冷性能以及与现有制冷系统的适配性方面存在诸多限制，而通过不同制冷剂组分的组合，可以对制冷剂各方面性能进行灵活调整。通过对相关申请量达到10项以上的制冷剂配伍组分进行分析整理，从中可以发现常见的配伍规律以及各个公司的特点（见图4-5-2）。

（1）大金

大金早在1992年就提出了HFO-1234yf可作为制冷剂，并指出其制冷性能与R12、R22或R502相当，且环保性能优异，但之后的十几年大金并没有继续在这方面进行深入研究。出现这种情况的原因可能是当时HFC类制冷剂对环境的影响还没有引起大家的足够重视。在HFC类制冷剂“如日中天”的大环境下，研发者缺乏深入研究的动力。2009年，大金时隔17年后重新介入HFO-1234yf基制冷剂领域。截至2012年，大金共有相关专利申请11项。

在混合工质研究方面，大金注重具体配方的深入研究，在选择与HFO-1234yf配合使用的制冷剂组分上目标非常明确，仅限于HFC32、HFC134a和HFC125三种。对这三种化合物单独配伍使用以及两两组合后再配伍使用的情况均有涉猎，代表申请有WO2009104784A1、WO2010002020A1、WO2010002016A1、WO2010002023A1、WO2010002014A1和WO2010002022A1。

此外，与HFO-1234yf基制冷剂配合使用的助剂如稳定剂也是大金的一个研究方向，相关申请有WO2010098451A1、WO2010098447A1和WO2012074121A1。

（2）阿克马

阿克马首项涉及HFO-1234yf基制冷剂的专利申请出现在2008年。此后阿克马后来居上，申请量稳步上升，2011年更是创下单年15项的最高纪录，这一数值大于我国迄今为止在该领域的申请总量。

阿克马在研究中侧重对具体配方的探索，42项申请中有38项涉及混合工质。根据与HFO-1234yf配伍用制冷剂组分的类别，阿克马在混合工质研发方面大体可分为3个阶段。第一个阶段是2008~2010年，使用的配伍用制冷剂组分集中于HFC和HC类化合物，主要是HFC32、HFC152a、HFC134a、HFC125、HC290、HC1270和HC1150，代表性申请有FR2932494A1、FR2942237A1等。第二个阶段是2011年，该阶段属过渡阶段，在保持对HFC和HC研发的同时，在配方中开始引入HFO-1234yf之外的HFO类化合物，特别是HFO-1234ze和HFO-1243zf；它们可单独与HFO-1234yf配合使用，也可与HFC或HC组合后再与HFO-1234yf配合使用，代表性申请有FR2954342A1、FR2957083A1、WO2011163117A1和WO2011141654A2。第三个阶段是2012年，阿克马进一步加大了对

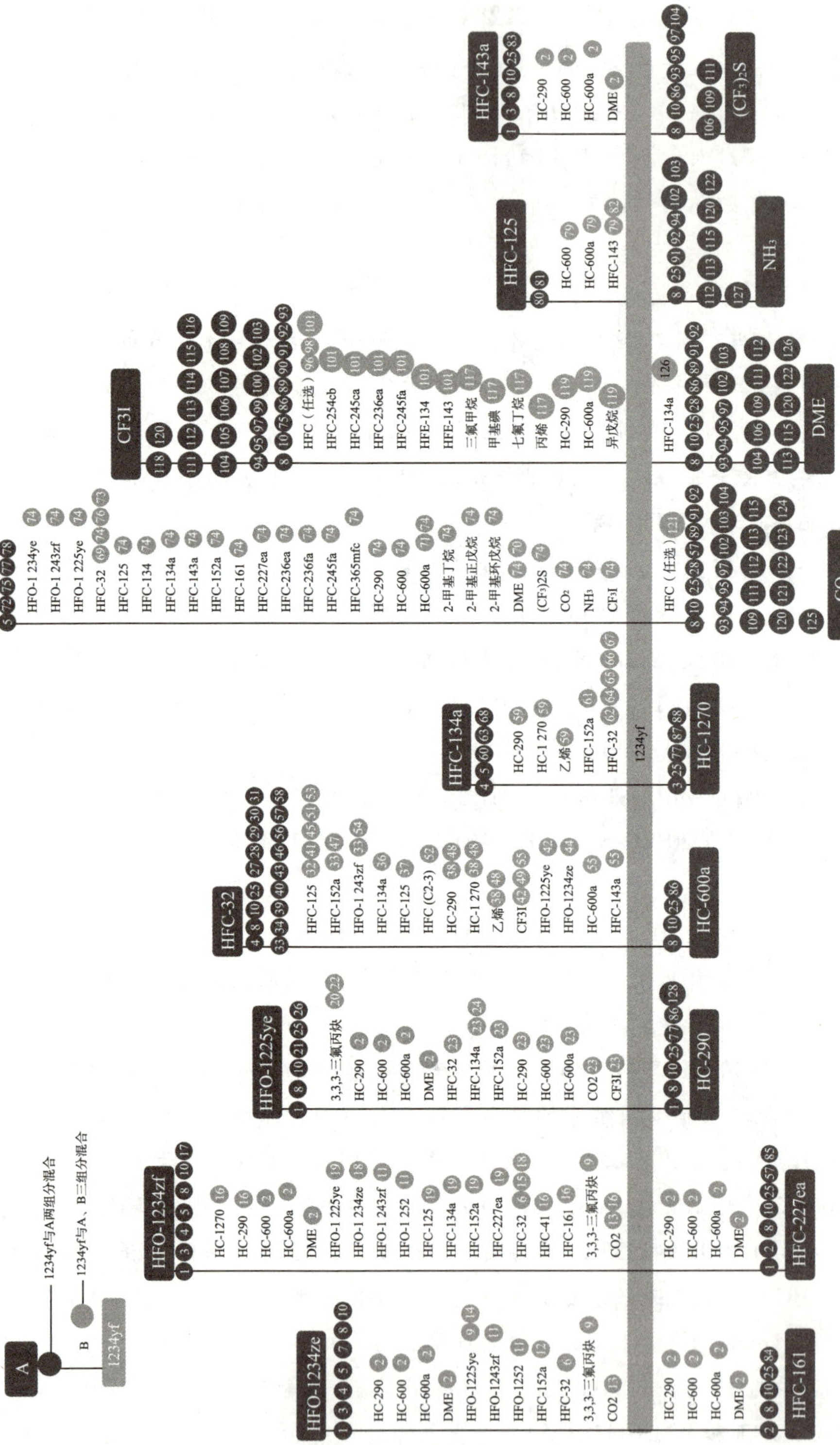

图 4-5-2 与 HFO-1234yf 配合使用的 18 种主要制法制冷剂组及相关申请

1 WO2009137656A1
2 US2009272931A1
3 WO2009137658A2
4 FR2954342A1
5 FR2957083A1
6 CN102516945A
7 EP2431441A2
8 US2008230738A1
9 WO2012004487A2
10 WO2006094303A2
11 WO2010119265A1
12 CN101851490A
13 GB2480517A
14 FR2962442A1
15 WO2010064011A1
16 WO2010064005A1
17 US2010119460A1
18 FR2964977A1
19 WO2009047535A2
20 FR2962130A1
21 US2005233932A1
22 WO2012001255A2
23 WO2008065011A1
24 WO2009018117A1
25 WO2008009923A2
26 US2006022166A1
27 WO2011030027A1
28 WO2009151669A1
29 US2009249864A1
30 FR2936806A1
31 WO2011084813A1
32 WO2011141655A2
33 WO2013032908A2
34 WO2011093521A1
35 FR2937906A1
36 WO2010002023A1
37 WO2010129920A1
38 FR2938550A1
39 CN102635931A
40 WO2011030026A1
41 WO2010002014A1
42 US2008121837A1
43 WO2010002016A1
44 WO2011141656A2
45 WO2012151238A2
46 INDEL200901571
47 WO2011030028A1
48 FR2938549A1
49 KR20100013288A
50 WO2010059677A2
51 US2009250650A1
52 EP2149592A2
53 WO2011163117A1
54 WO2011141654A2
55 US2009249809A1
56 JP2010002074A
57 WO2007002625A2
58 JP2012236884A
59 FR2942237A1
60 WO2010022018A2
61 FR2932494A1
62 WO2011030030A2
63 WO2010002020A1
64 FR2932492A1
65 WO2011030031A1
66 WO2011030032A1
67 WO2011023923A1
68 WO2011130237A1
69 CN102516946A
70 CN101864277A
71 CN101671542A
72 US2010122545A1
73 WO2011030029A1
74 US2011204279A1
75 CN101747867A
76 FR2932493A1
77 US2010123095A1
78 FR2936807A1
79 US2009277194A1
80 US2009278072A1
81 WO2009104784A1
82 WO2010002022A1
83 WO2010042781A2
84 CN102229794A
85 FR2961520A1
86 US2009255285A1
87 CN102229793A
88 FR2938551A1
89 WO2009057475A1
90 WO2009042855A1
91 WO2008027514A1
92 WO2008027513A2
93 JP2009221375A
94 WO2008027595A1
95 JP2011195725A
96 WO2008061079A2
97 JP2011195726A
98 GB2439392A
99 US2005233934A1
100 JP2009074022A
101 US2008111100A1
102 WO2008027594A2
103 WO2008027515A2
104 JP2009126979A
105 WO2005103190A1
106 WO2011024663A1
107 WO2007105718A1
108 JP2008239814A
109 US2012132848A1
110 CN102311719A
111 WO2008105256A1
112 WO2008027517A1
113 WO2008042066A1
114 WO2006069362A2
115 WO2008027512A2
116 WO2007126760A2
117 US2008111099A1
118 US2009283712A1
119 US2006033072A1
120 WO2008027596A2
121 WO2012110801A1
122 WO2011091404A1
123 US2005241805A1
124 FR2910016 A1
125 US2010127209A1
126 CN102703033A
127 EP2487216A1
128 CN102241962A

图4-5-2 与HFO-1234yf配合使用的18种主要制法制冷剂组及相关申请（续）①

① 杨铁军. 产业专利分析报告（第26册）：氟化工［M］. 北京：知识产权出版社，2014：78-79.

HFO 类配伍用制冷剂组分的研究，配方中大多含有 HFO-1234yf 之外的其他 HFO 类化合物，代表性申请有 FR2968009A1、WO2012004487A2 和 FR2964977A1。

（3）霍尼韦尔

霍尼韦尔于 2004 年提出了氢氟烯烃制冷剂，从而拉开了 HFO-1234yf 基制冷剂发展的序幕。但不同于随后跟进的阿克马、大金等企业，霍尼韦尔利用其早先一步的优势，更为注重专利布局。

自 2004 年以来，霍尼韦尔利用氢氟烯烃的概念申报了 10 项专利。尽管大金在 1992 年便公开了氟代丙烯可作为制冷剂使用，但霍尼韦尔还是通过氢氟烯烃或其与润滑剂、增溶剂等助剂的组合物的形式在该领域进行了大量专利布局。

在混合工质方面，霍尼韦尔共有 25 项申请，由其提出并得到推广的配伍用制冷剂组分包括 HFO-1225ye、CF_3I 和 CO_2 三种。2005～2008 年的配方统计结果显示，CF_3I 是该时间段内霍尼韦尔的一个重要研究对象，相关申请有 8 项，占到同期混合工质申请（13 项）的 61.5%。2009 年之后，霍尼韦尔在混合工质的组分配方研发方面并未表现出明显的特色。

（4）杜邦

杜邦既不是首次提出 HFO-1234yf 制冷剂的企业，也不是首次提出氢氟烯烃制冷剂概念的申请人，但是它具有很高的技术敏感性。在 2004 年霍尼韦尔公开氢氟烯烃制冷剂之后，杜邦及时跟进，在这方面做了大量工作。截至统计日，杜邦共有相关专利申请 38 项。

一方面，杜邦极为重视配伍组分的研发，注重混合工质的专利布局。在所有 38 项申请中，有 37 项涉及混合工质。并且，在 18 种引起广泛关注并得到深入研究的配伍组分中，11 种是由杜邦首次提出的。

另一方面，杜邦将该类制冷剂的助剂如稳定剂等作为一个重要的研究对象。在其他企业还单纯侧重混合工质配方的时候，杜邦就已经在助剂领域进行了大量专利布局，代表性申请有 WO2008027514A1、WO2008027594A2 和 WO2008042066A1 等。

4.6 引证与并购分析

除了上述直接针对专利文献内容进行分析的方法，对于竞争对手研发方向和研发实力的分析还可以通过其他微观的角度，比如专利引证信息、企业合作与并购信息等方面，从侧面或细微之处看到发展趋势与结果。

4.6.1 引证分析

专利文献的引证，包括两种情况：一是专利文献本身的背景技术中所引用的文献；二是各国专利审查部门在审查过程中用以评价专利文献新颖性和创造性时所引用的文献。两种被引证文献往往从技术角度和/或权利角度上与施引的专利文献本身有着极其密切的联系，同样能够体现出技术的传承关系，也从某种程度上反映出行业中其他主体对被引文献的关注程度和认可程度，被引频次较高的文献在相关领域具有基础性或节点性作用已经为学界所普遍接受。因此，从某一项专利出发，通过追踪其向前和向后的引证关系，可以整理出类似于生物进化树一般的引证树。引证树与技术路线图都表示了专利文献在技术上承前启后的相互关系，但不同之处在于，引证树不是像技术发展路线分析那样全面系统地展现某一技术分支的发展方向，它体现的是另外一种点状发散的思路，以引证关系为联系的纽带无差别地将所有关联文献加以收集，有利于通过该方式发现通过其他分析方法容易忽略的节点性专利文献或技术演化方向。

【案例4－17】 DTM公司激光烧结核心专利被引证分析

从作为激光烧结的专利之源——DTM公司激光烧结核心专利出发，整理引证该专利文献的其他专利申请，一方面可以发现哪些竞争对手在技术上与该核心专利代表的技术存在密切的关联，从而可以加强对这些竞争对手研发动向的监控；另一方面还可以发现与之相互关联的专利组合，从而避免因落入相关专利权的范围所导致的侵权风险。

图4－6－1显示了DTM公司激光烧结的核心专利——激光烧结的工艺和装置的施引频次（93次）及施引关系，可以说是激光烧结的专利之父。引用该专利的申请人基本上都是3D打印产业的知名企业，从事激光烧结3D成型的企业必需加强对这些申请人的关注。其中，DTM公司自身引用11次，Z CORP引用14次，MICRON引用10次，3D SYSTEMS引用10次，EOS引用3次，AEROQU、BAKER也有引用。

4.6.2 并购分析

一个大型企业在竞争激烈的时代如何保持其核心能力和竞争优势成为关系到每个企业生存的关键。企业的技术能力是核心能力的重要组成部分，增强技术能力成为企业进行并购的重要原因之一。一些技术先进的企业由于经营困境或者经营战略目标调整使得其他技术后进的企业获得许多机会和技术窗口，进入障碍较少时，可以通过并购直接进入并取得技术跨越发展。对于高科技公司，持有的专利数量和质量是体现企业技术能力的一个重要因素。

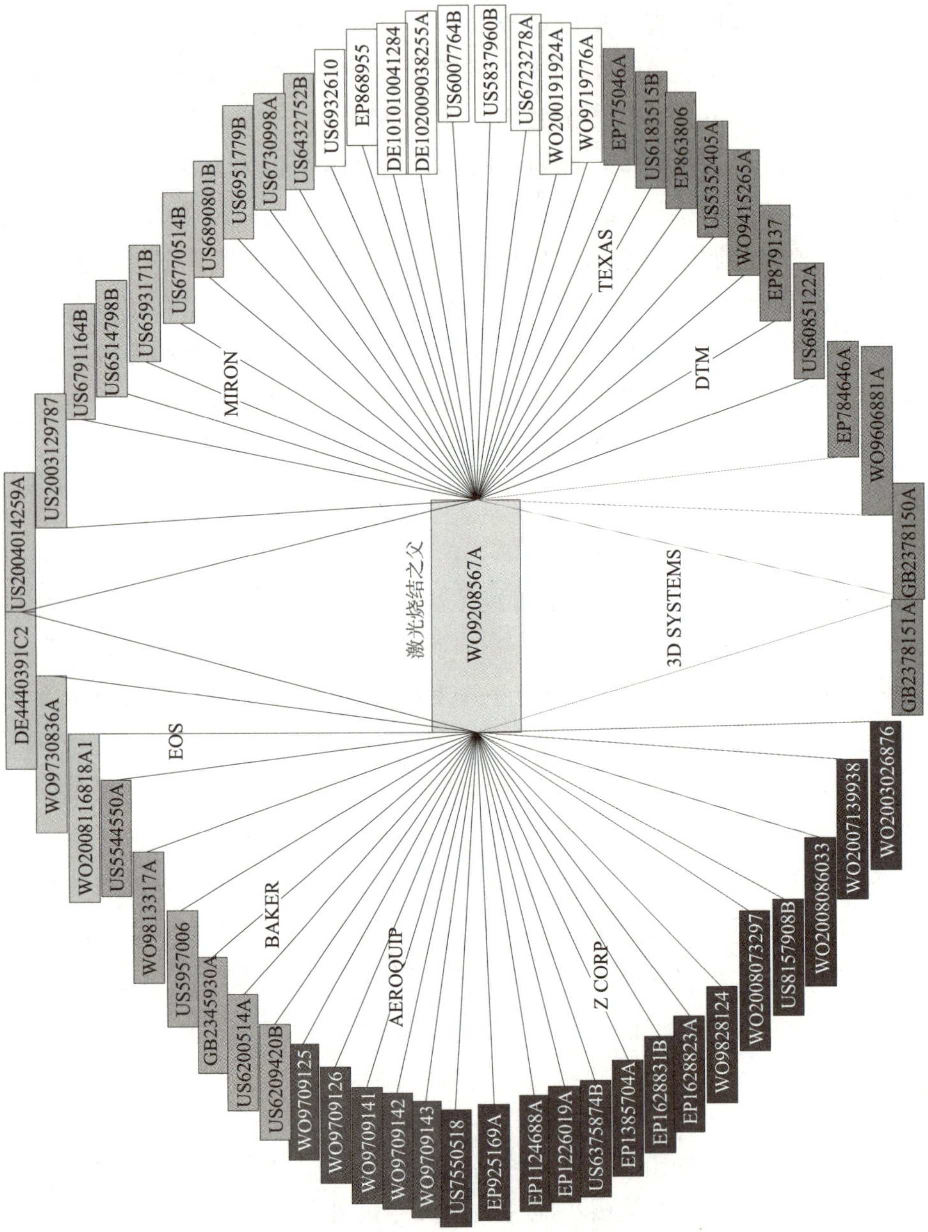

图 4-6-1 WO9208567A 的专利施引频次树①

① 杨铁军. 产业专利分析报告（第 18 册）：增材制造 [M]. 北京：知识产权出版社，2014：文前彩插第 12 页.

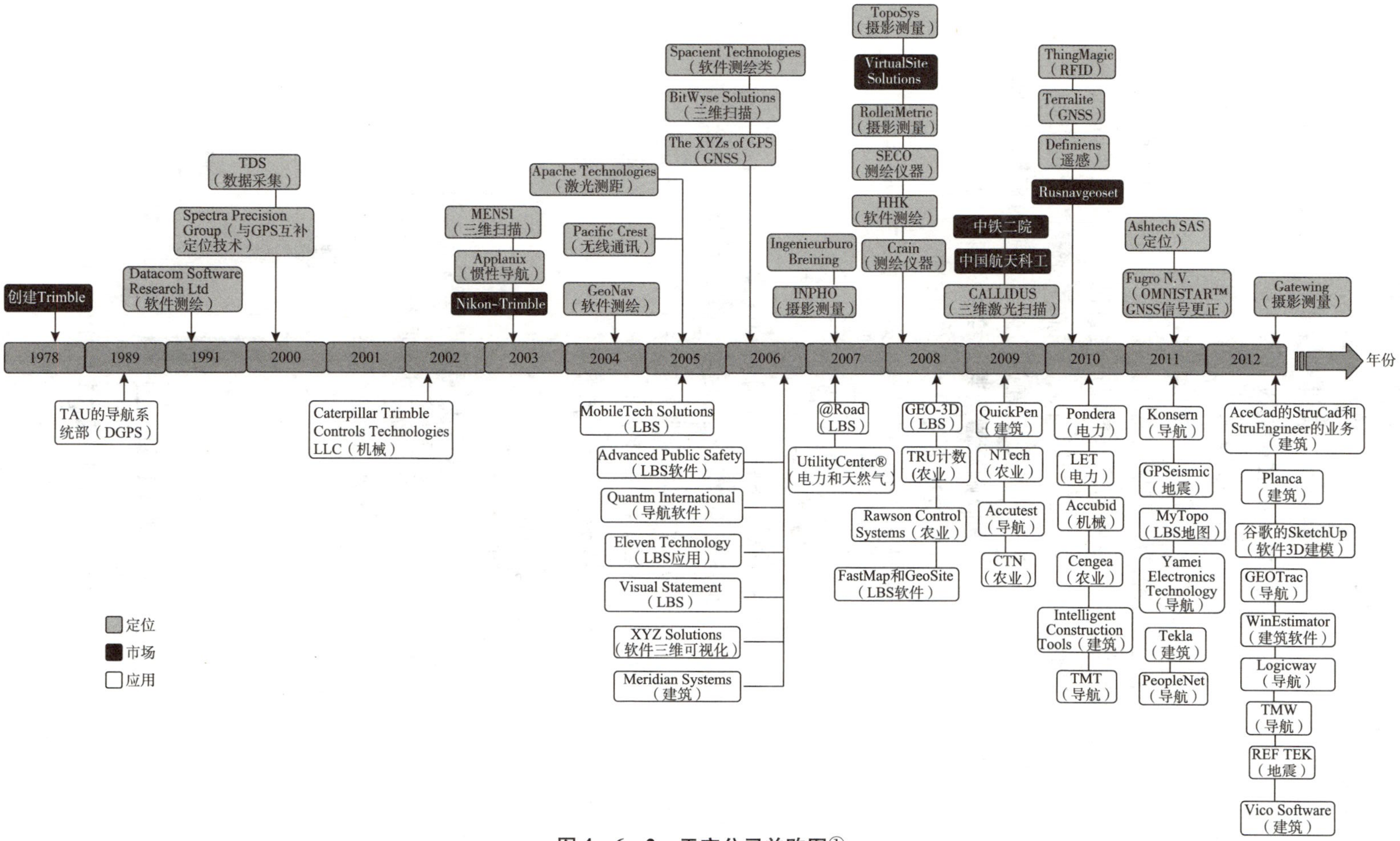

图 4-6-2　天宝公司并购图①

① 杨铁军. 产业专利分析报告（第20册）：卫星导航终端［M］. 北京：知识产权出版社，2014：299.

企业在技术能力方面所能投入的人力、物力有限，主要精力都会放在本身的重点研发领域。但随着企业规模的增长，企业技术的不断更新，不可避免地会碰到自己所需要的改进技术已经被竞争对手或者没有直接竞争关系的企业所占据。这种情况下，一是企业基本不会在这种相对“边角”的技术上投入太多的资源进行研发，因为想要绕过或者避开别人已经占据的地盘，势必要投入比直接研发更多的人力、物力才能实现，这显然是得不偿失的。二是对于大型企业来说，收购一些小公司的相关专利，虽然不能直接提高自己企业的技术能力，但是企业的直接目的也并不是需要使用这些技术去提高技术能力或者去主动出击来营利，而是通过将自己可能涉入纠纷的相关技术的专利收为己用，在有效地保护自己产品的同时，也提高了企业的专利储备。除了企业自身可能会被扯入其中的风险专利之外，对于直接的竞争对手的现有专利储备也要有比较准确的认识，从而可以通过专利收购来增加与直接竞争对手的专利战争的筹码，使得企业在研发的过程中所要承担的风险和重复性劳动降到最低。

通过对竞争对手合作和并购信息的分析，可以间接揭示其技术发展方向。

【案例4－18】 天宝公司并购图

通过对天宝公司并购合作关系进行分析，从图4－6－2可以看出其与尼康（Nikon）的合作，更重视的是通过尼康抢占部分市场，如日本、俄罗斯、东欧、印度和中国。而对北美和欧洲公司的并购与合作，更看重的是填补产品线空白，或者向解决方案中添加新技术。通过对被并购公司或者合作公司的专利技术进行分析，可以对天宝公司的技术发展方向和企业运营战略加以分析和借鉴。

【案例4－19】 库卡合作申请分析

由图4－6－3和图4－6－4可知，库卡的专利申请包含多项联合申请，研发合作对象包括AMATEC机器人技术有限公司（上游企业）、DELF德国宇航中心（下游企业）以

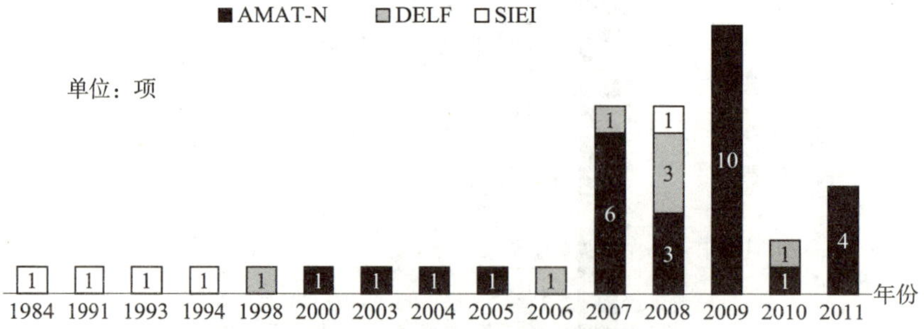

图4－6－3 库卡机器人前三位合作研发对象申请趋势①

① 杨铁军．产业专利分析报告（第19册）：工业机器人［M］．北京：知识产权出版社，2014：375.

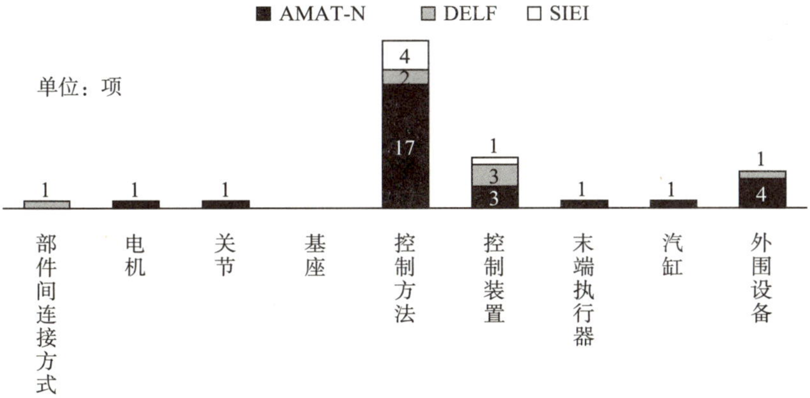

图 4－6－4　库卡机器人前三位合作研发对象申请技术分支①

及西门子（上游企业）。此外，对于中国市场，库卡还采用了本土化策略，与上海大学和多家公司进行联合申请。通过库卡的合作研发可以看出，库卡逐渐增强与上下游企业之间的联系，并试图在智能机器人的控制方面取得突破，尤其在智能机器人控制领域还具有极大的研发空间，该领域也将继续成为各大机器人企业的研发热点。

4.7　技术地位分析

所谓实力雄厚或者势单力薄总是放在产业中两相比较后得出的结论，因而针对竞争对手进行技术实力分析时，除了对竞争对手自身的技术情况进行多角度的分析外，还应将其与产业总体情况或者其他竞争对手的技术力量进行比较，从而得出实力强弱的相对结果。

4.7.1　技术生命周期分析

任何一项技术的发展，从出现、发展、成熟，再到逐渐退出历史舞台，一般都会遵从一定的发展规律。技术生命周期即是一项技术在其发生发展的过程中所经历的具有不同特点的发展阶段的时间变化规律。通过对大量既往技术发生发展过程进行统计分析，人们总结并提出了多种技术生命周期模型，用以表征技术发展阶段的时间相关性。利用这些模型对技术进行分析，从而判断产业技术发展目前所处的阶段，进而对照分析竞争对手的技术实力在未来市场竞争中的影响力。

① 杨铁军. 产业专利分析报告（第 19 册）：工业机器人［M］. 北京：知识产权出版社，2014：375.

下面介绍两种常见的技术生命周期模型，以及它们的分析方法和特点。

（1）A－U模型

A－U模型主要研究申请量－时间两者之间的变化关系，但是其又与技术发展趋势分析不同，其将一项技术拆分为产品改进和工艺改进两部分分别进行统计分析，如图4－7－1所示。同时，根据曲线的峰值将技术发展分为3个阶段：易变阶段、转型阶段和成熟阶段。

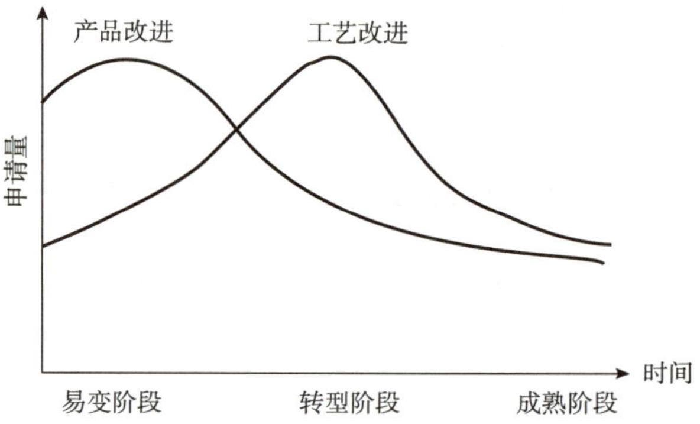

图4－7－1　A－U模型示意图

该模型主要基于以下理论：

易变阶段：一项技术刚刚开始出现，此时技术本身和市场都极不成熟，竞争中的开发者争相试制具有各种外形和功能的产品，并通过大量的产品创新试验与产品的用户互动学习，不断对产品的功能和外观进行改善以满足用户需求，因此这一阶段技术的发展主要集中在产品改进上，反映在专利申请量上则为与产品改进相关的申请数量远远大于工艺改进相关的申请数量。

转型阶段：在技术、市场、其他因素的交互作用的选择下最终出现了一种广泛为市场认可的主导设计，产品外形和功能逐渐定型，因此关于产品本身的改进开始减少，此后的创新活动开始从以产品创新为主转向以工艺创新为主，反映在专利申请量上则为与产品改进相关的申请数量开始降低，而工艺改进相关的申请数量则逐步升高。

成熟阶段：创新的重点完全转移到工艺改进上，技术的改进主要目的变为降低产品的生产成本和提高产品质量上，此时的创新往往是对产品和生产工艺的细节改进，并会出现与工艺相关的各种专用设备，反映在专利申请量上则为与工艺改进相关的申请数量远远大于产品改进相关的申请数量。

（2）9字图模型

9字图模型研究的是申请量、申请人数量、时间三者之间的变化关系，其分别以申请量和申请人数量为X、Y轴，按照申请时间顺序形成散点图，并将散点图依次连接形成。

该模型主要基于以下理论：

萌芽期：一项技术刚刚出现时，由于市场、技术都不够完备，往往企业参与的积极性不高，这时的申请人数量、专利申请量均较少。

成长期：随着市场的不断拓展、技术的不断完善，技术的市场潜力开始逐渐凸显，越来越多的企业开始投身到该技术的研究，这一阶段申请人数量和专利申请数量均有较大增长。

成熟期：市场格局逐渐形成，一些无法获利的企业开始退出，这一阶段申请人数量开始逐渐减少，但是申请量仍会保持一个较高的水平。

衰退期：由于技术老化淘汰或出现了替代技术，仍然针对该技术的研发越来越少，大多数企业纷纷退出对该技术的开发，这一阶段不管是申请人数量还是申请数量均呈现减少的状态。

【案例 4－20】　裸眼式立体显示技术的技术生命周期分析①

图 4－7－2 显示了裸眼式立体显示技术的技术生命周期分析。1991～2009 年的裸眼式立体显示技术申请人和申请量的年变化数据表明，该技术一直处于平稳发展期。

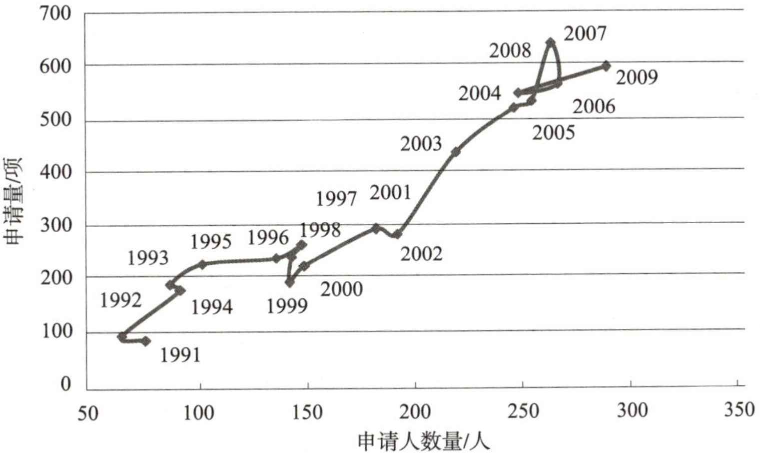

图 4－7－2　全球裸眼式立体显示技术生命周期

自 1991 年开始，作为理想 3D 模式的裸眼式技术开始被很多申请人关注，1991～1999 年进入该领域的申请人数量增长快于申请量的增长，而在 1996～2000 年，该项技术专利申请量陷入停滞，传统 CRT 显示器的结构导致在立体显示时扫描控制极其复杂，进而也限制了立体显示屏幕的尺寸。随着液晶技术的发展，该项技术在 2000～2004 年

① 杨铁军．产业专利分析报告（第 5 册）：立体影像［M］．北京：知识产权出版社，2012：181－182.

进一步发展，申请量与申请人的年增长率均超过20%，专利申请量的增长更为明显，2005年至今，裸眼式技术的申请人与申请量的增长再次放缓，申请人数量基本稳定在250～300项，年专利申请量维持在500～600项。尽管目前该技术的市场化程度不高，暂且表现出放缓的发展步伐，但是裸眼式显示技术已经被当前主要的彩电厂商以及面板制造厂商所关注，并被认为是立体显示技术的发展趋势。可以预见，随着技术点的突破、市场需求提高以及市场化能力的进一步提升，该技术的发展活跃程度仍有很大的提升空间。

4.7.2 技术集中度分析

充分竞争的市场、垄断－竞争的市场和垄断的市场，同一实力的竞争对手处在不同的市场环境时，其实力衍生出的市场竞争力和控制力是不同的。因此，通过对整个产业进行技术集中度分析，能够考察竞争对手所持有的技术对市场的影响力，从而更为真实地反映出竞争对手技术实力的强弱。

技术集中度分析是在申请人排名分析基础上进一步的信息挖掘，对申请人的专利申请总量进行排序后，统计排名靠前的若干名申请人的专利申请量在总申请量中所占的比例。

【案例4－21】 对智能型安全气囊的技术功效进行技术集中度分析

如图4－7－3所示，对智能型安全气囊的技术功效进行技术集中度分析，从而希望得到各技术功效的技术竞争格局。在这一分析中，进行申请量排名的是不同的技术功效，而对于申请人，只针对排名第一的申请人的申请量占比进行分析。

从图4－7－3中可以看出，智能型安全气囊领域的技术集中度具有以下三个特点：① 系统级应用技术较为集中在整车企业中，例如乘员识别/分类系统方面的技术改进，而总成－分总成一级的应用技术更为集中在零部件企业中，例如控制系统、气体发生器、气袋等；② 与性能提升有关的技术在整车企业中比较集中，因为整车企业直接面对的是碰撞法规和大众用户需求，而可靠性、体积、成本等方面的改进技术在零部件企业更加集中，这是由于这些方面的技术需求一般是由整车企业根据安全性指标分解得来，或者是在DFMEA或PFMEA过程中对供应商提出的一些要求；③ 对于乘员识别/分类系统而言，接触式乘员识别/分类技术，以及在此基础之上发展的多传感器综合乘员识别/分类技术在美国的整车企业，例如福特，包括其主要供应商，例如奥托立夫等较为集中，而日本整车企业，例如丰田、本田，包括其主要供应商丰田合成、电装等，更为集中在感应式乘员识别/分类技术。

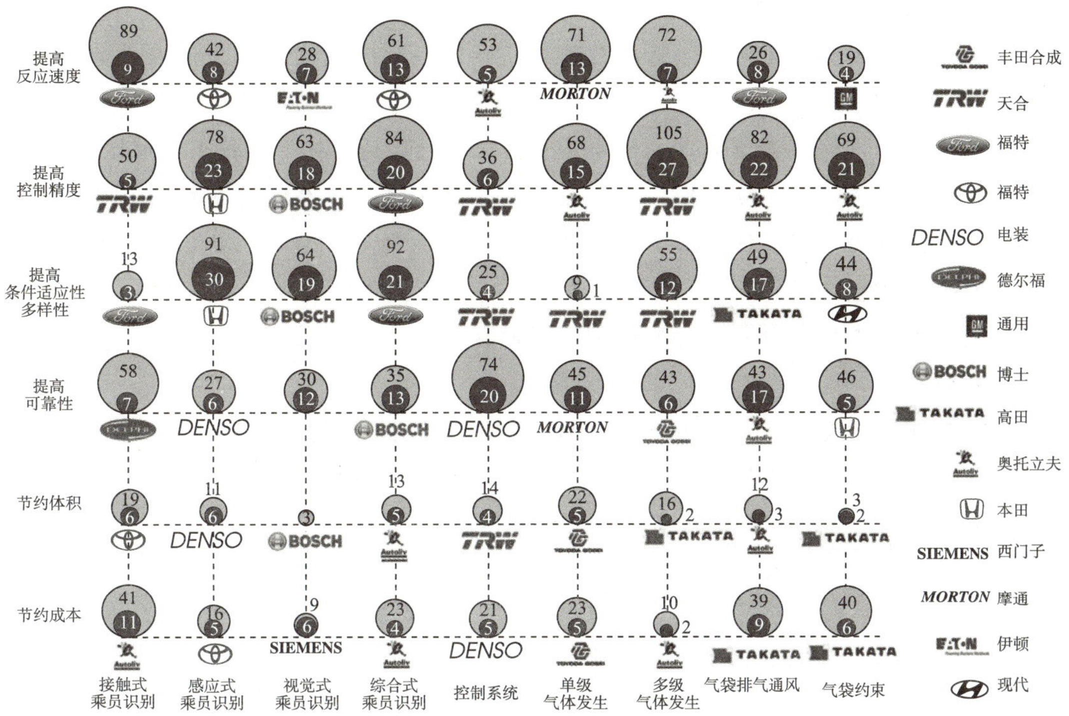

图4-7-3 智能型安全气囊各技术功效的技术集中度

通过上面这一案例，我们可以看出技术集中度分析的几个要点：一是要根据申请人排名的情况大致预估一个需要进行占比统计的申请人数量，例如通过浏览排名前几位的申请人的申请量之间的相对情况，是较为平均，还是随降序排名迅速减少，决定是选取前5名、前10名还是前50名，进行申请量占比的统计；二是要注意分析技术集中度背后所蕴含的信息，对于技术集中或分散的原因进行进一步的挖掘，当然，这一过程就有可能需要结合非专利情报进行综合性的分析；三是可以在分析技术集中度的基础数据上叠加多种的专利分析要素，例如在上面这个案例中叠加了技术功效，这有助于分析技术集中度在各个技术功效中的情况，并可以进行不同技术功效的技术集中度的对比，从而发掘出更多隐藏的但同时又是非常有价值的情报。

(1) 通过分析申请人前10位、前20位、前30位、前40位、前50位申请量占比变化考察技术集中度

除了分析静态的技术集中度外，还可以分析动态的技术集中度，其中一种情况就是分析技术集中度在排名不同区间的申请人之间的变化情况，例如通过分析申请人前10位、前20位、前30位、前40位、前50位申请量占比变化考察技术集中度在这些申请人之间的变化情况。

这一分析的基础还是单样本的技术集中度分析，不同在于要选取多个排名区间形成多个技术集中度样本，例如排名前10位的申请人的技术集中度作为一个样本，排名

前20位的申请人的技术集中度作为另一个样本，以此类推。然后将这些样本进行对比，从而发现技术集中度的变化情况，进而反映某一技术领域中各申请人之间的技术竞争格局。

（2）通过分析前若干名申请人的申请量占比随时间的变化考察技术集中度

另外一种动态的技术集中度分析是在第一种技术集中度分析的基础上叠加时间的信息，也就是说要了解一段时期中技术集中度随时间的变化情况。其基础数据仍然是第一种技术集中度分析的数据，不同在于需要将数据按照时间段，例如年，进行切分，然后通过曲线或者折线的方式将不同时间段的技术集中度连接起来，以反映技术集中度的变化情况。

这一分析的意义在于，真实地反映不同申请人之间专利技术实力的相对变化、此消彼长，从而更加客观地反映出一个动态变化的技术竞争格局，为企业制定相应的技术研发和专利布局策略提供更加实时和可信的情报。

第5章　专利布局分析

专利布局是围绕某一技术主题，有目的、有策略地构建专利组合的过程，是以权利为兵卒排兵布阵守卫国境、开疆拓土的过程。通过对竞争对手的专利布局进行分析，一方面可以寻找竞争对手专利布局的空白点，为本企业的专利创造和收储提供目标指引；另一方面可以学习同行业内其他企业专利布局的策略，提升本企业的专利布局能力。

5.1　布局分析维度

如图5－1－1所示，竞争对手专利分析主要包括以下4个维度。

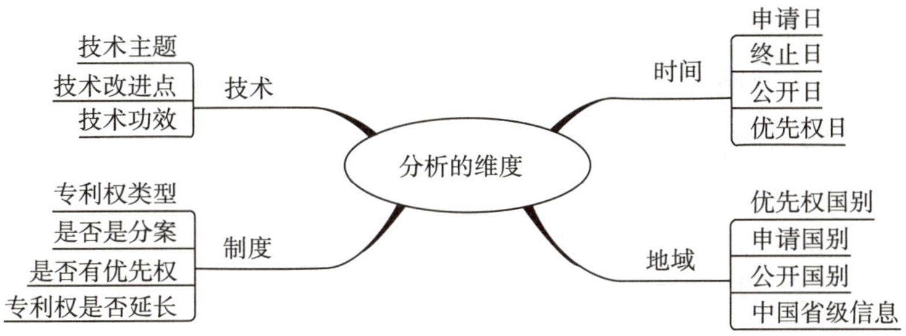

图5－1－1　竞争对手分析的维度示意图

（1）时间维度

专利权具有时间性，其仅在法律规定的期限内有效，因此，专利分析离不开对时间维度的分析。通常，专利信息中可供分析的时间字段包括了申请日、终止日、优先权日和公开日。其中，申请日表示了专利权的起始日期，终止日表示了专利权的终止日期，优先权日表示了该技术首次出现的时间，公开日则表示了该专利承载的信息为公众所知的时间。针对某一竞争对手进行技术实力分析时，多使用优先权日或申请日；进行法律状态或布局策略分析时，则更多地关注申请日和终止日。

（2）地域维度

专利权具有地域性，其仅在法律管辖的区域内有效，因此专利分析也离不开地区分布的分析。专利信息中记载地区信息的字段包括了优先权号、申请号和公开号中的国别信息，以及对于中国专利还包括了细分到省级的地区信息。一般认为，优先权号和申请号中的国别信息代表了专利技术的地域来源，对同一集团公司的国别信息进行分析，从而可以获取其分布在不同国家和地区的研发中心的技术特点。而公开号中的国别信息则表示了期待以专利权对该市场进行控制的意愿，从而可以推断出待分析对象的主打的目标市场和潜在的目标市场，还可以判断其经营策略是否有在竞争对手的目标市场压制对方的意愿。

（3）技术维度

专利权是以公开发明创造的技术方案从而换取相应保护的，同非专利文献一样，都是技术信息的载体和披露方式，不同于非专利文献的是，其对公开的方式和内容都有更为规范的要求，因此对专利文件中记载的技术信息进行分析是专利分析的基本内容之一。技术维度的分析主要包括了技术主题、技术改进点和技术的功效等角度。与研发方向中技术维度的分析所不同的是，专利布局技术维度的分析不仅关注专利文献中实际完成的技术方案，还需要关注专利权覆盖的技术方案范围。

（4）制度维度

专利权是依据专利法的有关规定进行申请、审查和获批的，根据各个国家和/或地区的法律制度不同，专利权的类型、可专利的客体类型、专利权期限和审批过程、权利要求的撰写技巧也会有所区别。通过制度维度对竞争对手的专利进行分析，一方面可以了解竞争对手对各国不同专利制度的利用情况，从而加以借鉴；另一方面也可以辅助判断竞争对手的实力和市场定位。

5.2 布局趋势分析

专利布局的态势分析与研发方向的态势分析在进行数据统计和趋势分析时，所选取维度和基本的分析方法并没有明显的区别，两者分析的目的不同，关注的侧重点也不同。研发方向分析其目的在于梳理竞争对手的技术发展脉络，分析其关注的重点子领域和掌握的关键性核心技术，从而判断其未来可能的研发方向，通过对竞争对手的技术加以分析，进而为企业研发方向的选择提供决策依据。专利布局分析的侧重点在于关注竞争对手作为权利人，其权利的时空分布情况和所覆盖的技术和市场情况，对其权利的边界和变化趋势加以分析判断，从而判断与其发生权利冲突时可能出现的情形，通过对竞争对手的权利加以分析，进而为企业规避研发和经营风险提供参考。

5.2.1　申请量年度分析

申请量年度分析是以竞争对手针对某一技术主题或多个不同技术主题的专利布局数量随时间变化的趋势分析，通常意味着其在相应技术上实力的变化趋势。对单一技术主题分析时，多侧重于技术发展阶段的分析，从而对未来在该技术主题上进行专利布局的趋势作出预测，还可以通过与该技术主题的全球总体趋势或其他竞争对手的布局趋势进行对比，进而判断竞争对手所处的竞争格局和竞争地位。对多个不同技术主题分析时，可以对竞争对手研发重点和布局重点的时间发展趋势以及是否发生改变作出判断或预测。另外还可以配合授权量、维持有效量、多边申请量等进行更进一步的分析。

（1）专利布局总体态势分析

通过对竞争对手总体的专利布局数量变化趋势及其发展经营的里程碑事件进行综合分析，可以对其研发方向的变迁进行分析和判断，再进一步结合其多边专利布局等专利布局地域广度的分析结果，从而了解和初步判断该竞争对手的整体实力、未来市场地位以及目标市场分布。

【案例 5-1】　ABB 公司工业机器人全球专利申请和多边申请布局趋势①

由图 5-2-1 可知，20 世纪 80 年代时，工业机器人已成为 ASEA 公司重要的发展方向，1988 年 ASEA 公司与 BBC Brown Boveri 公司合并形成 ABB 公司，其产业结构走向多元化，发展的重点从工业机器人转向了能源运输、电气元件等领域。同时也受到 20 世纪 90 年代初北美和欧洲的部分地区经济衰退的影响，其在工业机器人领域的研发投入和专利布局数量锐减。进入 20 世纪 90 年代中后期，随着计算机技术、微电子技术、网络技术等的快速发展，机器人技术也得到了飞速发展。

ABB 公司是一家总部设在瑞士苏黎世的跨国企业，其国内的市场需求有限，无法支撑长远发展，因而 ABB 公司在中欧、东欧以及亚洲等地区的多个国家进行的专利布局，多边申请数量的变化也反映了其业务的全球拓展情况。

（2）各技术分支专利布局情况分析

通过对竞争对手各技术分支的技术研发和专利布局信息进行分析，从而分析、确定其作为立身之本的创新力量和优势研发资源具体分布的技术领域，并进一步针对不同技术分支的年度变化趋势进行比较分析，结合企业并购的经营信息以及产业发展趋

① 杨铁军. 产业专利分析报告（第 19 册）：工业机器人［M］. 北京：知识产权出版社，2014：326.

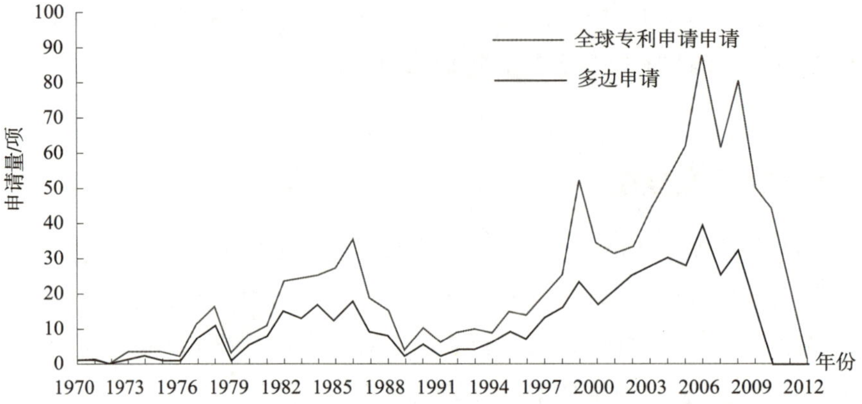

图 5－2－1　ABB 公司工业机器人全球专利申请和多变申请年度分布

势等微观、宏观环境信息，从而预测竞争对手今后开展专利布局的主打领域；也可以依据竞争对手专利布局所针对领域的倾向，推断其预测的市场需求导向的变化趋势。

【案例 5－2】　SiRF 公司主要技术分支布局趋势①

由图 5－2－2 可以看出，1999 年以前 SiRF 公司所关注的重点集中在缩短定位时间快速定位和弱信号捕获增强灵敏度上，其中灵敏度技术始终是 SiRF 公司领先于其他竞争对手的关键技术。1999 年以后，在继续增强自身优势技术的基础上，SiRF 公司开始在省电方面加强布局，这也是手持定位终端用户非常关注的一点。2001 年通过并购

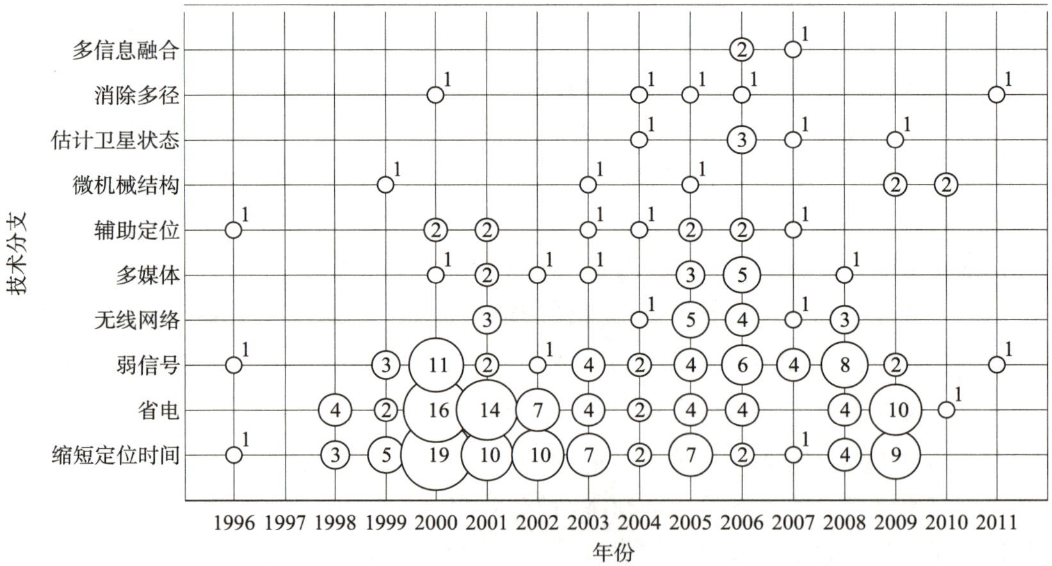

图 5－2－2　SiRF 公司主要技术分布

① 杨铁军. 产业专利分析报告（第 20 册）：卫星导航终端［M］. 北京：知识产权出版社，2014：347－348.

Conxant 公司的 GPS 部门，进一步加强了 SiRF 公司的技术实力和专利控制力。2005 年通过并购 BF 集成电路设计公司 Kisel，大大提高了 SiRF 公司在 GPS 接收机射频前端集成电路的设计能力，并为其将产品应用到移动通信终端奠定了技术基础。2006 年以后，为满足市场对室内外无缝定位的需求，SiRF 公司开始注重信息融合技术和微机械结构在移动导航定位技术中的应用，并对该技术分支加强了专利布局。

【案例 5-3】 ABB 公司工业机器人专利布局①

从图 5-2-3 可以看出，ABB 公司工业机器人专利申请覆盖了驱动系统、控制系统、机械主体（操作机）三大部分。机械主体方面，基座和相应的外围设备是技术门槛不高且相对成熟的领域，因此较少针对该领域进行专利布局。20 世纪七八十年代，其主要布局在关节和末端执行器方面，达到整个机械主体专利申请的近 90%。而 20 世纪 90 年代后，随着工业机器人在喷涂、运输、机械加工、焊接、码垛等领域的应用越来越广泛，其在末端执行器方面加强专利布局以增强在应用方面的控制力。之后各种应用机器人产品逐步成熟，专利布局也基本完成，相应的新增布局量下降，同时随着对产品成本、灵活性、通用性等方面要求的提升，又加强了对有关部件间连接方式的改进型技术的专利覆盖量。

5.2.2 地区分布分析

地区分布分析可以是针对竞争对手某一技术主题在不同地区的专利布局进行分析，从而确定竞争对手所持有的该项技术的主要市场分布在哪些国家和地区、各国市场所占的比例以及进入不同国家或地区的时间起点、增长趋势和比例变化情况；还可以对不同技术主题的地区分布情况，以及各个技术主题在不同地区的时间起点、增长趋势和比例变化情况进行综合性地比较分析，从而对竞争对手在不同国家或地区采用的布局策略和商业战略的异同进行分析。

【案例 5-4】 三星 LED 技术在全球的专利布局②

从图 5-2-4 中可以看出，自 2005 年之后，三星在各个重要市场都在稳步地进行着专利堡垒的建设工作。作为韩国的领军企业之一，在本土市场保持优势自然是三星进行专利布局的重中之重。此外，成熟的美国、日本市场对新显示技术和新照明技术具有强烈的需求，同样吸引着三星向其投入大量的专利以增强控制力和竞争力。同时，

---

① 杨铁军. 产业专利分析报告（第 19 册）：工业机器人［M］. 北京：知识产权出版社，2014：326-328.

② 杨铁军. 产业专利分析报告（第 21 册）：LED 照明［M］. 北京：知识产权出版社，2014：176-177.

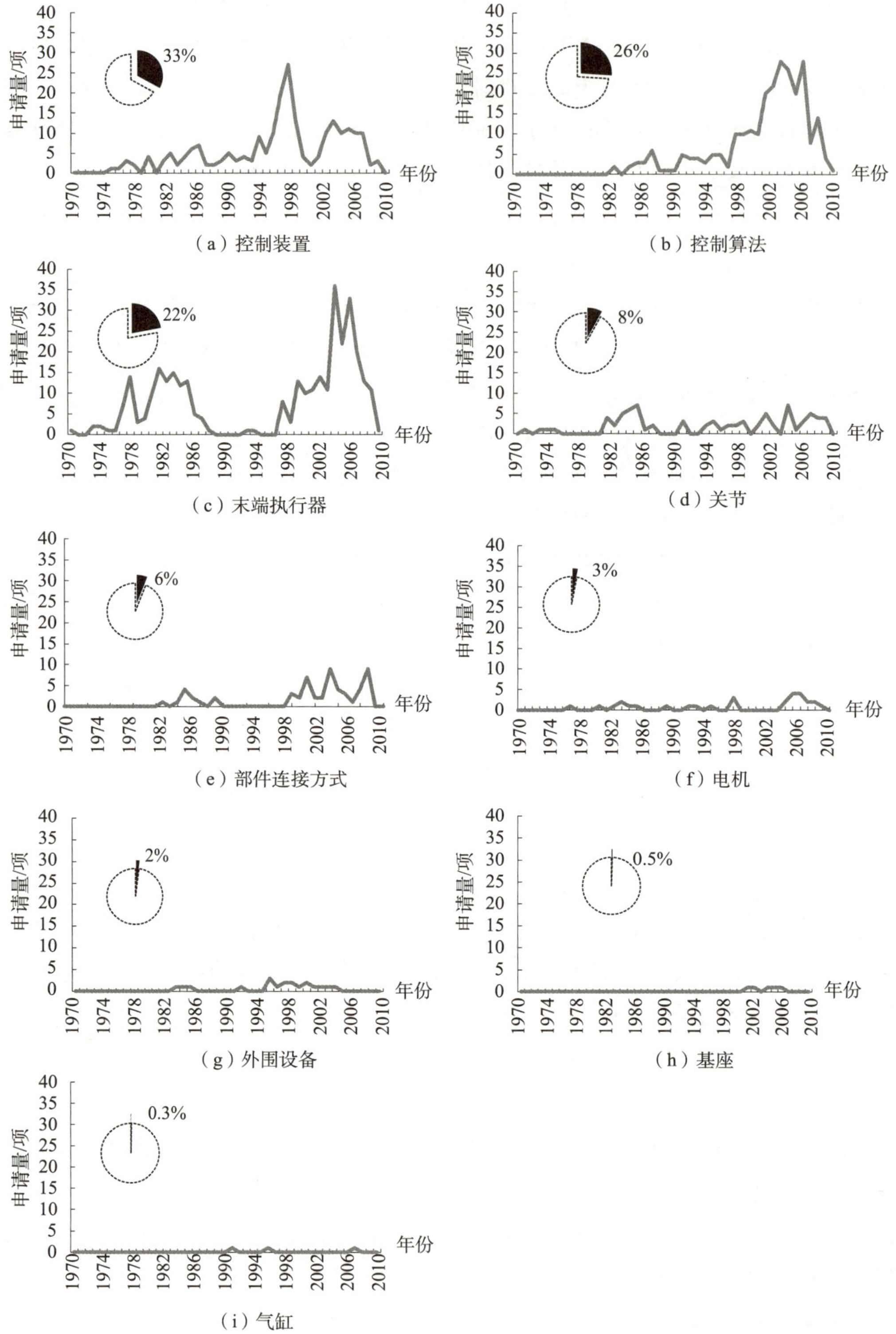

（a）控制装置
（b）控制算法
（c）末端执行器
（d）关节
（e）部件连接方式
（f）电机
（g）外围设备
（h）基座
（i）气缸

图 5-2-3　ABB 公司各技术分支专利申请量年份分布

在作为新兴市场代表、有着巨大发展潜力的中国市场，三星基本保持着 30 件/年以上的申请量水平。与此形成对比的是，在与美国、日本同为发达市场的欧洲，三星的布局意愿相对较弱，这与其市场策略和主要竞争对手的竞争优势有很大的关系。由图 5－2－5 可进一步看出，三星在 LED 专利布局的全球性上相对保守，这或许与其在 LED 市场上后进者的身份有一定的关系；从另一个角度也在此印证了，韩国、美国、日本、中国这几个主要市场对于三星至关重要。

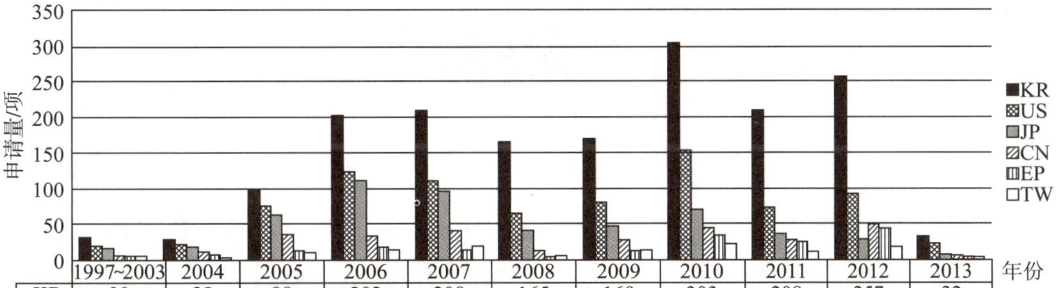

	1997~2003	2004	2005	2006	2007	2008	2009	2010	2011	2012	2013
■KR	30	28	98	202	208	165	169	303	208	257	32
⊠US	18	20	74	122	110	63	80	153	72	90	20
▩JP	15	17	62	110	95	40	45	68	34	27	5
▨CN	4	10	35	31	40	11	26	44	26	50	4
▥EP	4	5	11	16	12	3	11	33	24	43	1
□TW	4	2	8	12	18	4	13	20	10	16	2

（a） 历年趋势变化

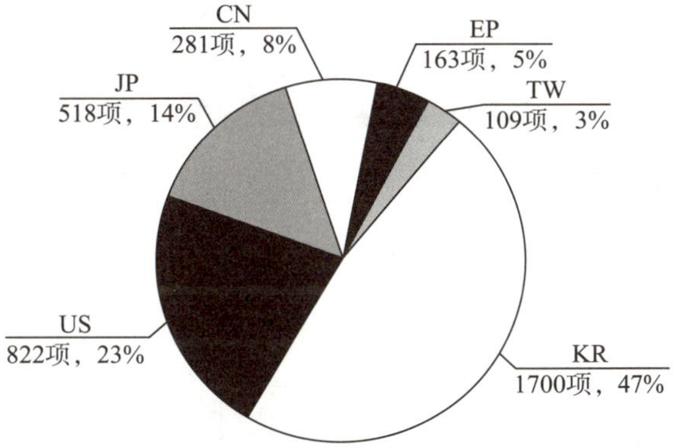

（b） 专利申请布局的分布

图 5－2－4 三星在全球主要市场进行专利申请布局的分布和历年趋势变化

【案例 5－5】 三菱重工燃气轮机在全球的专利布局①

由图 5－2－6 可知，三菱重工在全球多达 26 个国家和地区进行了专利布局，主要目标国或地区包括日本、美国、德国、欧洲专利局、加拿大、中国、韩国等国家、地区或组织。除了这些主要目标国、地区或组织外，三菱重工还在多个国家或地区进行

① 杨铁军. 产业专利分析报告（第 17 册）：燃气轮机［M］. 北京：知识产权出版社，2014：298－299.

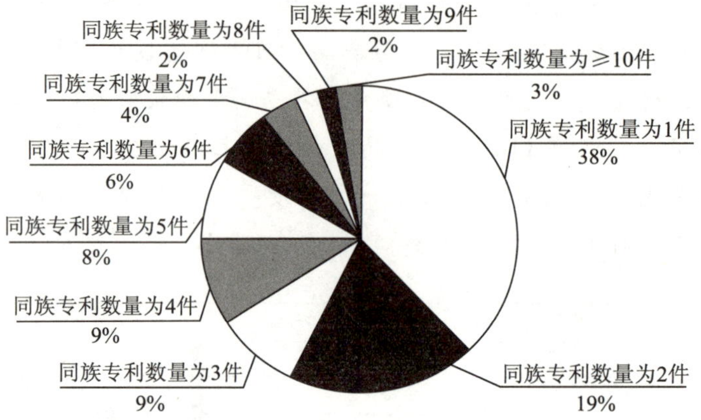

图5-2-5 三星专利申请同族数量分布

了少量但广泛的布局，如欧洲的瑞士、挪威、瑞典、匈牙利、荷兰、俄罗斯，大洋洲的澳大利亚、新西兰，亚洲的中国香港、菲律宾、印度、新加坡，北美洲的墨西哥等。三菱重工之所以在全球开展如此广泛的专利布局，这与其市场发展是分不开的，与三菱重工的燃气轮机产品的销售区域对比之后，可以发现，其专利布局的区域与产品销售的区域基本吻合，其中专利未覆盖的销售区域，多数为经济不发达地区，考虑到这些地区的知识产权保护力度以及技术制造水平，三菱重工采取了直接销售的策略。

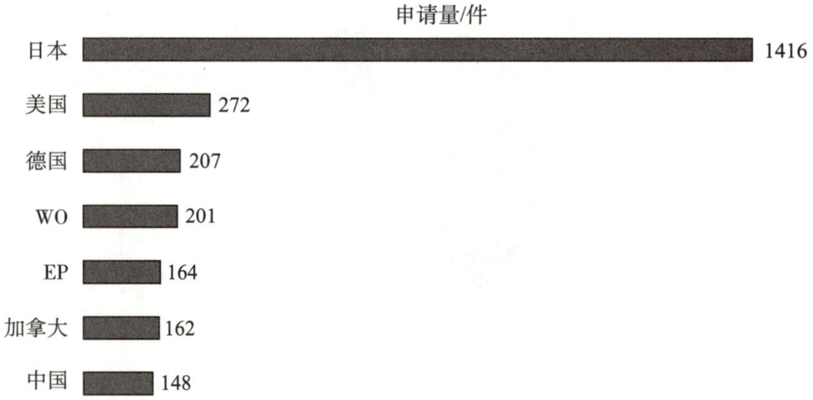

图5-2-6 三菱重工全球专利布局

【案例5-6】 霍尼韦尔安防集团海外目标市场布局①

从图5-2-7不难看出，霍尼韦尔安防集团最主要的海外目标市场包括中国、日本、澳大利亚、英国、德国以及加拿大，这些国家对视频监控设备的需求量较大，是

① 杨铁军．产业专利分析报告（第24册）：物联网［M］．北京：知识产权出版社，2014：104.

其主要的消费市场。其中，智能视频控制、海量视频数据快速检索浏览、监控终端的高质量显示、监控摄像机的自动控制等技术领域在上述主要目标市场的分布比例略有不同，参见图 5－2－8、图 5－2－9、图 5－2－10 和图 5－2－11。

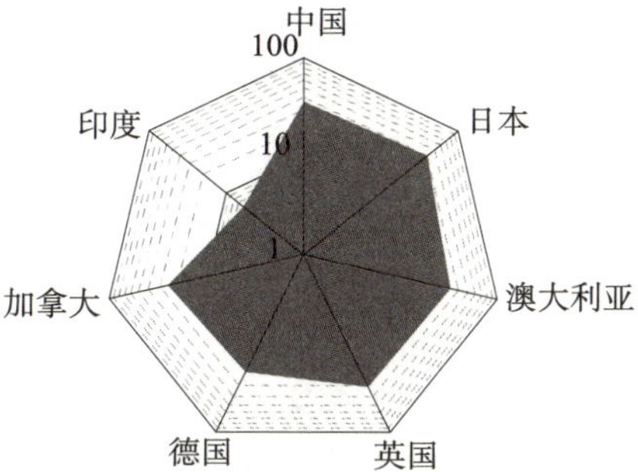

图 5－2－7　霍尼韦尔安防集团海外目标市场布局

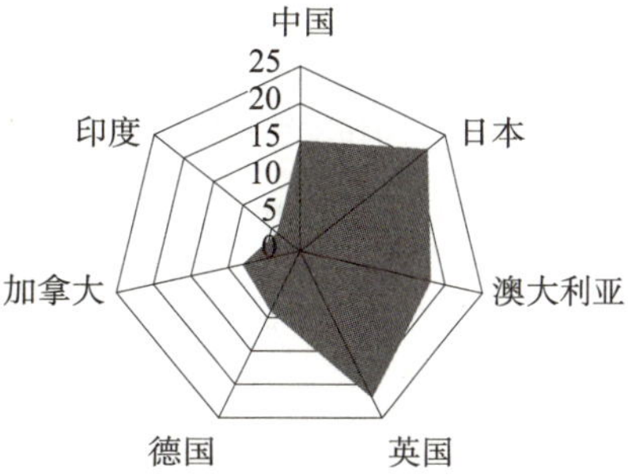

图 5－2－8　霍尼韦尔安防集团智能视频监控专利布局

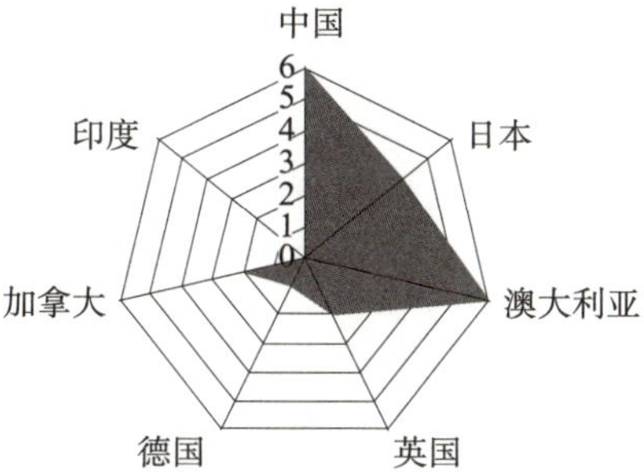

图 5－2－9　霍尼韦尔安防集团海量视频数据快速检索浏览专利布局

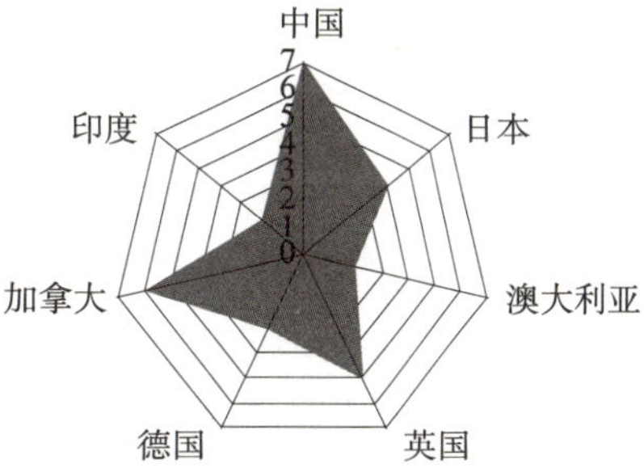

图 5－2－10　霍尼韦尔安防集团高质量显示专利布局

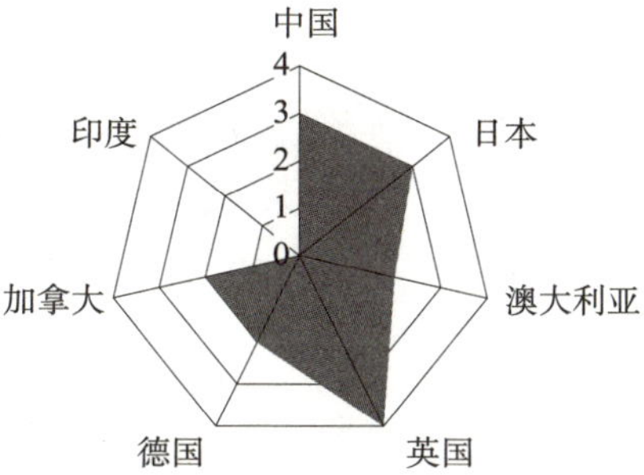

图 5－2－11　霍尼韦尔安防集团视频监控终端自动控制专利布局

5.2.3　技术和功效分析

针对不同的技术主题，可以如前所述进行申请量年度分析，也可以针对不同竞争对手就技术主题的占比情况进行偏好分析，从而对不同竞争对手的研发和布局侧重点的异同进行分析。针对不同的功效类型，由于实现的功效与市场需求密切相关，因此还可以对各个功效的演化趋势进行分析，从而对市场需求的变化规律以及专利对市场的响应作出分析。还可以对技术主题和功效类型制作技术功效矩阵以进行交叉分析，从而分析出竞争对手专利布局的热点和空白点，为本企业的技术研发提供思路和突破空间，但对技术功效矩阵进行解读时，应当充分与技术专家沟通从而判断空白点是技术上的空白还是布局上的空白点。

【案例5－7】 库卡功效分析①

从图5－2－12展示的技术功效来看，库卡机器人比较注重满足市场关于效率、精度和安全性三方面的需求，因此与效率、精度和安全性的解决方案是其主要的专利布局方向，特别是围绕着有关的控制方法和控制装置都部署了相当数量的专利权利壁垒。

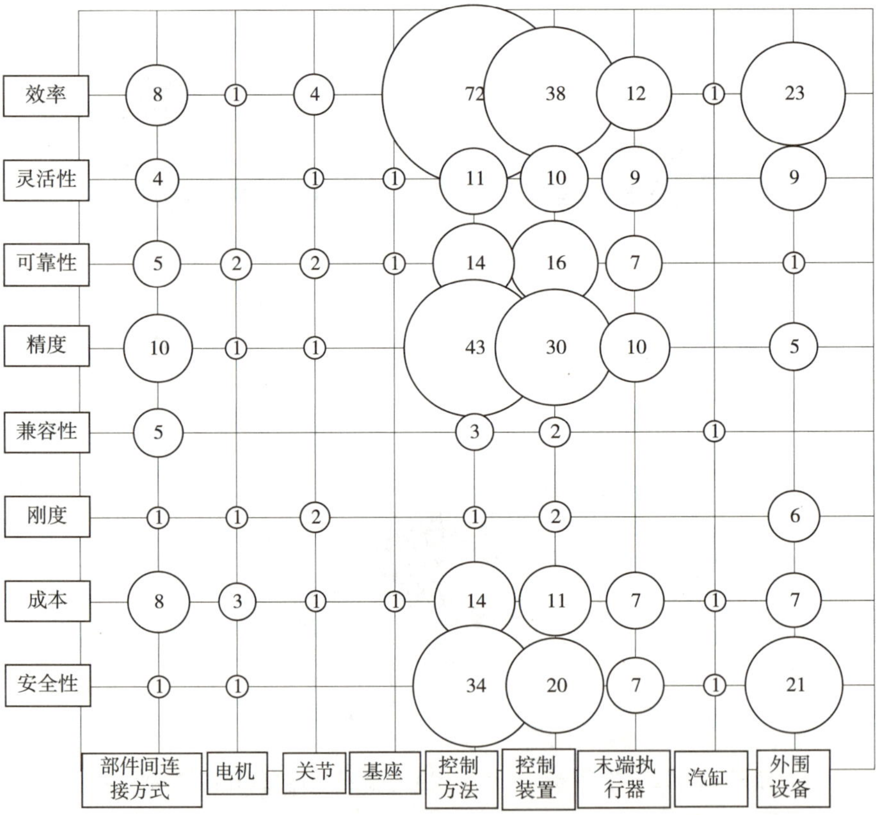

图5－2－12 库卡机器人全球申请技术构成及功效

注：图中数字表示申请量，单位为项。

① 杨铁军. 产业专利分析报告（第19册）：工业机器人［M］. 北京：知识产权出版社，2014：365－366.

5.2.4　专利类型的分布与趋势

我国《专利法》将专利分为发明专利、实用新型专利和外观设计专利。一般认为发明专利的技术水平和权利稳定性高于实用新型专利，实用新型专利更适用于小发明和小改进或者技术生命周期较短的技术主题。因此发明专利与实用新型专利的数量和占比情况反映了竞争对手的技术实力。而外观设计专利的数量所占比例往往反映技术和市场的发展阶段和该行业的消费习惯，通常技术相对成熟和面向大众消费者的行业对外观设计的需求更为旺盛，通过对竞争对手外观设计专利进行分析可以更好地把握市场的脉搏。

【案例 5-8】　苹果中国专利类型分析①

通过对苹果专利申请类型进行分析（见图 5-2-13），可以发现苹果在外观设计专利方面的独树一帜，其外观设计专利的比例高达 43%，实用新型也达到了 11%，而发明则不足 50%。这可能与苹果“酷”的企业文化和产品定位有关。

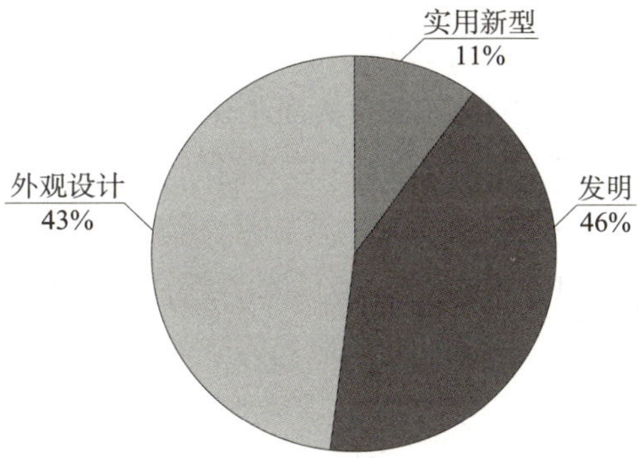

图 5-2-13　苹果专利申请类型分布

5.3　布局策略分析

除了对竞争对手总体的专利布局强度和趋势进行宏观和中观分析以外，以产品为核心的布局策略的微观分析也往往是专利布局分析的重头戏之一。专利布局的最低限度的目的，是应当能够获得足以覆盖自身产品的专利权利，以防止他人进行仿制，更进一步的还应当以能够覆盖简单的变形和后续的微改进为目标，扩大专利布局的防御的权利覆盖范围和时间覆盖范围，从而为自身产品争取更大的获利空间。通过分析竞争对手微观的专利布局策略，主要是通过品鉴和学习同类型企业的成功经验，从而为企业自身的专利布局策略提供参考依据，此外也可以为企业实施绕道设计等规避策略

① 杨铁军. 产业专利分析报告（第 5 册）：智能手机［M］. 北京：知识产权出版社，2012：111-112.

指明突破的方向。

（1）递交申请策略分析

递交申请策略分析主要围绕专利申请递交的时机和方式开展研究，由于专利权有效期与产品的生命周期之间往往并不同步。一般而言，一个新的产品在市场上会经历引入期、成长期、成熟期和衰退期，其中成熟期正是市场已经培育完毕，产品得以实现其价值最大化的“黄金收割期”，此时也最需要利用专利权对市场加以控制，因此确定提交相关的专利申请的时间，保证专利权的有效期能够最大限度地覆盖高价值的收割期，是专利申请策略中的第一课。在这一过程中，如何充分利用各国有特色的专利制度，以及如何合理规划不同时期提交的专利申请的权利要求的保护层次，也是进行递交申请策略深度分析的必修课。

通过对罗氏抗体药物阿瓦斯汀的核心专利在美同族专利的申请策略进行分析（见图5－3－1），可以发现罗氏公司充分利用了美国的临时申请制度，由于临时申请制度使得后续提交的非临时申请能够享有临时申请的申请日，同时专利权的期限却是从非临时申请的实际申请日起算，从而实现了抢占先机、延长生命的效果。除此之外，罗氏还持续地利用了美国的继续申请制度，从而不断地将后续的研发成果纳入保护体系，实现了专利权利对技术持续改进的“传承式”保护。

以罗氏的另一抗体药物赫赛汀的适应症专利为例（见图5－3－2），其产品本身的专利权会在2014年前后到期，但针对某些具体的癌症适应症的用途专利却是稍晚时才提出的，他人即使是在产品专利到期之后制造和销售相关仿制药，如果将仿制药应用到其获得保护的癌症适应症时，仍然可能侵犯罗氏的专利权。通过上述策略，将赫赛汀适应症的保护时间向后延长。此外，对于胃癌而言，其在1998年和1999年提出专利申请后，经多年沉寂，直到2009年才再次对胃癌适应症进行了专利布局。在这一过程中，罗氏充分地利用了专利申请文件撰写技巧，规划合理的权利要求范围，实现了已有在先申请的情况下相关申请仍得以获得授权，从而进一步的对于胃癌这一具体适应症延伸了保护期限。

（2）组合策略分析

凭借单个专利打天下的时代早已过去，以专利组合方式进行更有效的保护已经是当下的时代主流。通过构建专利组合，依照技术上的关联性和权利间的互补性，对专利产品或技术的不同角度和不同层次的技术改进，架构出在结构和数量上不同的专利集合，可以有效地打破单个专利在技术和时间上的局限性，消除权利覆盖的间隙。对竞争对手专利组合的组合策略进行分析，可明晰其针对具体产品所布下的保护力度，借鉴同类产品的保护策略；还可以对处在不同市场地位的竞争对手各自的策略进行比较分析，从而对照企业自身定位，寻找适合自己的发展路线。

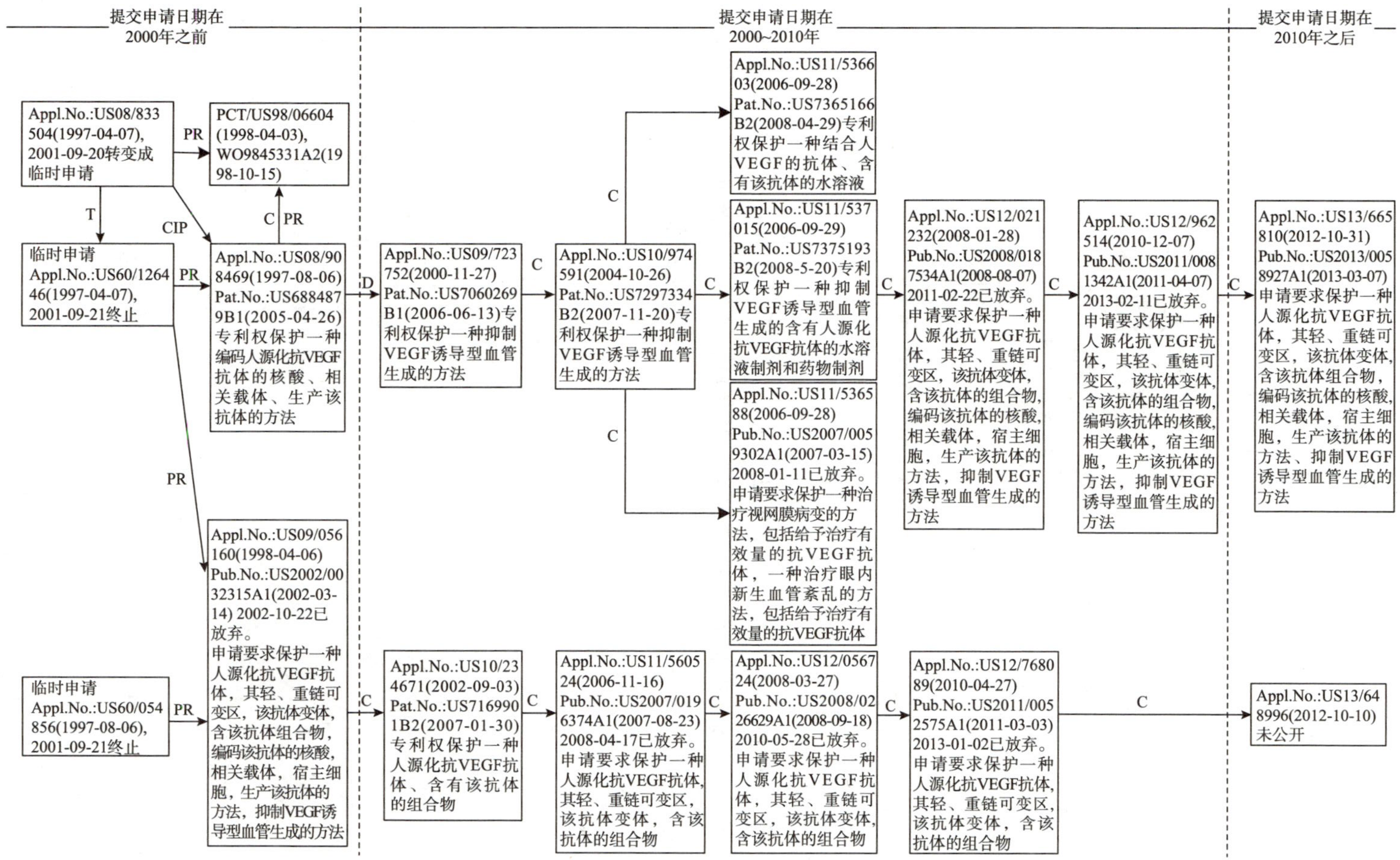

图 5-3-1　阿瓦斯汀核心专利的美国布局

注：“Appl. No.”指申请序号，“Pat. No.”指专利号，“Pub. No”指公开号，“T”指转变成临时申请，“PR”指前者作为后者的优先权，“CIP”指后者是前者的部分继续申请，“C”指后者是前者的继续申请，“D”指后者是前者的分案申请。

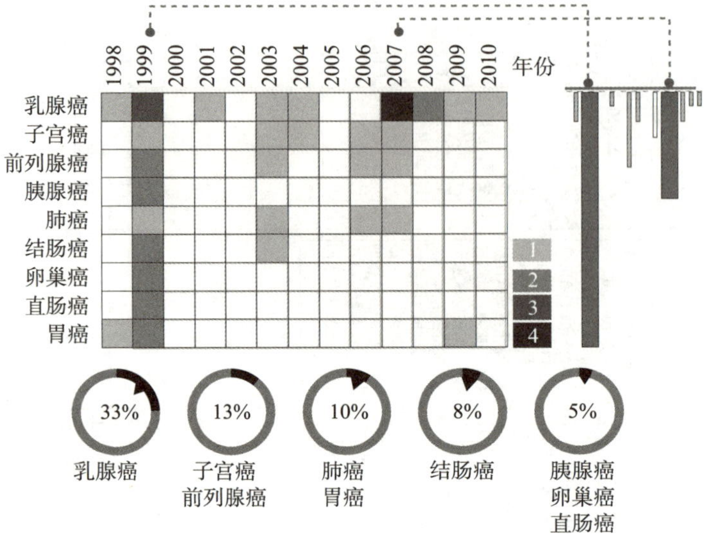

图 5 -3 -2 不同适应症的申请递交策略①

【案例 5 -9】 专利保护系统②

如图 5 -3 -3 所示，就摆动电弧焊缝追踪技术，发那科通过以关键技术为核心申请基础专利，利用后续改进技术的专利申请不断包绕、覆盖，最终形成囊括了实现该方法的关键先决条件、方法本身、方法的改进、实施方法的设备等各个方面在内的，一体化的专利保护系统。

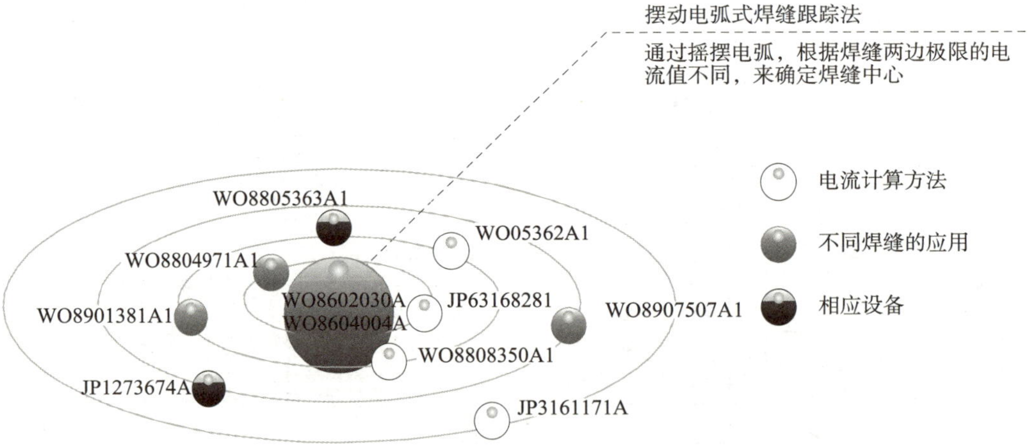

图 5 -3 -3 发那科摆动电弧式焊缝追踪法专利保护系统

① 杨铁军. 产业专利分析报告（第 28 册）：抗体药物 [M]. 北京：知识产权出版社，2014：222.

② 杨铁军. 产业专利分析报告（第 19 册）：工业机器人 [M]. 北京：知识产权出版社，2014：233.

【案例 5－10】　标准必要专利 WO2006085207A1 的“灌木丛”策略[①]

图 5－3－4 中显示了标准必要专利 WO2006085207A1 的技术演进情况。诺基亚公司自从 2006 年提出基于协定密钥生成主密钥的上述专利之后，在 2006～2011 年的 5 年期间围绕这一核心技术进行了进一步的开发，陆续提出了 8 件专利申请，这 8 件改进型专利以标准必要专利 WO2006085207A1 为核心，形成了包围型的“灌木丛”保护着必要专利，扩大了专利簇的技术覆盖面，使得使用相关技术的行为进入灌木丛覆盖范围的可能性增加，提高了专利保护的实际效力。同时，也网络了核心技术的多种改进和变形，使得他人做出改进型专利的可能性变小，增强了这一技术点的垄断力度，他人分得利益的空间变小。

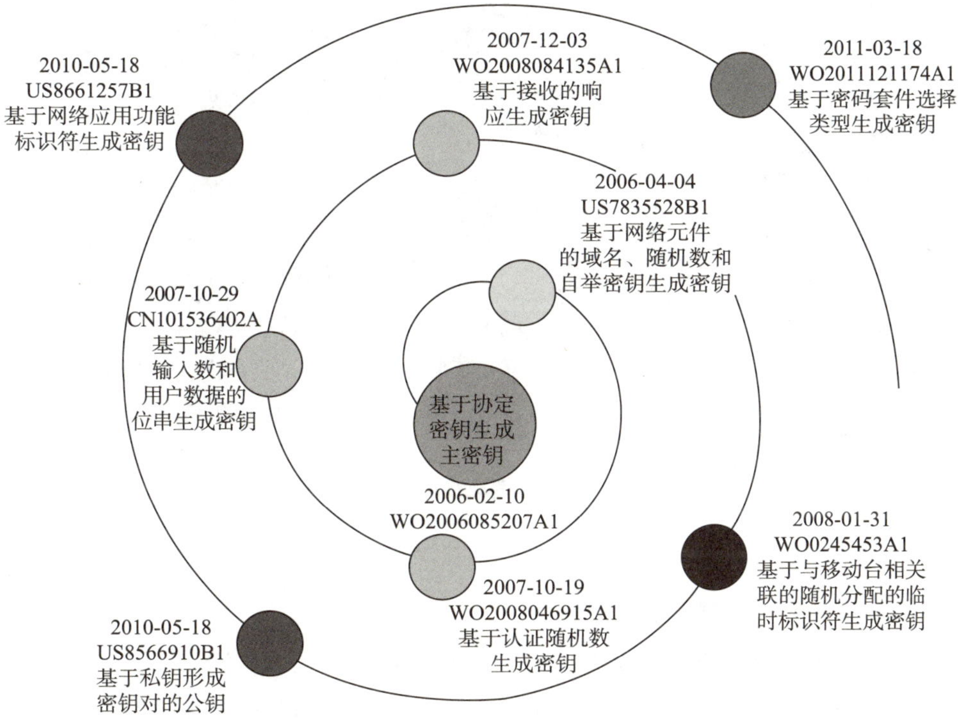

图 5－3－4　必要专利 WO2006085207A1 的技术演进情况

【案例 5－11】　相关适应症横向拓展[②]

由图 5－3－5 可以看出，对于著名的乳腺癌抗体药物赫赛汀而言，无论是从时间

① 杨铁军. 产业专利分析报告（第 31 册）：移动互联网［M］. 北京：知识产权出版社，2015：93－94.
② 杨铁军. 产业专利分析报告（第 28 册）：抗体药物［M］. 北京：知识产权出版社，2014：220.

和数量两个维度上，罗氏都将乳腺癌作为了专利布局的重中之重。而对于其他适应症采用“广撒网”式的策略进行了广泛的布局，以防止他人乘虚而入。此外，还可以发现罗氏对于与生殖系统有关的适应症，例如子宫癌和前列腺癌，进行了更为持久的技术研究和专利布局。对于同样对生殖相关激素敏感的乳腺、子宫和前列腺而言，其相互之间共享相同的致病和治病机理的可能性较其他器官要高，因而罗氏相应地加大了专利布局的力度，以利于及时保护后续研发成果，避免他人横生枝节。

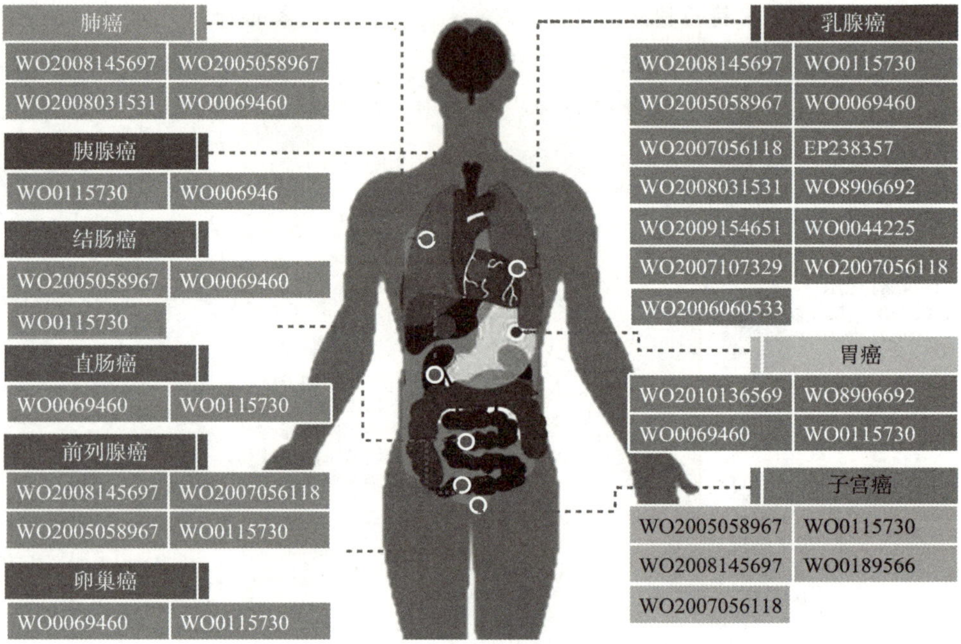

图5-3-5 赫赛汀适应症相关重点专利分布

【案例5-12】 主题变迁布局延展

从图5-3-6中可以看出，罗氏从抗体的基础专利出发，持续性地对结构进行改进，将有活性的变体加以保护，由于分子专利对抗体药物行业的影响至关重要，此方式可以尽力避免改进型分子结构被他人获得。在核心专利稍晚的时间，罗氏就抗体的制剂等药物化相关技术进行了专利布局，虽然基于可保密性高和侵权取证困难的原因，并未过多地依赖专利制度进行保护，但从上游制备直到下游制剂均有所涉及。2004年药品上市之后，罗氏针对联合用药加大了布局的力度，尽可能地将各种药物组合物纳入保护范围，并且利用与自家其他抗肿瘤药物相互联用形成交叉覆盖的保护网络。随着核心专利到期的临近，罗氏专利布局的重心开始向药效评估和个性化治疗的后端应用延伸。

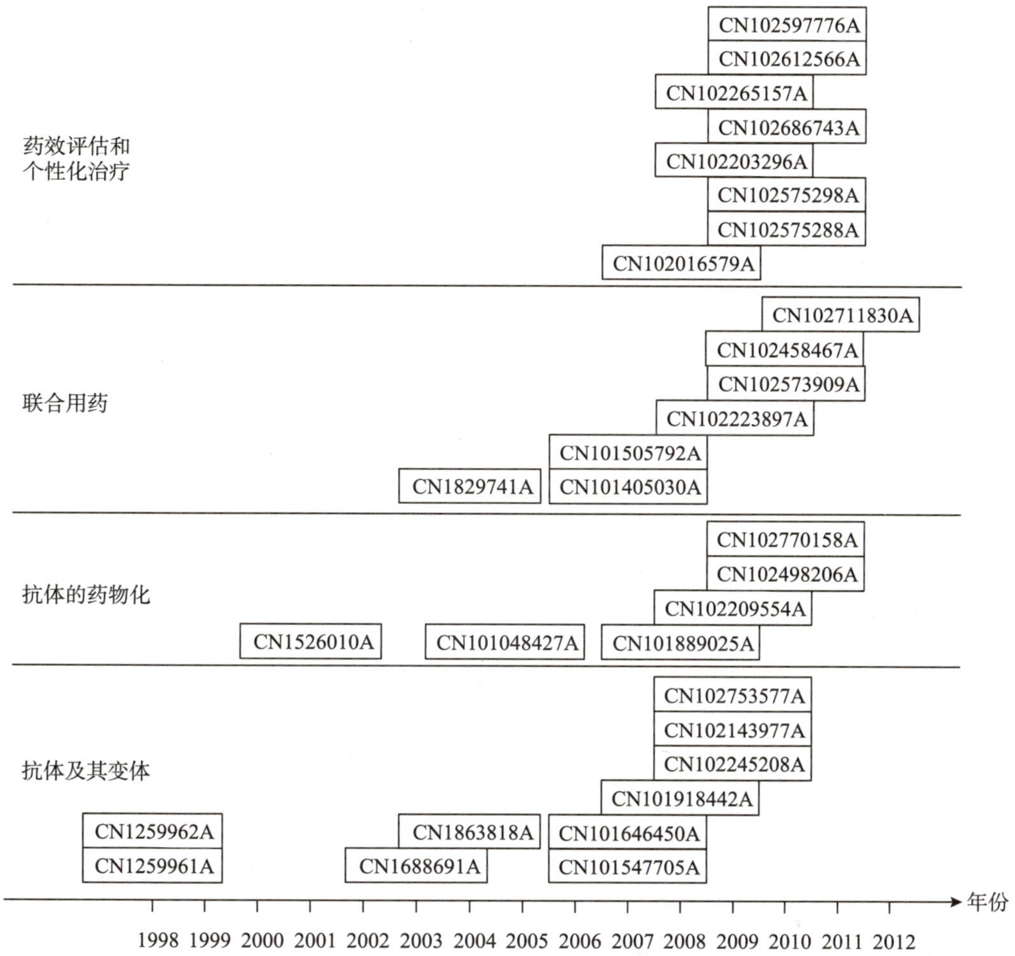

图 5－3－6　罗氏 VEGF 抗体相关在华重要专利①

【案例 5－13】　横纵交织的保护方式②

以 DM1 和 DM4 为代表的美登素类细胞毒剂可谓是伊缪诺金 TAP 技术的生命线，因此伊缪诺金自 DM1 和 DM4 提出以来，进行了广泛而深入的布局。为了尽可能地拓展 DM1 和 DM4 的应用范围，伊缪诺金对其抗原靶位进行了广泛的占位（见图 5－3－7）。除此之外，还进一步对涉及 DM1 和 DM4 的 ADC 药物制备方法、连接抗体与毒素的连接子改造、ADC 药物的剂型优化、影响因素优化以及与其他抗癌药物联用等方面（见图 5－3－8）进行了深入的研究，并进行了充分的专利布局，形成了纵横交错的专利保护网。

① 杨铁军．产业专利分析报告（第 28 册）：抗体药物［M］．北京：知识产权出版社，2014：185.
② 杨铁军．产业专利分析报告（第 36 册）：抗肿瘤药物［M］．北京：知识产权出版社，2015：442－444.

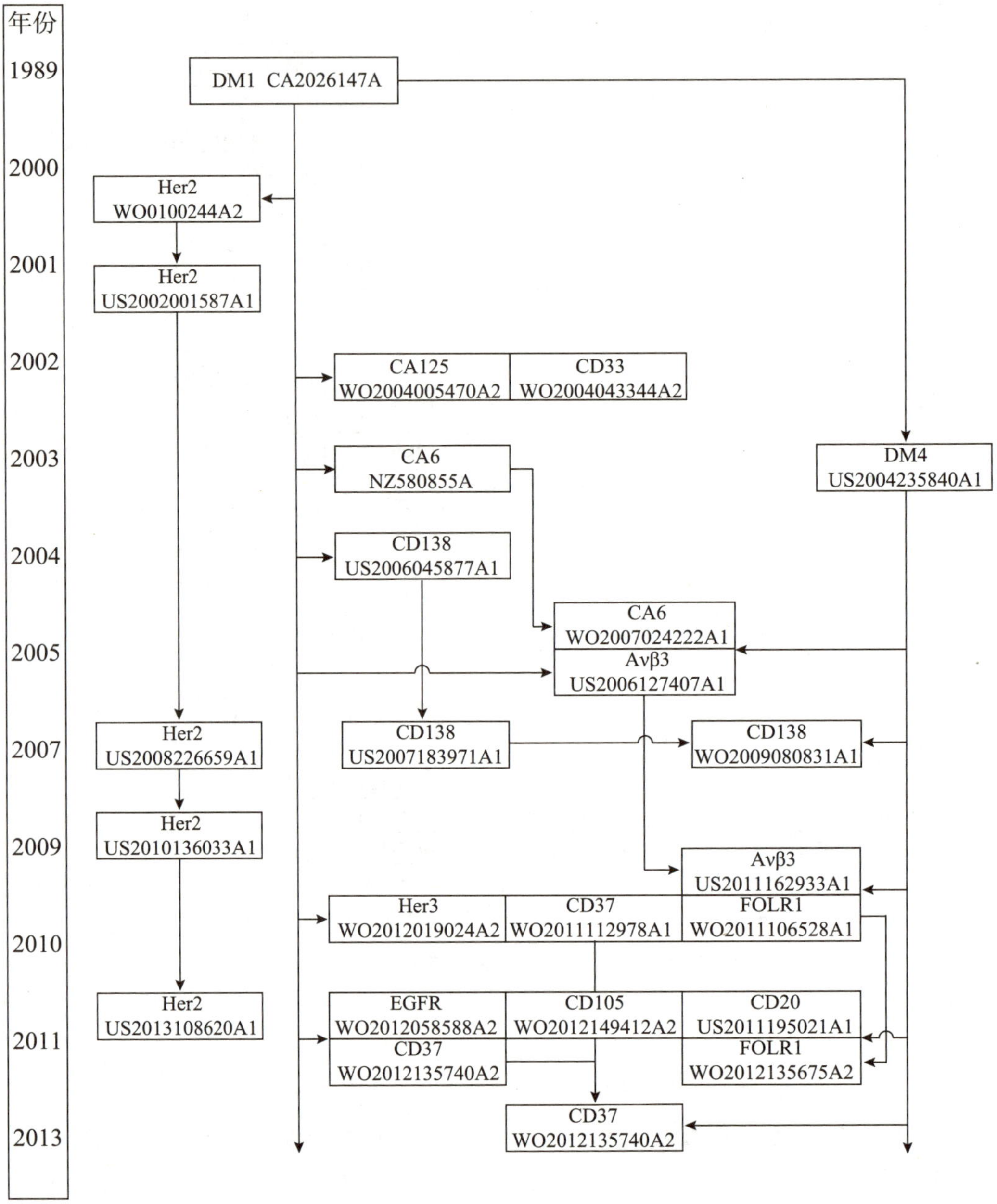

图 5-3-7 伊缪诺金 DM1 和 DM4 的靶点布局

【案例 5-14】 默沙东和葛兰素史克宫颈癌疫苗相关重点专利布局比较分析①

通过图 5-3-9 中的比较分析可以发现，默沙东先发制人因而在 HPV 早期蛋白以

① 杨铁军．产业专利分析报告（第 36 册）：抗肿瘤药物［M］．北京：知识产权出版社，2015：602-603.

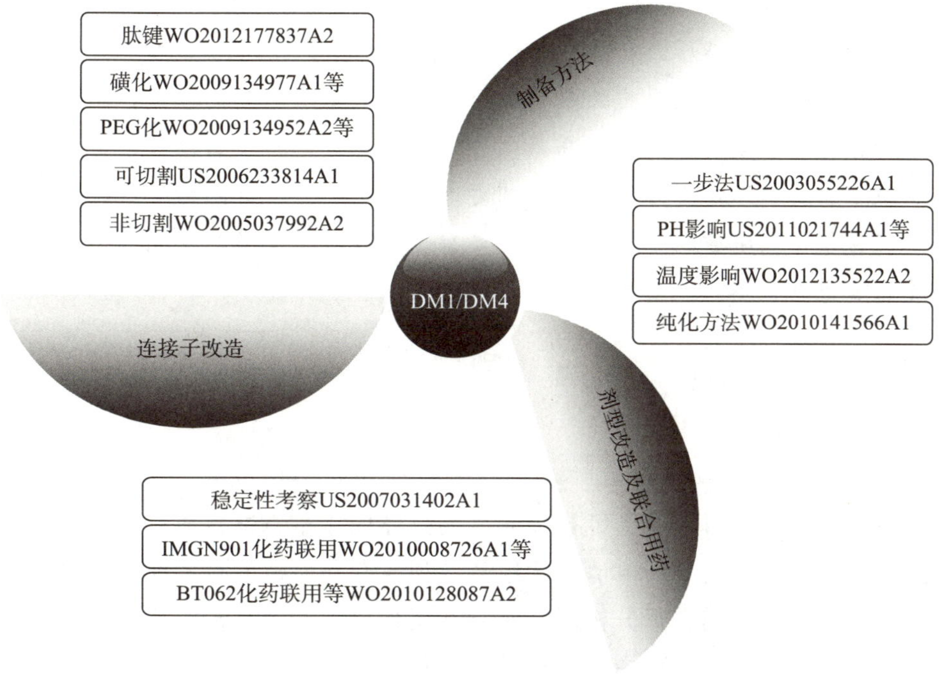

图 5-3-8　伊缪诺金围绕 DM1 和 DM4 的专利布局

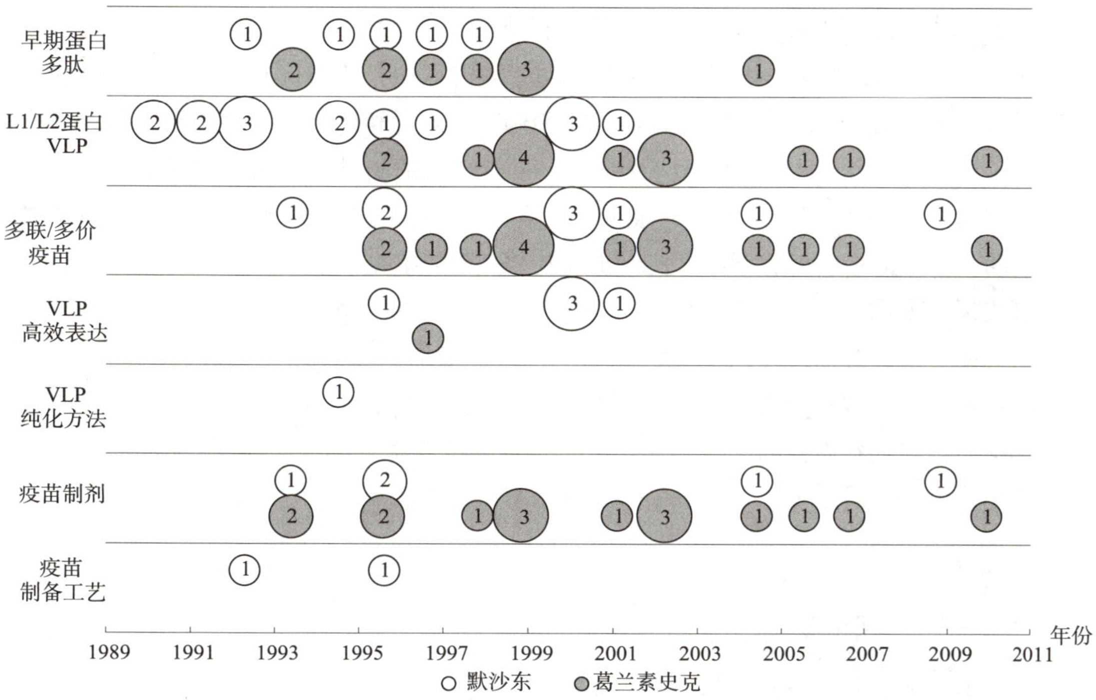

图 5-3-9　默沙东和葛兰素史克的宫颈癌疫苗相关重点专利布局的差异

注：图中圈内数字表示申请量，单位为项。

及 HPV L1、L2 蛋白方面开展数量多、覆盖面广的专利布局，意图从基础的核心结构开始封堵其他竞争对手，而后进者葛兰素史克则在后端的多联/多价疫苗和疫苗制剂方面极力追赶，一方面凭借多联疫苗的专利布局实现了对核心专利的包绕，弱化了核心专利的控制力，增加了谈判和竞争的筹码；另一方面充分发挥出自身技术优势，在疫苗下游制剂技术上发挥了强有力的专利控制力。此外，葛兰素史克为了规避默沙东的专利布局，在申请专利时增加了技术方案的复杂性，关联了更多的发明点，使专利申请中的技术内容更加具体化、下位化和外围化。

5.4 风险专利识别

风险专利分析是针对至少已经初步成型的具体的技术方案，通过检索全面而准确地找到与之相关的专利或专利申请，就相关专利或专利申请的权利要求与具体技术方案的技术特征之间的异同进行分析，从而判断侵权风险的大小，对相关专利进行风险等级评估的过程。在这一过程中，由于需要对具体的技术特征进行对比，因此当技术方案的特征不明确、不具体时，是无法有效开展风险专利分析的。此外，风险专利分析不仅需要关注能够覆盖本公司研发方案或与本公司项目相类似的专利或专利申请，还有必要关注已经写入或将要写入标准的专利技术，以及保护范围较宽的专利。

风险专利分析常见于项目管理和商贸活动管理过程中，从项目初步方案确定开始直至项目进入产业化阶段，需要持续地对风险专利进行分析和排查，并随之调整和确定项目的下一步工作方案与目标。对于涉及技术许可与转让的引进和输出，产品的上市、出口和生产销售为目的的购置，以及企业间的合作、并购、资产重组和建立联盟等一系列商贸活动，也需要对可能为商贸活动带来知识产权风险的相关专利进行收集、整理和评估。

开展风险专利分析不仅要求分析团队具备一般的专利分析工作的专利检索、筛选、阅读、标引、统计等通用技能，还要求分析人员能够充分掌握相关领域技术知识、专利审查标准、专利侵权判断的原则与标准以及相关市场信息，从而能够综合地对相关专利的风险等级进行有效的评估。开展风险专利分析通常需要组建一支包括技术专家、市场专家、专利审查专家、专利诉讼专家和专利分析专家在内的分析团队。

5.4.1 检索与筛选

由于专利权保护本身具有地域性，对于同族专利应根据专利权最终所属国家或地区分别进行分析。各国专利撰写的语言习惯不同，分类号赋予习惯不同，专利制度也略有不同，因而在专利检索过程中，往往难以采用同一个检索策略或检索式对各国的专利数据进行检索，也不便于将同族专利合并分析，因此需要针对已有的和潜在的目标国的专利数据库分别开展有针对性的专利检索。

《专利法》第 11 条规定，发明和实用新型专利权被授予后，除该法另有规定外，任何单位或者个人未经专利权人许可，都不得实施其发明，即不得为生产经营目的制造、使用、许诺销售、销售、进口其专利产品，或者使用其专利方法以及使用、许诺销售、销售、进口依照该专利方法直接获得的产品。由此可见，在风险专利检索过程中，除了要对销售市场所在的国家或地区进行检索外，可能还需要对制造地和委托代加工地所在的国家或地区开展专利检索，而具体选取哪些国家和地区作为目标国则需要配合企业的商业发展战略，一般而言，至少会包括中国、美国和欧盟。

在确定检索所使用的关键词和分类号等检索要素时，为了保证准确理解技术方案和充分拓展检索要素，分析团队除了采用一般的专利检索拓展思路和手段外，还特别地需要与技术团队进行多次的反复沟通，尽可能地避免检索要素的错误或遗漏。而后，选择合适的数据库和检索入口，联合运用关键词和分类号进行初步检索，根据检索结果动态调整检索策略，在能够保证检索的查全率的前提下，确定最终的检索式。

检索完成后，一般性专利的分析通常依据分析的需求和不同的同族专利定义，会对检索获得的专利集合进行相应数据合并。然而对于危险专利的分析，由于同族专利的技术内容不完全相同，特别是基于扩展专利族定义合并的专利族内的各件专利或专利申请甚至在技术内容上可能会存在相当大的差异，因此对于风险等级评估来说同族专利的合并是不必要的。然而对于 PCT 国际专利申请而言，同一份 PCT 国际专利申请尽管在进入各个国家或地区的国家阶段时申请文本可能会因为各国专利法的要求不同而存在细节上的差异，但对于其披露的技术内容而言，通常是一致的，较少存在差别。因此对于以技术方案为单元的风险专利分析来说，仍然需要对同一份 PCT 国际专利申请进入不同国家或地区的各个专利进行合并。

由于风险专利分析的特殊性，其不同于一般的专利态势分析，对于查全率往往具有更高的要求，因而在检索过程中不可避免地会带来噪声过大的问题。针对这一问题，一般来说只能依靠人工对检索获得的专利进行辨别和筛查，很难通过其他方式解决。风险专利的筛选通常采用二次筛选的方式，第一次筛选仅仅对检索获得的专利文件进行粗略的快速阅读，关注的重点在说明书摘要、附图和独立权利要求，通过快速浏览将明显不具有相关性或虽有相关性但不可能构成侵权风险的专利文件排除，第二次筛选通过逐份详细阅读的方式，对剩余的专利文件是否属于风险专利进行筛选，关注重点在权利要求书，最终筛选获得用于风险等级评估的风险专利集合。

风险专利的第二次筛选一般包括两个步骤：第一步是明确权利要求的范围；第二步是与权利要求进行对比。明确权利要求的范围，也就是解释权利要求，是指依据权利要求中的文字表述，利用包括内部证据和外部证据在内的所有证据来确定该专利的保护范围的过程。内部证据是指包括专利说明书及其附图和专利审查历史依据等在内的各种材料；而外部证据是指包括字典、百科全书、相关学术论文、其他专利或专利申请以及专家证人证言等辅助证据。通过解释权利要求，将通常用简练的文字表述的权利要求“翻译”成描述更为详细、边界更加清晰的技术方案。与权利要求进行对比判断技术方案是否落入权利要求的保护范围。落入权利要求的保护范围可以是基于全面覆盖原则的落入，也可以是基于等同原则的落入。全面覆盖原则，是指被诉侵权技术方案包含了与权利要求记载的全部技术特征相同或者实质相同的技术特征，其要求被诉侵权技术方案中的每个技术特征都存在与权利要求一一对应的特征，缺少任何一个技术特征将使得被诉侵权技术方案不适用全面覆盖侵权，但被诉侵权技术方案的技术特征多于权利要求的技术特征的，或被诉侵权技术方案的技术特征为权利要求技术特征的下位概念的，被视为全面覆盖了专利的权利要求。等同原则，是指被诉侵权技术方案中的一个或多个技术特征与专利权利要求中的技术特征相比，字面上不同，但能够以基本相同的手段，实现基本相同的功能，达到基本相同的效果，并且所属技术领域的技术人员在侵权行为发生时通过阅读说明书、附图和权利要求书，无须经过创造性劳动就能够联想到该替代的技术手段。

5.4.2 等级评估

依据前述方法和原则，经过检索和筛选等步骤后，获得待评估等级的风险专利集合。风险专利的等级的评估一般需要考虑3个层面的因素：技术层面、专利层面和市场层面，表5-4-1列出了详细的考虑因素，以下将详细阐述3个层面的考虑因素。

表5-4-1 风险等级评估考虑因素

风险等级考虑因素	技术层面	技术重要性
		方案重合度
		可回避性
		技术生命周期
	专利层面	权利稳定性
		专利寿命
		市场覆盖情况
		可执行性
		业内类似案件审理结果
	市场层面	诉讼情况
		许可情况
		是否写入标准
		专利对冲可能性
		权利人威胁度
		损失可承受程度

5.4.2.1　技术层面

技术层面的评估是从技术的维度来评价一件专利的风险等级，是将待评估专利与本公司的技术方案对比后，从技术重要性、方案重合度、可回避性和技术生命周期等角度对待评估专利具有的风险可能性进行评估。

（1）技术重要性

技术重要性是指一件专利对于本公司项目总体而言是否会产生较大的技术影响，从而可以将待评估专利分为关键技术专利、一般技术专利和配套技术专利。这里说的关键性的技术，既包括了从发明构思的一致性方面考虑，所述技术与本公司项目的各个发明点高度相关，特别是覆盖了本公司项目的核心发明点，或者覆盖了本公司项目所有的发明点的技术；也包括了从部分与整体的关系考虑，所述技术属于系统的核心部件或方法中的核心步骤，并且能够相对独立的实现某项功能，对其他技术的依存度较低的技术。对于技术重要性的评估可以参考专利文献的引证频次，一般认为引证次数越多，尤其是他引次数越多，该技术更可能是相关领域较为基础或较为重要的专利。

（2）方案重合度

方案重合度是指一件专利对本公司项目中所采取的相应技术方案的覆盖程度，而不需考虑该技术方案在项目总体中所占比例。重合度的评估采用与侵权判断相同的原则，是通过技术特征的逐一对比，从而将待评估专利分为相同、等同可能性高、等同可能性低、基本不重合 4 种情况。

（3）可回避性

可回避性是指在不考虑专利权稳定性的前提下，一项待评估专利技术在当前的时间点是否存在相同或相似的替代技术可以解决该技术问题。主要是从技术的角度上进行回避设计或绕道设计的可能性大小，其与权利要求保护范围的大小和该领域技术路径的多样性程度有关。此外，对可回避性进行评估时，还需要考虑回避设计是否具有市场上的可行性，回避设计因可能带来的成本过高和市场接受度较差等问题而不具有可行性时也被视为难以回避。因此，根据可回避性的大小以及回避设计的优劣，可以分为以下 4 种情况：难以回避、可以回避但回避设计不占优势、可以回避且效果相当、可以回避且回避设计占优势。

（4）技术生命周期

专利技术生命周期可以分为技术萌芽期、技术成长期、技术成熟期和技术衰退期 4 个阶段。一般认为技术萌芽期时，未来出现可替代技术的可能性较高，但当前已有专利在未来成为基础专利的可能性也较高；技术成长期时，大量市场主体进入市场，有控制力的专利对市场的影响逐渐增高，利用专利技术对竞争对手进行打击的行为也逐渐增多；技术成熟期时，由于技术已经相对成熟，市场趋近饱和，竞争较为激烈，行业整体的诉讼意愿较高；技术衰退期时，则由于技术老化或者已经出现更为先进的替代技术，市场利润减少，逐渐萎缩，市场主体兴趣转移。因此，可以说，处在不同技术周期的专利技术的风险等级变化较为接近钟形曲线，随着技术的成熟逐渐走高，并随着技术的衰退回落降低。

5.4.2.2 专利层面

专利层面的评估是从法律的维度来评价一件专利的风险等级，是待评估专利作为一份法律文件对所主张权利的保护力度的评估，也是企业对待评估专利所产生风险的可控程度的评估，可以从权利稳定性、专利寿命、市场覆盖情况、可执行性和业内类似案件审理结果等角度进行评估。

（1）权利稳定性

权利稳定性的评估是指对待评估专利中已授权专利被全部或部分无效的可能性的判断，是对未授权专利获得权利的可能性以及授权范围大小的判断，是对其现在和将来可能的法律状态进行分析。由于权利稳定性涉及权利的存在与否和范围大小，对保护力度有根本性的影响，因此权利稳定性在风险评估中占据重要地位。对权利稳定性评估仰赖于分析团队对现有技术的获取能力和各国专利审查标准的掌握程度。分析团队对于权利稳定性进行评估时，除了需要考虑专利申请文件本身的撰写质量来评估是否能被无效或授权以外，还需要参考审查过程文件从而评估授权的可能性、可授权范围的大小以及是否存在依据禁止反悔原则而放弃的部分，需要通过同族专利在其他国家的法律状态和授权范围，对尚在审查过程中的专利申请的授权可能性和可授权范围进行评估。通过查阅已授权专利是否曾经经历过无效程序从而判断被无效的可能，一般认为，曾经经历过无效程序的待评估专利被无效的可能性低于其他专利，权利稳定性高于其他专利。

（2）专利寿命

专利寿命是指一件已经授权的待评估专利从当前算起还有多长时间的保护期，也就是专利权期限的剩余年限。显然地，保护期剩余年限越长，对竞争对手构成的威胁显然也越强。而世界各国对 3 种专利权的期限有不同的规定，并且有些国家或地区对于特殊领域专利还有保护期延长制度，例如，我国《专利法》第 42 条规定了，发明专利权的期限为 20 年，实用新型专利权和外观设计专利权的期限为 10 年，均自申请日起算。美国专利法则规定了在 1995 年 6 月 8 日前申请却在 1995 年 6 月 8 日后获准或在 1995 年 6 月 8 日仍有效的发明专利，专利权期限为以下两期间之较长者：从获准日起算 17 年，或从美国申请日起算 20 年。1995 年 6 月 8 日后申请的发明专利申请案，专利权期限为申请日起算 20 年。新式样专利的专利权期限为专利获准日起算 14 年。此外，FDA 批准的药品还可以依据专利期延长制度（Patent Term Extension，PTE）最多获得5年的延长期。欧盟和日本也存在类似的专利期延长制度。

（3）市场覆盖情况

市场覆盖情况是针对一件 PCT 国际专利申请是否进入各个国家和/或地区的国家阶段以及各自相应的法律状态进行的风险等级评估，是仅仅基于专利权所具有的地域性和本公司商业发展战略所涉及的国家或地区之间的异同来对待评估专利的风险等级进行衡量，而不考虑商业上的市场份额和市场控制力。对同一件 PCT 国际专利申请所进入各个国家阶段的专利进行分析，其在哪些国家和/或地区有专利申请，是否获得了授权，与企业的制造地和/或销售地等商业战略涉及地区的分布情况相互对照，从而能够对该 PCT 国际专利申请所涉及的技术方案对企业的市场战略可能造成的风险有总体的把握。对于需要出口或出国参展的企业，风险等级评估时市场覆盖情况的考量是要首先进行的。

（4）可执行性

可执行性是指由于侵权行为发生时，举证责任主体和责任大小不同，以及侵权判断的难易度不同而导致的权利人行使专利权时需要付出的努力不同，努力程度的不同即意味着为专利权的可执行性不同。人们常说产品的保护是绝对的，方法的保护是相对的，即方法专利的保护力度要逊于产品专利。就是因为侵犯方法专利的行为往往属于企业内部的生产行为，其工艺过程难以依靠最终产品来证明，因此侵犯方法专利的行为难以被发现也难以获得相关证据。而产品专利权与侵权产品的对比更为容易，侵权产品也易于获得，因此通常认为产品专利权的可执行性要高于方法专利权。当然，产品专利权由于撰写质量的原因，其是否能够利于侵权的判断也存在差别。

5.4.2.3　市场层面

市场层面的评估是基于专利权对市场的垄断效应从而评价一件专利的风险等级，是待评估专利权发挥其排他效果后为我方企业和市场带来的影响的评估，也是对待评估专利的风险发生时所产生的“最差的结果”的预期，可以从诉讼情况、许可情况、是否写入标准、专利对冲可能性、权利人威胁度和损失可承受程度等角度进行评估。

（1）诉讼情况

诉讼情况分析分为三部分：其一是需要分析待评估专利本身是否已经发生过相关的诉讼，通过对已有案件的梳理和跟踪，厘清诉讼的争议焦点、诉讼的额度、判决的结果、诉讼双方的市场地位以及诉讼结果对双方的影响等，从而对待评估专利本身对市场的影响和权利人对市场的控制倾向作出研判；其二是需要考虑所涉及领域的行业总体诉讼情况，通过对该行业诉讼发生的频率、产生纠纷的类型、判决的结果和对相关涉诉企业的影响等进行分析，从而对行业总体的诉讼风向以及该领域相关判决的审判标准等作出预判；其三是该行业的发展规模和市场前景，一般认为规模越大、市场前景越高、未来成长性越高的行业，专利权人通过行使专利权对市场进行控制，遏制竞争对手的可能性就越大。

（2）许可情况

专利许可按照许可的范围和实施权大小，可以分为：独占许可、排他许可和普通许可。独占许可是指被许可人对专利技术的使用权享有独占权，许可人在许可范围内自己不得使用该专利技术，也不得将该专利技术的使用权转让给第三人。排他许可是指被许可人对专利技术的使用权享有独占权，许可人在许可范围内不得将该专利技术的使用权转让给第三人，但许可人自己保留利用此项专利技术的权利。普通许可是指被许可人享有专利技术的使用权，且许可人保留自己利用此项专利技术的权利和将该专利技术的使用权转让给第三人的权利。对待评估专利权是否实行了专利许可以及许可的类型、对象和金额进行分析可以对该专利权对市场的影响程度以及专利权人行使权利的倾向进行判断，从而对风险等级作出评判。

（3）是否写入标准

标准按照使用范围可以分为国际标准、区域标准、国家标准、行业标准、地方标准、企业标准等。实施标准时，由于没有其他商业上或技术上可替代的技术方案，必须侵犯某项专利权，使用某一项专利权利要求所覆盖的全部技术特征，该项专利权利要求就被称为必要专利权利要求，而包含该必要专利权利要求的专利即为必要专利。由于标准往往是技术和产品的市场准入门槛，因此标准必要专利对市场的控制力可想而知。众所周知，在通信领域，标准必要专利引发的诉讼纠纷正可谓是打得如火如荼。对待评估专利进行风险等级评估时，需要考虑待评估专利技术是否涉及标准、涉及何种标准、该标准必要专利的许可费率、与产品相关的其他标准必要专利的权利分布情况等。

（4）专利对冲可能性

专利对冲主要是在某些领域由于技术交叉程度较高，在同一产品上往往集成了多项专利技术。例如，在智能手机领域，有文章指出一部智能手机涉及的专利数量超过20万件，而这些技术又掌握在不同的权利人手中，因此各权利人相互之间具有了依靠专利形成战略相持和利用不同专利形成商业对冲的可能性。专利对冲的外在形式可能是点对点的交叉许可，或者是以专利池为基础的专利联盟，也可能演化成互诉侵权的专利大战。在进行专利对冲分析时，不仅需要对竞争对手所持有的专利进行分析，还需要结合企业所持有的专利进行战略分析，分析各自在该领域的技术实力和专利储备情况。进行战略分析时，除了需要考虑前述的技术层面的分析以外，还应当包括企业研发实力、专利总量和总体涉及领域的宽度等宏观分析。除此之外，还需要考虑在其他领域，双方各自的技术实力和专利储备情况等，以便综合分析企业作为整体与对方形成专利对冲的可能性。

（5）权利人威胁度

权利人威胁度是对待评估专利的专利权人或申请人利用专利对其他企业进行遏制的可能性进行分析。需要考虑的因素主要包括了权利人性质、与本企业的市场关系和权利人的诉讼习惯。权利人的性质可以划分为个人、高校研究院所和企业，不同性质的权利人对专利权的运用能力大小不同，运用方式的倾向性也不同。与本企业的市场关系可以划分为直接或间接的竞争关系、直接或间接的合作关系以及与我方无关的第三人，市场关系的不同导致权利人对我方可能采取的态度和行动不同，因此威胁度也存在区别。诉讼习惯与权利人的商业战略相一致，生产型企业更可能希望通过专利权对市场产生排他的控制力，而非生产型企业则更有可能希望通过转让或许可的方式实现专利权的商业化运用，因此诉讼习惯不同的权利人会使得待评估的专利有不同的风险等级。此外，在进行权利人威胁度分析时，基于各国法律对诉讼主体资格的不同规定，还可能需要对被许可人进行分析。

（6）损失可承受程度

损失可承受程度是指一旦风险发生，对我方企业在财产、商誉或业务等方面可能产生的影响的预判。财产方面主要包括我方投入的人力、物力、财力和时间等成本，也包括可能面临的赔偿金额或和解后的许可金额等。商誉方面则主要是风险发生对我方企业的外部形象和已有商誉的影响，值得注意的是，这与社会舆论导向和民众认知等方面有关，因而并非所有的风险发生都会导致商誉的下降。业务方面则主要是对我方企业研发项目的研发方向和研发进度是否会产生不利影响，对我方企业相关产品的市场拓展和市场份额是否会造成不良结果，还包括对我方企业上市等市场行为是否会形成阻碍等。对损失可承受程度进行分析时，除了要考虑专利权本身的影响，还要考虑所在国家和/或地区的专利执法和审判力度等政策方面的因素。

5.4.3　风险应对

对筛选出的风险专利完成等级评估后，风险专利的分析工作并没有结束，还需要着手策划对于各个风险专利的应对方案。不同的企业基于各自的商业策略和知识产权战略，对于不同等级的风险专利会采用有差异的应对方式。在此，仅仅列出对于风险专利一般的可选择的应对方案，供读者参考。

（1）规避设计

规避设计是提出一种能够避开风险专利权利要求的覆盖范围的替代方案，从而实现避免侵权的目的，是规避风险专利的一种常用手段。在进行规避设计时，首先应当充分阅读风险专利的相关文件，了解背景技术、存在的技术问题、发明内容和权利要求的范围。规避设计的方式主要有：一是可以寻找发明内容和具体实施方式中公开的方案与权利要求保护范围之间的差异，从而利用“捐献原则”的规定，将未纳入权利要求保护范围的方案作为规避设计方案；二是可以查阅专利审查中的各个过程文件，从而利用“禁止反悔原则”的规定，将权利人放弃的方案作为规避设计方案；三是可以通过查阅背景技术或引证文件，寻找到可以使用的现有技术替代方案，从而实现规避设计；四是可以基于风险专利公开的原理理论和发明思路，结合技术人员的创新实力，从而创造出新的技术方案，该技术方案可能是通过省略或者替换至少一个必要技术特征实现的改进，也可能是基于新的理论发现和/或技术发明而创造出的全新的技术方案。

（2）无效准备

企业被控侵权时，依据《专利法》第45条的规定对涉诉专利提出无效请求，已经成为应对侵权诉讼的基本策略之一。由于宣告无效的专利权视为自始即不存在，因此无效请求是一种从根本上解决问题，毕其功于一役的策略。然而，是否需要等到被诉侵权时才提起无效请求，企业应当根据自身情况进行选择。由于被控侵权后，付出的时间成本、资金成本和市场成本都较高，因此企业也可以根据风险专利的评估结果，对于高风险等级的专利，在本公司产品上市或出口前即提起无效请求，通过提前扫清障碍的方式避免风险发生。对于涉及行业内多家企业的专利权，还应当考虑联合其他企业，共同提起专利无效请求。

（3）应诉准备

对于可能被诉侵权的风险专利还应当做好应诉的预案，一般可以采用不侵权抗辩、现有技术抗辩和先用权抗辩。不侵权抗辩的关注重点在于寻找风险专利权利要求不同或缺少的技术特征，并围绕不同或缺少的技术特征导致了被诉侵权的方案与风险专利存在的实质性区别进行分析和争辩。现有技术抗辩可以是相对于现有技术没有新颖性，也可以是相对于现有技术没有创造性，但显然，新颖性的争辩更具说服力。现有技术抗辩的证据当然也可以用来进行无效请求，但无效请求往往会延长司法程序所用时间，导致企业丧失商机，因此在被诉侵权时也可以仅采用现有技术抗辩的方式应对。先用权抗辩则是较为无奈的选择，因其仅仅能够保证被控侵权人在原有范围内继续制造和使用该专利技术，值得注意的是，在先使用和销售的证据往往随时间流逝容易灭失，企业应及早做准备，以便建立起完整的证据链。另外，《专利法》第69条规定的其他情形也可以作为抗辩的理由，也应当及早保留相关证据，避免应诉时被动。

（4）风险转移

风险转移是指通过采取措施，将专利侵权风险可能造成的不利后果转移给其他主体，与前三种应对方式不同的是，其不是对风险结果的彻底避免或程度降低，仅仅是将全部或部分不利后果转移给他人。例如，在购买或委托合同中的知识产权不侵权保证条款。通常在购买合同中，主要是卖方应当向买方承诺不侵犯第三方的知识产权，而在委托合同中，则委托方和被委托方应当相互承诺不侵犯第三方的知识产权。另外，也可以采用专利侵权责任保险的方式，专利侵权责任保险是被保险人作为无过错的侵权人，为对抗专利侵权之诉所需的费用支出和可能需要给付给专利权人的合理的赔偿金的风险予以保障的保险险种。风险转移并不能免除侵权主体作为侵权人应当承担的相关侵权责任，仅仅是使得侵权主体可以向其他主体追偿或申请理赔。

（5）专利储备

以专利储备来应对风险专利，其目的就是要通过专利技术之间的相互交叉来实现专利对冲的可能性。专利储备的专利来源通常有两种：一是对企业所做的研发或改进成果积极申请专利保护，特别是针对风险专利所研发或改进的从属专利技术，应当及时申请专利保护，为今后争取和解、实现交叉许可留下余地；二是通过转让和许可获得第三方的专利技术，从而与风险专利形成对冲，其中转让可以仅仅是专利权的转移，也可以是企业类专利权人之间的并购；许可既可以是“一对一”的许可方式，也可以是“专利池”形式的权利共享。

（6）许可合作

许可合作是指通过与风险专利的专利权人进行技术合作和专利许可，将彼此间的竞争关系转变为合作关系从而避免风险发生，其与专利储备一样，都是对风险加以接受的应对方式。由于专利诉讼的高成本，采用许可合作的商业解决方案也不失为一种好的选择。例如，可以在完成了权利人威胁度分析后，与倾向于进行专利许可的权利人进行商业谈判，实现专利权许可；也可以在收到对方律师函后或者侵权诉讼过程中，以获取对方专利权许可的方式实现彼此的和解。例如，强生公司曾经对佳腾公司新产品 Multi－link 支架提起专利侵权诉讼，佳腾公司在应诉过程中，迅速向拥有这项专利技术的 EndoVascular 公司进行技术并购，从而成为专利权人，而 EndoVascular 公司拥有的这件专利的申请日，早于强生公司的专利。

第 6 章　研发团队分析

研发团队是市场主体中科技研发人员、产品设计人员的总和，是企业技术创新的源泉。结构合理且高效专业的研发团队能够大大提升企业的技术实力。因此，考察企业研发团队对于发现该技术领域中具有重大影响力的科技研发人员，追踪技术研发方向等都有着重要意义。通过对研发团队的分析，可以获知各个国家、地区或市场主体的人力资源结构及变化趋势。通过确认研发团队中的重要申请人，追踪技术精英，可以迅速了解技术发展的前沿动向。另外，还可以通过对研发团队的分析，寻找合作伙伴和引进目标明确的人才。

6.1　分析前的准备

6.1.1　数据采集

研发团队分析的数据采集可以分为两种情况：第一，发明人预先不确定，通常需要分析一个国家、地区或市场主体的研发团队，属于发明人不确定的情况；第二，发明人预先确定，即已经确定了某一个或几个发明人是分析目标，属于发明人确定的情况。针对上述两种不同的情况，研发团队数据采集的思路有所不同。针对发明人不确定的情况，如要分析一个国家、地区或市场主体的研发团队，那么首先应当以申请的国别或地区，或以申请人为检索入口进行检索。例如，要分析杜邦的研发团队，可以在德温特数据库中，以杜邦的公司代码“DUPO”为入口进行检索，得到杜邦所有的专利数据，再进行分析。针对发明人确定的情况，则可以用发明人为入口直接进行检索，得到要分析的专利数据集。

6.1.2　数据清理

在得到上述专利数据之后，还需要对上述专利数据进行数据处理才能作进一步的数据分析。由于每一个数据库对于文献进行标引时都有其自身的标引规则，并且有时会对发明人的名称进行缩写，因此研发团队的数据处理主要是需要对发明人的姓名进行规整和统一。不同数据库对发明人名称不同的标引方式会导致如果不对发明人名称数据进行清理的话，将会在统计分析时出现很大误差，造成这些误差的主要原因有以下几点：一是形式问题，德温特数据库中对发明人标引时采用了发明人的“姓 + 名”的首字母的形式；二是空格，中国国家知识产权局数据库中发明人的姓和名之间有空格，而有一些数据库中发明人的名字之间没有空格；三是缩写，有些数据库会将发明人的名只用首字母表示，如果不进行数据处理，将会导致那些同姓并且名字首字母相同的人，被认为是同一个人，比如 John Elhamid 和 Jason Elhamid，他们的名称缩写均为 J Elhamid；四是次序，有些数据库中将发明人的姓写在前面，而有些数据库则将发明人的姓写在后面，例如发明人胡李青，在英文数据库中可能简写为 HU Liqing，也可能简写为 Liqing Hu，如果不对它们进行处理，那么同一个人就会被当作两个人来统计。

对发明人名称进行数据处理有两种方式：人工处理和机器处理。人工处理方式是指人工将检索结果中统一发明人的相关记录进行归并，对噪声发明人进行删除。机器处理方式则是通过现有的专利分析软件进行发明人的数据处理，但是采用机器处理之后，仍然需要人工进行检查和干预。

6.2　研发方向分析

所谓“闻道有先后，术业有专攻”，通过对竞争对手研发团队中不同成员的研发方向进行分析，一方面可以获知在各个不同的子领域中的领军型人才、配合型人才和特色型人才等信息，另一方面也可以通过合作申请分析出完成相关技术研发所需队伍中人员的技术构成特点，从而为企业组建自己的研发团队或招揽相关人才提供信息。

【案例 6 - 1】伊缪诺金研发人员技术领域分布[①]

将伊缪诺金专利申请量排名前 12 位的发明人作为重点发明人，对其涉及的技术分支进行统计和分析可以看出，伊缪诺金的研发团队呈现出明显的领域分布和团队协作

---

① 杨铁军. 产业专利分析报告（第 36 册）：抗肿瘤药物［M］. 北京：知识产权出版社，2015：456 - 457.

的特点。从图6-2-1对伊缪诺金的研发团队的技术方向分析中可以看出，伊缪诺金在TAP技术中的研发重点主要放在抗体、细胞毒剂、连接子以及制备技术4个方向上。尤其是细胞毒剂和抗体研发方面，集中了伊缪诺金最核心的研发人员。同时，为了在市场上占据优势，伊缪诺金对于其他外围技术如药物联用以及剂型改造也投入了适当的研发力量。

同时我们还能看到，伊缪诺金的研发人员也存在明显的技术阵营分布，以Chari、Widdison等为主的研发阵营主要致力于细胞毒剂及其与抗体连接技术、制备方法方面的研究，其在新抗体的研制方面少有涉及。而Taveres D、Park P U等人主要负责ADC的新抗体的开发，在细胞毒剂、连接子领域产出的相关专利较少。

伊缪诺金根据研发人员的专业背景、合理配置人力资源，让善于抗体研发的人员专攻于新抗体的研究和开发，让熟悉细胞毒剂及ADC连接技术的人重点推进新型毒剂的筛选、传统毒剂的优化及连接子、连接技术的开拓，通过两大阵营的分工协作，互相促进，共同推动着ADC技术的整体发展，继续保持着伊缪诺金在整个美登素ADC行业中的技术优势。

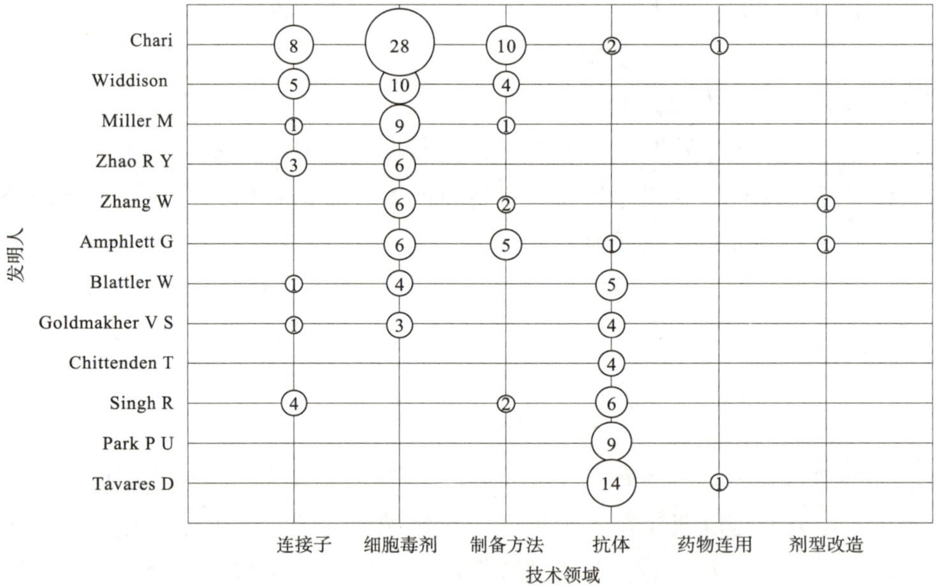

图6-2-1 伊缪诺金研发人员技术领域分布

注：图中圈内数字表示申请量，单位为项。

【案例6-2】 东丽研发团队分析①

图6-2-2是东丽各业务方向研发人员的分布情况。图6-2-3展示了东丽碳纤维

① 杨铁军. 产业专利分析报告（第14册）：高性能纤维［M］. 北京：知识产权出版社，2013：149-150.

各技术领域专利申请趋势。从图6－2－2中可以看出，虽然东丽是碳纤维工艺商，但是其投入了大量的研发人力对碳纤维产业链的中下游，即碳纤维的复合材料和碳纤维制品的最终应用进行了大量的研发。同时结合时间数据（见图6－2－3），可以看出，东丽在2000年以后，对于碳纤维复合材料和应用领域所进行的专利申请显著增大。这反映出东丽这样的企业对于其碳纤维产品的研发和市场策略，即为它的下游客户研发如何提升碳纤维复合材料的各项性能，寻找新的应用领域，以此来控制产业链的下游。

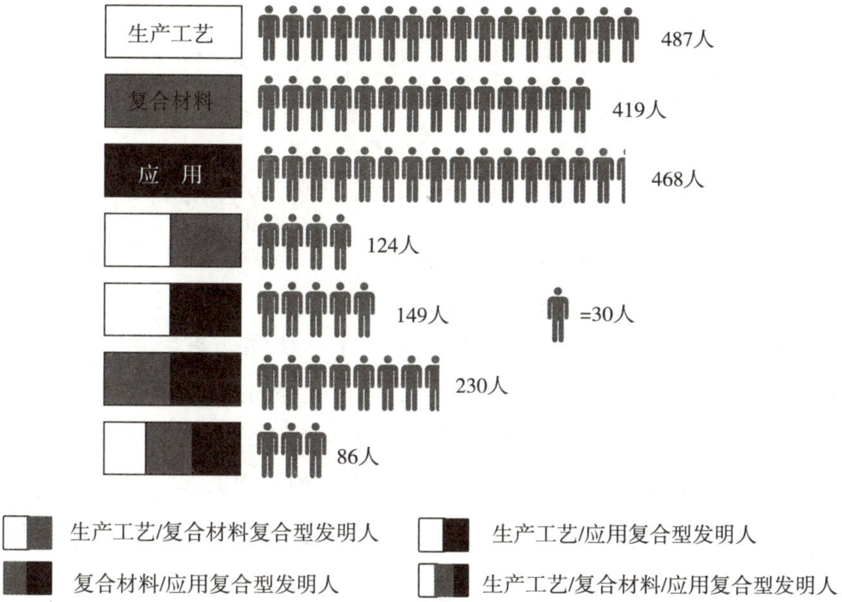

图6－2－2　东丽各业务方向研发人员的分布情况

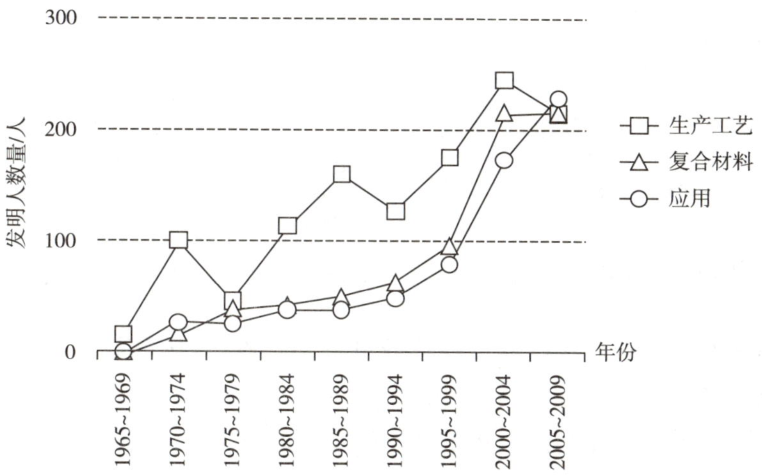

图6－2－3　东丽碳纤维各技术分支专利申请趋势

6.3 研发效率分析

通过专利申请人的专利数量和发明人人数可以考察该专利申请人的研发效率。一般通过人均专利产出（专利申请人的专利总量与发明人总数的比值）和平均专利人次（专利申请人发明人次总数与专利总量比值）两个指标考察。人均专利产出越多，说明该专利申请人中的研发人员研究速度快，因而专利产出量也多；而平均专利人次越少，表明少数人就具有一项技术的开发能力，其团队效率高。

【案例6-3】 霍夫曼-拉罗切和基因泰克的平均专利人次①

对于以创新为核心驱动力的抗体药物企业而言，其创新效率是影响企业发展的关键因素。同时抗体药物领域较之其他生产领域，更加依赖于专利对创新的保护，因此可利用专利的人均数量来评价企业的创新活动。按年度统计基因泰克与霍夫曼-拉罗切在抗体药物领域的专利申请数量（见图6-3-1）和发明人数量（见图6-3-2），并计算两个公司平均每件专利申请中对发明作出实质性贡献的人数，将其定义为“发明人人力成本指数”。通过该指数可比较两家公司研发人才的利用效率（见图6-3-3）。

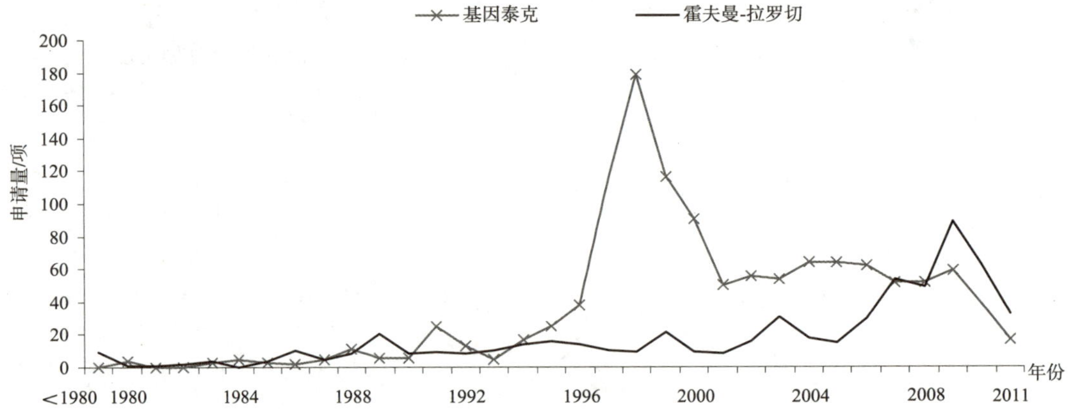

图6-3-1 基因泰克与霍夫曼-拉罗切的专利申请数量年度分布

以霍夫曼-拉罗切并购基因泰克的2009年为界。在2009年之前，霍夫曼-拉罗切在参与抗体药物研发的发明人数、每年产生的专利申请项数以及发明人人力成本指数方面，大多低于同期的基因泰克。自2009年收购基因泰克至今，霍夫曼-拉罗切逐渐吸收并同化了基因泰克的上述优势。尤其是在抗体药物领域的发明人数方面，二者存

---

① 杨铁军. 产业专利分析报告（第28册）：抗体药物［M］. 北京：知识产权出版社，2014：160-162.

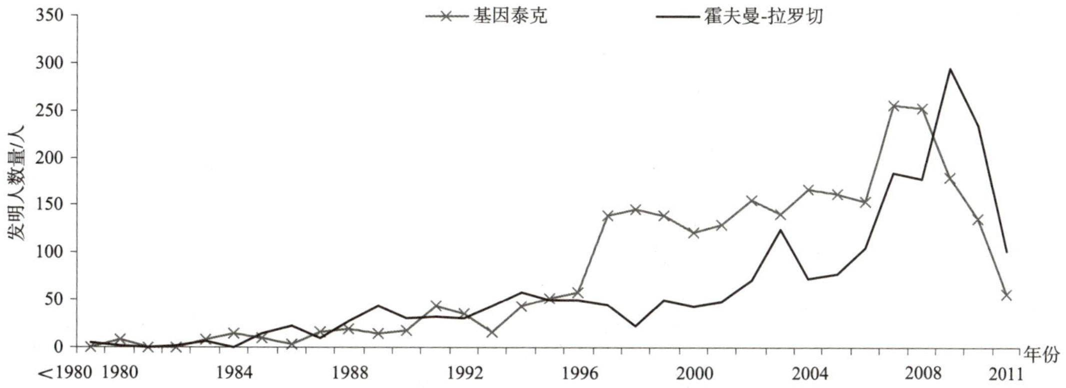

图6-3-2 基因泰克与霍夫曼-拉罗切专利申请的发明人数量年度分布

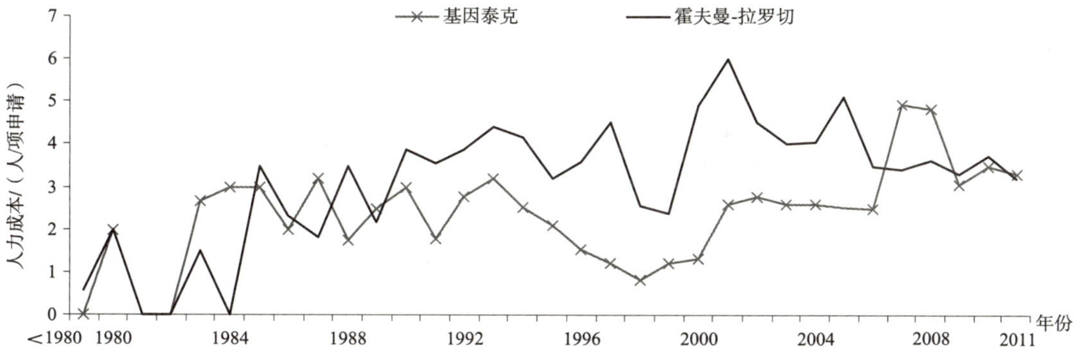

图6-3-3 基因泰克与霍夫曼-拉罗切专利申请的发明人人力成本年度分布

在明显的此消彼长。在每件发明消耗的发明人人力成本方面，霍夫曼-拉罗切也逐渐降低至与基因泰克持平的水平，这表明收购基因泰克对霍夫曼-拉罗切在抗体药物研发领域的良性影响和霍夫曼-拉罗切对研发人才的重视。

【案例6-4】 三菱重工在中国申请的发明人效率比较①

图6-3-4表示三菱重工中国申请量及人力投入变化，图6-3-5表示三菱重工中国发明人效率比较。

由图6-3-4可知三菱重工在中国申请专利的数量与其投入的研发力量基本呈正比，即申请量多的年份投入的人力资源比重也较高。其中最显著的是2002年，2002年的申请量相对之前有较大提高，这是建立在其大规模的人力投入的基础上的。结合图6-3-5，2002年的申请量为28件，但发明人数量却有195人，其人均申请量仅有0.14件，远远低于1985~2000年的人均申请量，而2002年之后，三菱重工的研发效

① 杨铁军. 产业专利分析报告（第17册）：燃气轮机［M］. 北京：知识产权出版社，2014：319-320.

率逐渐提升，人均申请量和专利总申请量同步提升，尤其是人均申请量一直保持稳步的增长，到2011年达到每人申请0.68件。

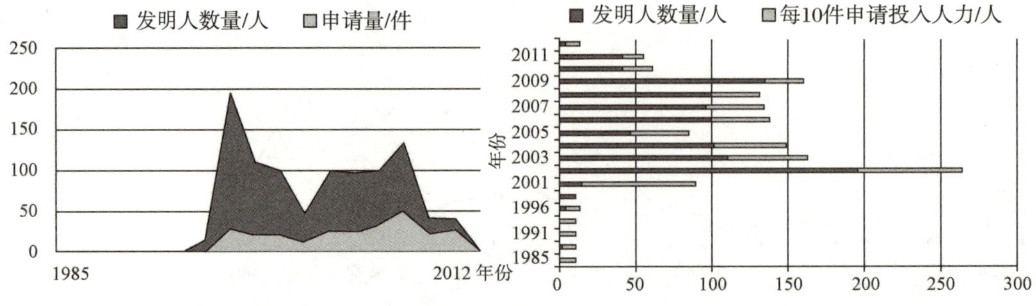

图6-3-4　三菱重工中国申请量及人力投入变化

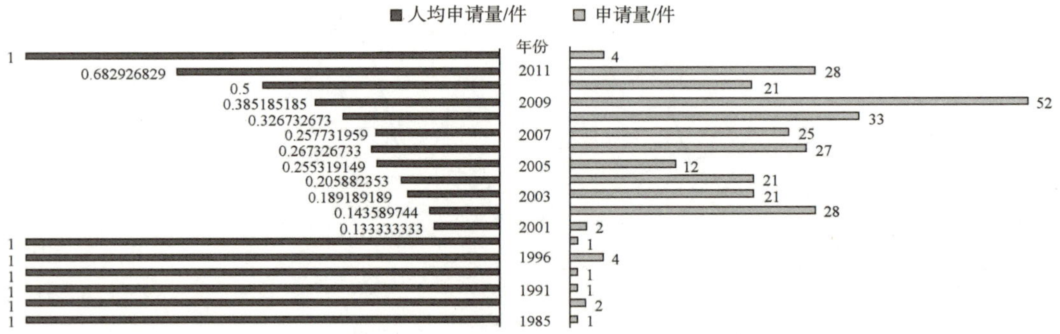

图6-3-5　三菱重工中国发明人效率比较

有趣的是，在20世纪八九十年代的人均申请量最高，达到每人一件，而总申请量又较低，同时参与研发的发明人也很少，这表明在2000年前三菱重工的研发模式主要是独立研发，没有大规模的研发团队，而2000年后尤其在2002年后，三菱欢迎更多的人加入其研发力量，形成研发团队，虽然初期效率较低，但能保证研发实力，况且经过10余年的发展，其研发效率也已显著提升。

6.4　团队传承分析

分析发明人的申请活跃时间，即研发持续时间，是寻找目前的关键发明人的有效途径之一。虽然经过发明人的专利申请排名可以看出在某个技术领域某一发明人的专利活动较为活跃，但是这个发明人是否是目前应当关注的关键发明人，还需要结合时间维度的数据来分析。

【案例6-5】　康宁溢流下拉法制备超薄平板玻璃领域发明人申请延续时间①

图6-4-1显示了康宁在溢流下拉法制备超薄平板玻璃领域的主要发明人排名和这些主要发明人的申请延续时间。可以发现，Boratav O N以10项申请高居发明人排名首位，为康宁研发领军者。从发明人的申请延续时间来看，Boratav O N在2010年以后申请的专利数量开始减少，2011年已经没有专利申请。而申请量排在第三位的Delia R则在近两年较为活跃，专利申请量较多，是近两年康宁在该领域技术研发的核心人物。

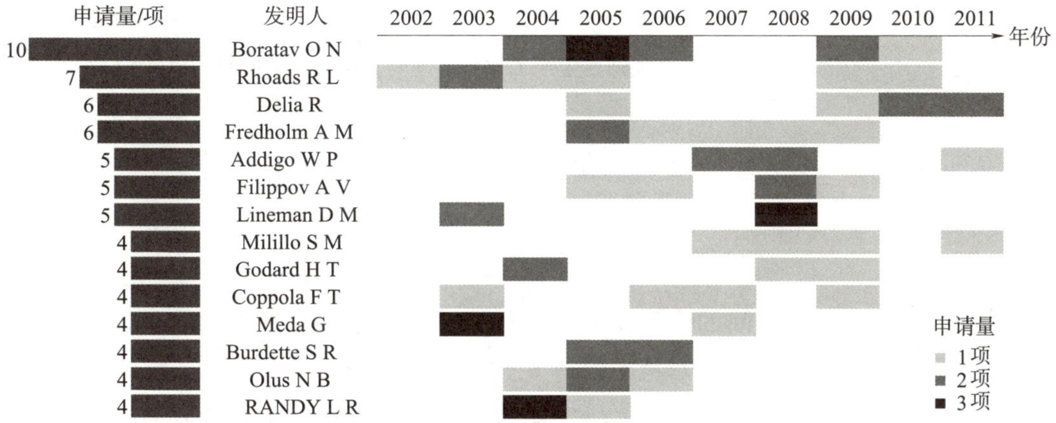

图6-4-1　康宁溢流下拉法制备超薄平板玻璃领域全球专利申请主要发明人排名

【案例6-6】　东丽碳纤维主要研发人员的申请延续时间②

图6-4-2展示了东丽碳纤维生产工艺主要发明人申请延续时间。从发明人的申请量上来看平松徹、松久要治、远藤真都申请了较多专利，但是加上时间数据之后，则对于寻找未来可能的关键发明人，则更加明确。比如平松徹在1990年以后就几乎不再申请专利了，而申请量相对较少的伊势昌史和田中文彦，未来则可能是新技术的重要研发者。

---

① 杨铁军. 产业专利分析报告（第25册）：特种光学与电学玻璃［M］. 北京：知识产权出版社，2014：207-208.

② 杨铁军. 产业专利分析报告（第14册）：高性能纤维［M］. 北京：知识产权出版社，2013：151-152.

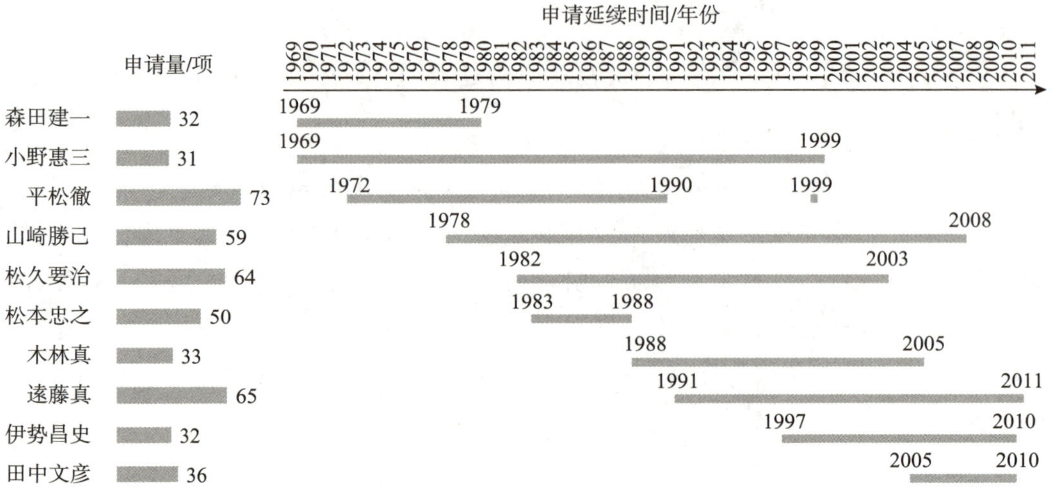

图 6－4－2　东丽碳纤维生产工艺主要发明人申请延续时间

6.5　团队合作分析

根据研发团队成员之间的合作紧密度，可以分为核心成员和外围成员。核心成员的密切合作有利于形成队伍相对稳定，研发方向更具连续性和深入度，核心成员在细分领域长期的研究与追踪，可以帮助研发团队在技术挖掘和信息整合方面提供有力的帮助，特别是在项目前期成果的基础上对项目后期技术开发的成功率和未来市场前景的预判和决策方面可以提供经验性知识的支撑。外围成员根据具体项目的不同需求而具有多变性，对于某一研发项目来说，可以灵活地对团队知识结构进行补充。对于整个组织来说，外围成员在不同研发团队之间流动，加强了组织内部的知识共享，提高了相互借鉴的水平，减少了重复创新的概率。

【案例 6－7】东丽碳纤维领域发明人合作网络①

通过对某企业在某一技术领域研发团队的合作关系的梳理，能够找出其研发团队的核心人物。图 6－5－1 展示了东丽重要发明人松久要治的团队研发合作模式。从图 6－5－1 中我们可以看出松久要治是东丽在碳纤维领域的重要研发者，属于核心成员。围绕这一核心成员，有许多外围成员，在不同技术领域与其进行合作研发。

① 杨铁军．产业专利分析报告（第 14 册）：高性能纤维［M］．北京：知识产权出版社，2013：153．

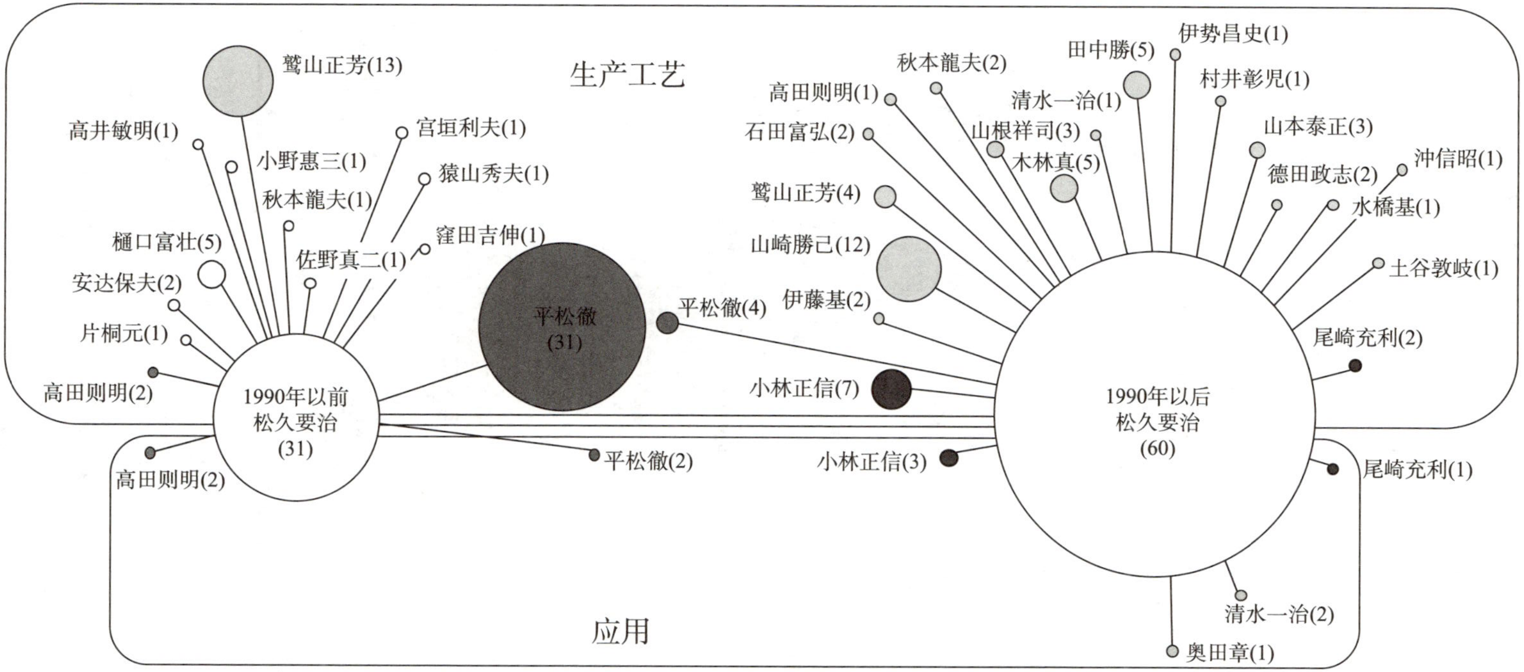

图6-5-1　东丽重要发明人松久要治的团队研发合作模式

注：括号内数字表示合作申请量，单位为项。

【案例6-8】 科锐LED照明主要专利申请的主要发明人关系网络①

图6-5-2展示了科锐LED照明主要专利申请的主要发明人关系网络。通过合作分析，可以发现科锐公司主要形成了3个研发团队：团队1，以NEGLEY G H为领军人

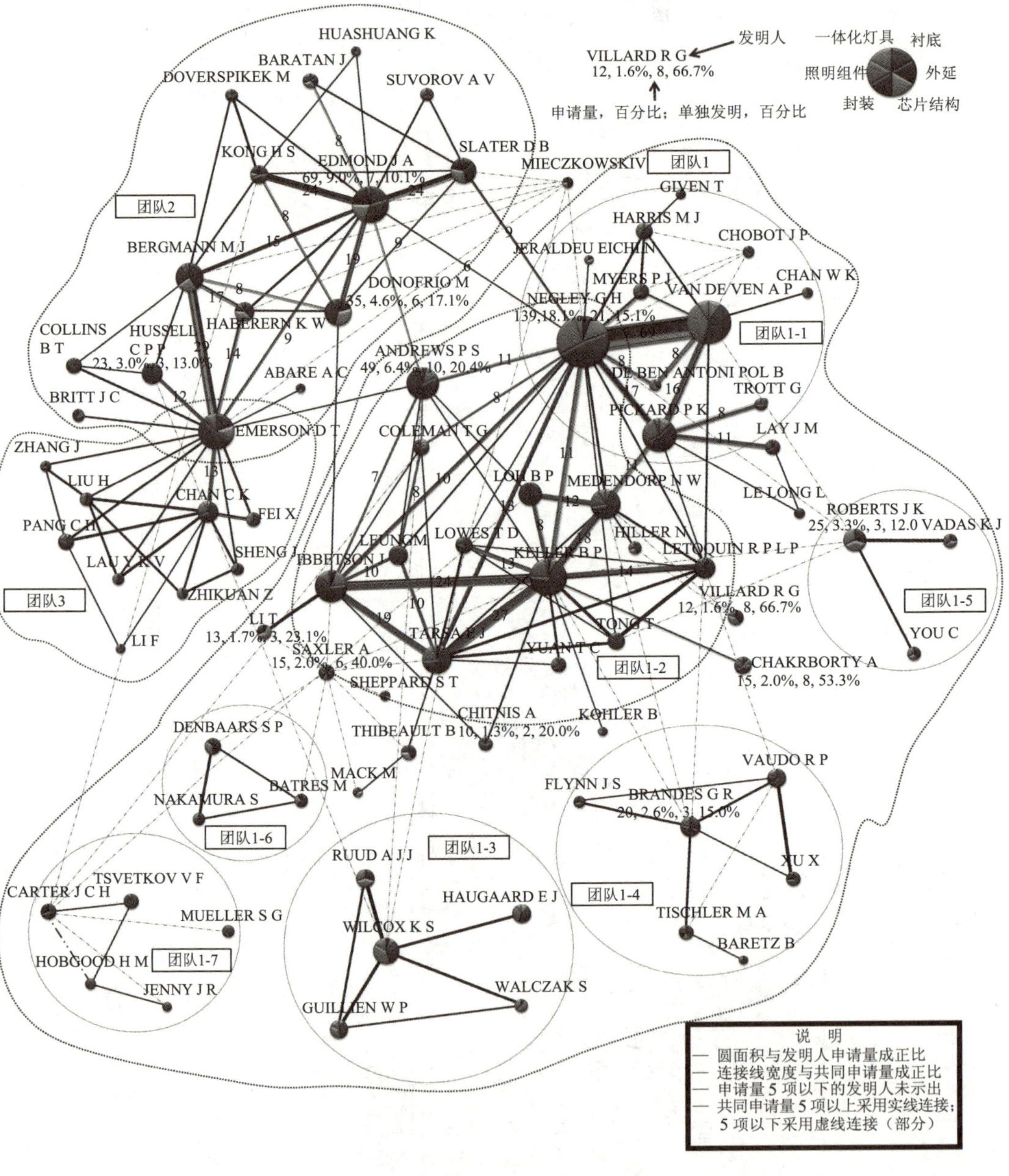

图6-5-2 科锐LED照明主要专利申请的发明人关系网络

① 杨铁军. 产业专利分析报告（第21册）：LED照明［M］. 北京：知识产权出版社，2014：145，154，157.

物，包括VAN DE VAN A P、PICKARD P K、KELLER B P、IBBETSON J等人，可细分为7个子团队，研发方向集中在封装、照明组件与芯片结构；团队2，以EDMOND J A、EMERSON D T与BERGMANN M J为核心，主要涉及外延、封装、芯片结构和衬底领域；团队3，在2007年前以CHAN K M、WANG X、XIE J H和CHENG S C为主，2007年科锐并购COTCO，团队中引入重要发明人EMERSON D T，后又陆续加入多人，体现了科锐研发队伍的快速吸收、整合、扩容的能力。

【案例6-9】 碳纤维复合材料液体成型工艺（RTM）领域全球主要研发团队分析①

通过对碳纤维复合材料RTM领域全球发明人的排名分析，得到该领域的主要发明人（见图6-5-3）。

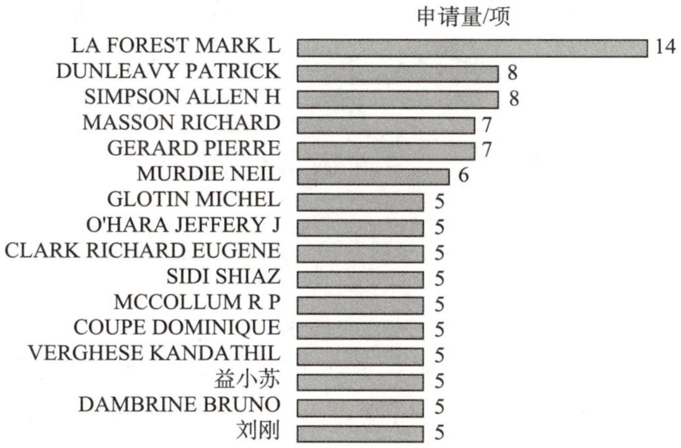

图6-5-3 碳纤维复合材料RTM领域全球主要发明人排名

但是图6-5-3仅能看出主要发明人的排名，无法反映出这些发明人之间的团队关系。因此，进一步梳理出这些主要发明人及其合作者（见图6-5-4）。从图6-5-4中可以看出，排名前16位的主要发明人分属全球五大企业的6个研发团队，包括中国航空工业集团公司北京航空材料研究院的刘刚、益小苏团队，阿克马的GERARD PIERRE、GLOTIN MICHEL团队，赛风集团斯奈克玛的DAMBRINE BRUNO、COUPE DOMINIQUE团队以及梅西埃公司的DUNLEAVY PATRICK、MASSON RICHARD团队，霍尼韦尔的LA FOREST MARK L、MURDIE NEIL、SIMPSON ALLEN H团队，VEC工业的O'HARA JEFFERY J、CLARK RICHARD EUGENE、SIDI SHIAZ、MCCOLLUM R P团队。

① 杨铁军. 产业专利分析报告（第43册）：碳纤维复合材料［M］. 北京：知识产权出版社，2016：51-54.

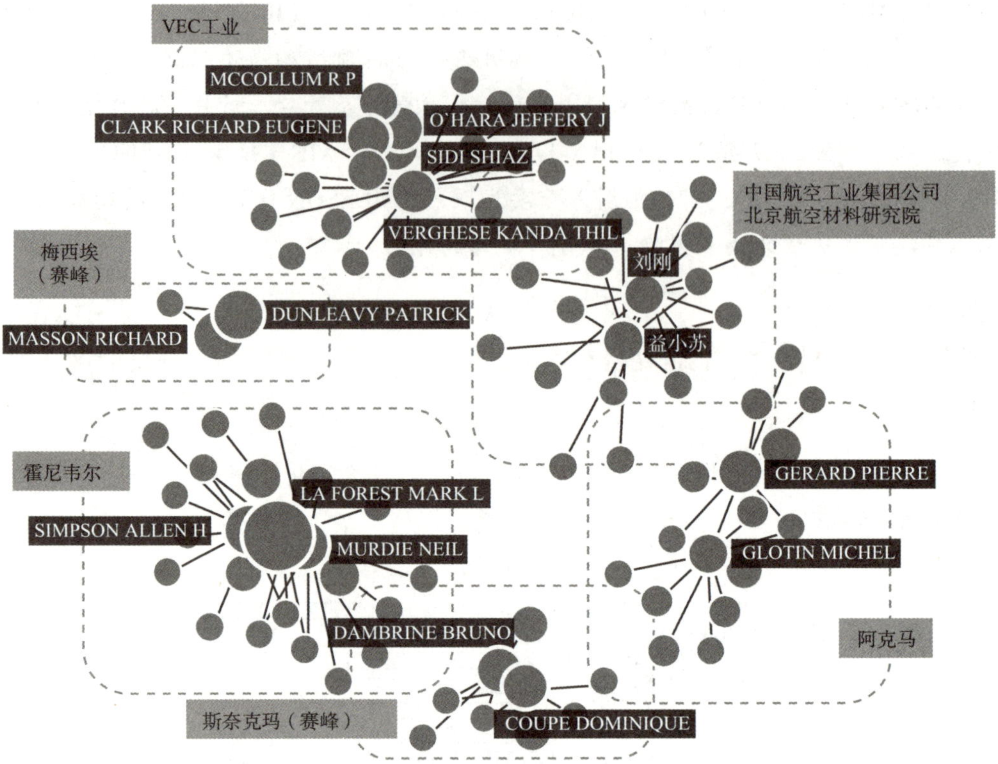

图6－5－4　碳纤维复合材料 RTM 领域全球主要研发团队分析

除此之外，还可以对上述六大研发团队的申请活跃时间和技术领域进行进一步分析。从表6－5－1中可以看到，霍尼韦尔（美国）的 LA FOREST MARK L、MURDIE NEIL、SIMPSON ALLEN H 团队研发时间最长，并且还在持续研发，主要研发技术领域为增强体和模具。阿克马的 GERARD PIERRE、GLOTIN MICHEL 团队在2011年以后才进入这一领域的研发，而 VEC 工业的 O'HARA JEFFERY J、CLARK RICHARD EUGENE、SIDI SHIAZ、MCCOLLUM R P 团队在近几年中已经没有进一步相关技术研发了。

6.6　核心发明人追踪分析

核心发明人是在企业内参与其核心项目的关键性个人或团队，或者是在企业中掌握关键前沿技术并推动企业创新的核心人员。对于企业来说，拥有一个或者多个技术研发的精英团队，是保证企业拥有足够竞争力的前提，这些团队中的个人也就构成了企业重要专利申请的发明人。因此，对于核心发明人的追踪，在一定情况下可以很准确地把握到竞争对手企业的核心团队所在研发的方向，也即可以准确把握到竞争对手研发的重点。

表6-5-1 碳纤维复合材料RTM领域全球主要研发团队所属企业及活跃度

单位：件

发明人	所属企业	申请活跃时间											技术领域
		2000年	2002年	2003年	2004年	2005年	2008年	2009年	2010年	2011年	2012年	2013年	
LA FOREST MARK L	霍尼韦尔	1	2	2	1		4		1		1		增强体，模具
MURDIE NEIL	霍尼韦尔	1					5		1				增强体，模具
SIMPSON ALLEN H	霍尼韦尔			1		2	5						增强体，模具
DAMBRINE BRUNO	斯奈克玛			2		2		1					增强体，复合材料结构设计，注入时间，树脂体系
COUPE DOMINIQUE	斯奈克玛			2		2		1					增强体，复合材料结构设计，注入时间，树脂体系
GERARD PIERRE	阿科玛									1	1	4	树脂体系，增强体
GLOTIN MICHEL	阿科玛									2	1	2	树脂体系，增强体
刘刚	中航工业									2	1	2	树脂体系，增强体
益小苏	中航工业					1				2	1	1	树脂体系，增强体
O'HARA JEFFERY J	VEC工业			5									模具，增强体，树脂体系
CLARK RICHARD EUGENE	VEC工业			5									模具，增强体，树脂体系
SIDI SHIAZ	VEC工业			5									模具，增强体，树脂体系
MCCOLLUM R P	VEC工业			5									模具，增强体，树脂体系
DUNLEAVY PATRICK	梅西埃					1		2	5				增强体，结构设计
MASSON RICHARD	梅西埃							2	5				增强体，结构设计

【案例6-10】 丰田菊池义晃的技术路线分析

通过对丰田的重要发明人菊池义晃的技术路线进行分析，并通过与丰田在同一子领域的技术路线相比较，可以对丰田在该子领域的技术发展趋势的分析结果进行多角度验证。

菊池义晃是丰田在电池安全管理领域专利申请量排名第一位的申请人。对比菊池义晃的技术路线（见图6-6-1）和丰田整体在同一领域的技术发展路线，虽然存在一些不同之处，但在各个时期对于电池的研发重点几近相同。因此，对于研发人员相对较少或具有核心研发人员的公司或研究机构而言，主要研发人员或团队即是其技术创新的主体，其关注的重点往往代表着企业的技术发展方向，可以通过研究主要研发人员或团队的技术重点和发展方向来了解该公司或研究机构的技术重点和发展方向。

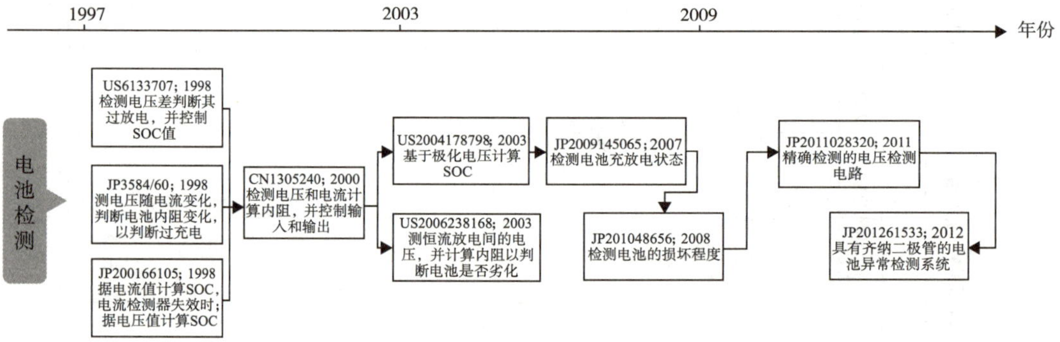

图6-6-1 菊池义晃在电池检测技术方面的技术路线①

【案例6-11】 霍尼韦尔HFO-1234yf研发团队及其研发方向分析

从图6-6-2中可看到，霍尼韦尔主要发明人分成明显的三组，如图中所示第一组、第二组和第三组。

A. 第一组：3人

从2004年之后，第一发明人童雪松、D. C. 默克尔和王海佑总体上一直维持有HFO-1234yf制备专利申请。这三人是研发总监级的发明人。

童雪松博士是霍尼韦尔的元老，原就职于联合信号公司（Allied Signal），后随着联合信号公司与原霍尼韦尔合并加入了新的霍尼韦尔，目前还在对HFO-1234yf做一些学术演讲推广活动。

---

① 杨铁军. 产业专利分析报告（第38册）：新能源汽车［M］. 北京：知识产权出版社，2015：93.

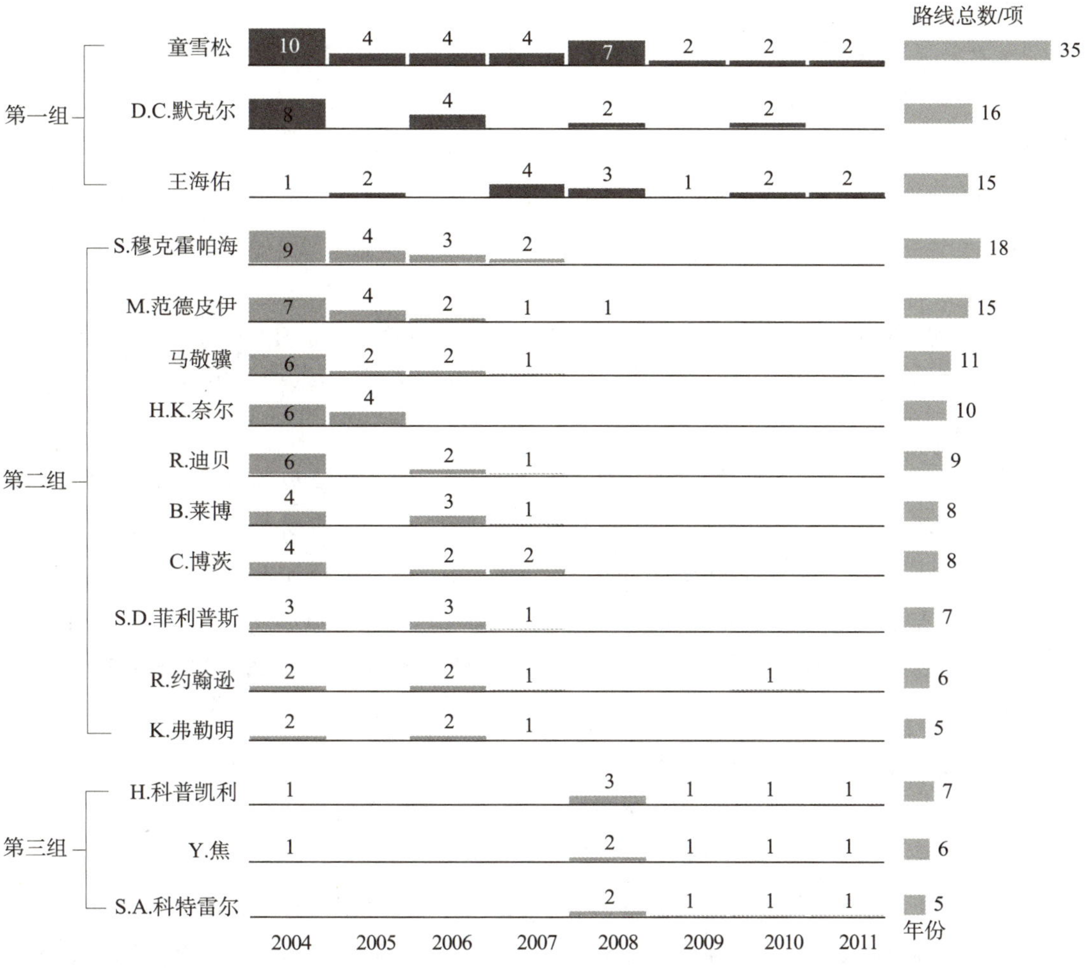

图 6-6-2　霍尼韦尔 HFO-1234yf 制备研发团队主要发明人申请情况①

丹尼尔·C. 默克尔（Daniel C. Merkel）是霍尼韦尔国际公司的首席工程师，1989 年从纽约州立大学化学工程专业学士毕业后进入霍尼韦尔。默克尔在霍尼韦尔功勋卓著，深受霍尼韦尔器重，其在 2006 年和 2013 年两次获得霍尼韦尔杰出创新奖（Excellence in Innovation Award Recipient from Honeywell），并于 2008 年和 2011 年两次获得霍尼韦尔氟产品专利年度奖（Honeywell Fluorine Products Patent of the Year Award）。此外，默克尔在 2005 年取得了六西格马黑带认证（Six Sigma plus Black Belt Certification），这个资质认证是为企业解决棘手技术或管理问题，并为公司培养精兵强将。默克尔以本科毕业生的身份进入霍尼韦尔，在 20 年的时间里逐步成为首席工程师，这与霍尼韦尔的培养是难以分开的，这也显示了霍尼韦尔的人才培养观念。

① 杨铁军. 产业专利分析报告（第 26 册）：氟化工［M］. 北京：知识产权出版社，2014：文前彩插第 8 页.

B. 第二组：10 人

人数最多的第二组是 10 人研发团队，这是霍尼韦尔 HFO - 1234yf 制备领域研发的主力军。这 10 名研发人员是 M. 范德皮伊、S. 穆克霍帕海、H. K. 奈尔、R. 迪贝、马敬骥、C. 博茨、R. 约翰逊、S. D. 菲利普斯、B. 莱特、K. 弗勒明在 2004 ~ 2007 年有大量的专利申请，在 2008 年突然撤出了 HFO - 1234yf 的合成研发，几乎没有任何 HFO - 1234yf 制备专利申请。

C. 第三组：3 人

2004 ~ 2007 年几乎没有涉足 HFO - 1234yf 制备的研发人员 H. 科普凯利、S. A. 科特雷尔、Y. 焦以及一些资历更浅的研发人员在 2008 年之后填补了 HFO - 1234yf 合成研发的空缺。

很显然，2008 年霍尼韦尔 HFO - 1234yf 合成的研发团队经历了一次大规模的换血。研发的主力队伍（第二组 10 人）撤出了，而资历相对较浅的研发人员（第三组 3 人等）接过了 HFO - 1234yf 合成研究的工作。但这 10 人的主力团队并没有离开霍尼韦尔，而是展开了新的工作。霍尼韦尔在 2008 年已经完成对 HFO - 1234yf 制备专利的阶段性布局，逐渐将研发重点从探索 HFO - 1234yf 的新制备方法撤出，对研发方向作了战略调整。

我们对第二组 10 名发明人进行专利追踪检索，发现这 10 名发明人在 2008 年以后申请专利共 56 项，其中半数的专利涉及氟聚合物。霍尼韦尔在 2008 年起重点进军氟聚合物领域，并从各相关领域抽调研发力量增加研发投入。

另外，这 56 项专利申请中半数涉及 ODS 替代品，其发明内容主要涉及 2 - 氯 - 1，1，1，2 - 四氟丙烷（7 项）、1 - 氯 - 3，3，3 - 三氟丙烯（7 项）、2 - 氯 - 3，3，3 - 三氟丙烯（5 项）、HFO - 1234yf 组合物及用途（4 项）、HFO - 1234ze 组合物及用途（3 项）。其中，2 - 氯 - 1，1，1，2 - 四氟丙烷和 2 - 氯 - 3，3，3 - 三氟丙烯都是制备 HFO - 1234yf 的中间体，1 - 氯 - 3，3，3 - 三氟丙烯是制备 HFO - 1234ze 的中间体。因此，霍尼韦尔 2004 ~ 2008 年 HFO - 1234yf 制备研发团队的主力人员在 2008 年之后的研发重点是 HFO - 1234 重要中间体的研发和 HFO - 1234 的应用。这说明霍尼韦尔从 HFO - 1234 制备工艺的上游和下游分别进行专利布局。

6.7 基于发明人的专利组合分析

专利组合分析法是指通过建立能够衡量专利潜在价值的一系列定性和定量指标，用以客观、科学地对不同国家、地区、企业、专利权人、发明人等的技术创新情况进行分析比较，评估某一技术领域的技术发展状况，跟踪和预测技术发展趋势，为制定产业、企业发展政策提供决策依据。

专利组合分析是由德国学者 Holger Ernst 教授于 1998 年首次提出的①，即运用组合方法来评估企业的专利配置并将其应用于企业战略研发规划中。后来，Holger Ernst 教授等人又于 2003 年、2011 年对该方法进行可扩展研究，并进行了实证分析②③，利用专利组合综合评比的方法对企业竞争力进行评估。这些研究结果表明专利组合分析是可以为高层战略决策提供宝贵信息，是将技术与市场战略紧密结合进行决策的非常有价值的分析工具。

Holger Ernst 教授总结了监测与评价企业技术竞争力的一些重要指标（见表 6－7－1），这些指标主要由表征企业专利活动的数量类指标，表征企业专利的经济价值和技术价值的质量类指标和通过上述各指标权得出的综合类指标三部分构成。

表 6－7－1　Holger Ernst 教授提出的用于监测与评价企业技术竞争力的重要专利指标

专利指标	定义	含义
专利活动（PAiF）	i 企业在 F 技术领域内（TF）的专利申请量（PA）	i 企业在 F 技术领域的研发支出的程度（i 企业对 F 技术领域的关注程度）
研发重点	PAiF/i 企业专利申请总数	F 技术领域对于 i 企业的重要性（研发重点）
已批准专利的份额（Q1）	i 企业在 F 技术领域已获批准的专利数/PAiF	i 企业专利申请的技术质量
技术范围（Q2）	在 i 企业的专利申请中 IPC 分类的多样性与数量	i 企业专利申请的技术质量
国际范围（Q3）	专利族的规模以及 PAiF 三方（美国、日本和欧洲专利局）专利的份额	i 企业专利申请的技术质量
引用频率（Q4）	PAiF 的平均引用频率	i 企业专利申请的技术质量
平均专利质量（PQiF）	所有专利质量指标的总和（Q1～Q4 指标的总和）	i 企业在 F 技术领域所有专利申请的总体平均质量
专利强度（PSiF）	平均专利质量（PQiF）与专利活动（PAiF）的乘积	i 企业在 F 技术领域的技术力量
技术份额（基于专利申请量）	PAiF/F 技术领域内所有竞争者的专利效能（PS）	i 企业在 F 技术领域的竞争性技术地位（以质量表示的）
相对技术份额 TS3	PSiF/F 技术领域中内所有企业中最高的专利强度	在 F 技术领域中 i 企业与技术领先者的差距

① H. ERNST. Patent Profolios for Strategic R&D Planning [J]. Journal of Engineer Yechnology Manage, 1998 (15): 297－308.

② H. ERNST. Patent Information for Strategic Technology Management [J]. World Patent Information, 2003, 25 (3): 233－242.

③ H. ERNST Patent Asset Index – A New Approach to Benchmark Patent Portolios [J]. Information, 2011, 33 (1): 34－41.

同时，Holger Ernst 教授还提出了 4 种分析模型：基于技术领域的专利组合分析模型，基于企业的专利组合分析模型，基于发明人的专利组合分析模型，专利－市场一体化的专利组合分析模型。其中基于发明人的专利组合分析模型如图 6－7－1 所示。

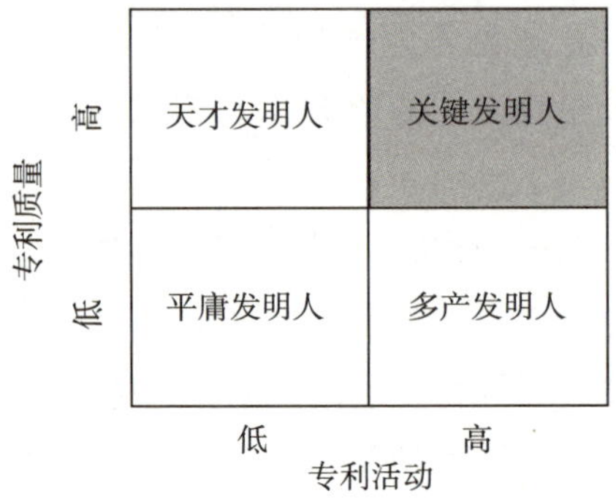

图 6－7－1　基于发明人的专利组合分析模型

一般来说，发明人在组合矩阵中可以分为四类：右上角是关键发明人，具有较高的发明能力和专利申请质量；左上角是天才发明人，他们虽然专利活动少，但是质量比较高；右下角是多产发明人，他们只追求数量不追求质量；左下角是平庸发明人。

企业在进行并购整合或人才引进时，可以考虑引进关键发明人。研究显示，关键发明人在公司的研发实验室中占少数，但他们对于公司的专利产业贡献极大。少数的关键发明人对公司专利产出的贡献高达 80%，他们是关键技术的看门人。关键发明人一般具有大量的隐性知识，特别是如果相关知识高度集中于有限数量的关键发明人头脑中，与关键发明人进行合作或者将其引入企业或者并购关键发明人所在的企业，都能在很大程度上提高企业的研发实力。

天才发明人具有关键发明人的必备特征，是潜在的关键发明人。假以时日，天才发明人可能会发展成为关键发明人。企业在产学研合作、技术并购或人才引进中，应优先考虑关键发明人和天才发明人。

应用篇

如何利用分析结果

How to use the analysis result

第7章　专利布局

7.1　不同类型企业的专利布局策略

专利布局战略是一种有规划、全局性的专利挖掘和部署，往往更加注重提升专利的整体价值，而不是某一件专利的价值。其根本目的是要为企业市场竞争服务，维护、巩固和提升企业市场竞争地位，为企业带来利益。其涵盖专利的创造、布局、运用、保护和管理等多个方面，专利的布局和运用战略是我国企业目前亟待提高的方面。

曾几何时，在大江南北的市场上到处可以看到各种国产的DVD影碟机；电视节目的间隙充满了DVD影碟机的广告，万燕、江苏新科、爱多、深圳普迪、步步高、惠州德赛、万利达，林林总总、种类繁多。然而，6C（日立、松下、JVC、三菱、东芝、时代华纳组成的专利联盟）、3C（飞利浦、索尼、先锋组成的专利联盟）以及汤姆逊、杜比、MPEG－LA等都要求中国DVD机生产企业交纳专利许可费。虽然中国的DVD机生产企业占据了全世界产量的80%，但由于缺乏专利战略，没有有效的专利布局，因此它们在专利许可费用谈判过程中没有任何话语权，陷入“人为刀俎，我为鱼肉”的境内。在支付高昂的专利许可费用后，产品无利可图，企业迅速萎缩甚至倒闭。

此景此情之下，中国的企业家们看着自己生产的DVD机心情该是多么复杂，对比往昔的荣耀与今日的惨淡，不知是否有“无可奈何花落去”的伤怀；想到昔日的一本万利与今朝的无利可图，不知是否有“为他人作嫁衣裳”的痛楚。

然而，痛定思痛，我们发现我国DVD机生产企业陷入上述局面最根本的原因在于没有专利布局。

在以往的专利战略文献中，往往简单地将专利战略类型描述为“进攻型”和“防守型”。笔者认为，这不足以解决中国企业现阶段的专利困扰问题，我们需要从企业的实际状况出发，认清企业目前所处的位置，理清企业自身的类型和所处的发展阶段，在此基础上，为企业制定适合自身发展需要的专利布局战略，提供具有可操作性的指导和引领。

7.1.1 技术领先型企业

中国企业发展往往重视市场的占有、薄利多销，有的甚至不惜大打价格战，缺乏核心技术竞争力。我们以往更侧重于“中国制造”，而不侧重于“中国创造”。有相当一部分企业规模大而不强、业务大而不精。但是，中国也不乏一些有远见卓识的企业家注重企业的核心技术，国外技术领先型企业如此做法的更是比比皆是。技术领先的企业可借鉴这类专利申请人专利布局的策略，根据企业实际来制定自身的专利布局战略。

7.1.1.1 “中间开花”——全面布局

以基础专利为核心，多角度、多层次、网络化对核心专利进行保护，形成保护网，使后续的专利运用得心应手。

（1）环状保护

以特殊玻璃和陶瓷材料厂商康宁在溢流槽材料方面的专利申请为例，探讨康宁如何围绕其核心专利成功建立环状保护网。

1）以 PCT 申请的形式进行地域上的全面布局

WO0244102A1 是康宁在溢流槽材料方面的核心专利，康宁最早于 2000 年在美国专利商标局以临时申请的形式提出，其后又以 PCT 申请的形式先后进入美国、德国、韩国、欧洲专利局、日本、中国、中国台湾、澳大利亚等 8 个国家或地区。

2）围绕核心专利进行多技术主题的专利布局

WO0244102A1 进入中国国家阶段的申请号为 CN01821788.5，该申请的技术主题为“等静压板”，该申请的核心技术方案为“等静压板的材料是氧化钛浓度大于 0.2wt% 且小于 0.4wt% 的锆石耐火材料”。此后，康宁通过分案申请的形式，对该等静压板可制作的衍生产品、生产方法等技术主题进行专利布局，形成以上述核心技术方案为基础，覆盖该锆石耐火材料在应用于溢流下拉技术时可能采用的最佳产品结构和使用方式，使得竞争对手无法轻易避开专利风险来应用该技术。

3）围绕核心专利通过技术改进进行外围专利布局①

除了通过上述不同技术主题形成保护圈外，康宁还通过申请技术方案与原核心专利技术方案交叉、重叠或覆盖的技术改进型专利，形成有效的外围保护圈，避免竞争对手轻易绕开核心专利所保护的技术方案。

---

① 杨铁军. 产业专利分析报告（第 25 册）：特种光学与电学玻璃 [M]. 北京：知识产权出版社，2014：216.

同样以WO0244102A1为例，其核心技术方案是锆石耐火材料中氧化钛含量大于0.2wt%且小于0.4wt%，而在其后提交的US2005130830A1专利申请中，康宁又提出了控制锆石耐火材料中氧化锆、氧化钛、氧化铁的含量分别在0.01wt%～0.15wt%、0.23wt%～0.50wt%（与“大于0.2wt%且小于0.4wt%”数值范围交叉）、0.08wt%～0.60wt%的技术方案。由此避免竞争对手在获知“锆石耐火材料中氧化钛含量大于0.2wt%且小于0.4wt%”这一核心技术信息后，通过常规实验手段绕过“大于0.2wt%且小于0.4wt%”这一数值范围，获得性能相仿的锆石耐火材料。

（2）多维保护

多维保护是以基础专利为核心全面布局的另一种形式。首先，通过专利申请对重点技术和关键技术进行保护，然后通过对技术本身的应用进行扩展和延伸，形成保护链，同时跳出应用的局限，以技术问题和技术效果为纲，对通用技术的重要部件、操作方法、控制方法也进行保护，进而形成立体保护。

以工业机器人行业的领军企业发那科为例，介绍企业如何通过专利链和专利球进行多维度的专利保护。

发那科分别在拣取、焊接、装卸、三维视觉传感器及其定位测量方法、示教校正和仿真等机器人应用的重要环节进行专利布局，针对每一环节再进行全面的专利布局，每一个环节的专利布局构成专利链，各个环节的专利链联合形成立体的专利保护球①。

在专利多维保护方面，做得好的不止国外的某些大型企业，在国内也有一些公司具备良好的专利多维保护意识。

长沙巨星轻质建材股份有限公司（以下简称“巨星公司”）是湖南一家专业从事建筑新结构、新材料和相关技术的研究开发及新技术、新产品推广应用的企业，尤其致力于现浇砼空心、空腹结构及构件领域的技术研发和产品推广，更为难得的是，其在专利布局方面有着超前意识。巨星公司不但对建筑新结构、新材料的产品进行专利布局，同时，还对产品的生产方法、施工方法进行多维度的布局，正是这种专利布局策略，使得巨星公司在后续的专利诉讼中占据主动，在一次诉讼中不但能够起诉建筑建构和建筑材料的制造商，还可以起诉应用这些结构和材料进行建房的房地产开发商和施工方。这样一来，一旦侵权成立，巨星公司能够获得足够的赔偿，避免侵权主体没有履行赔偿的能力，而导致自身的经济利益受损。

（3）圈占潜力

圈占潜力专利布局策略的核心目的在于通过大量的专利申请，占据和维持潜在的市场。化学药的原研公司往往采取这一策略进行专利布局。以立普妥药物的原研公司为例，其在基础专利布局后，开发各种新晶型来圈占潜在的保护范围，同时，研发针

① 杨铁军．产业专利分析报告（第19册）：工业机器人［M］．北京：知识产权出版社，2014：166－178．

对多种适应症的组合药物开拓全新的组合药领域，研发多种改良剂型开辟潜在的药物品种。经过专利检索，发现原研公司申请了40余种晶体化合物以防御他人发现更为有利的晶型对自己的产品构成限制，另外，其还对其他产品如氨氯地平和托塞曲匹与立普妥的组合物及制剂进行布局，为潜在的上市新品种构筑起坚实的专利壁垒。[①]

7.1.1.2 “暗度陈仓”——迷惑专利

所谓迷惑专利，就是专利权人申请的专利不是其真正欲保护的技术，而是迷惑竞争对手而申请的专利，从而达到转移竞争对手视线的目的，专利权人通过这种手段打乱了竞争对手的市场、资金和精力，从而独占相关市场。[②]

7.1.1.3 “晦迹韬光”——隐藏战略

专利隐藏战略是技术领先型企业隐蔽自身意图或隐藏自身实力的一种有效的策略，其涉及的种类主要有：隐藏专利权拥有实体、以技术秘密取代专利申请、“防御性公开”等类型。

（1）隐藏主体

隐藏主体是指在专利申请的过程中，一些企业将自己的名称进行隐藏，通过其他实体，如相关发明人、子公司、影子公司作为申请人进行专利申请，从而避开或者延误竞争对手对自身专利信息跟踪的一种专利布局策略。

西方一些大企业用100多个名称充当本企业拥有的专利权利人，有的甚至用300多个名称给自己申请专利，例如：安万特（Aventis）[③] 拥有2.9万多件专利，其中仅仅约1%的专利的权利人中包含安万特。

（2）隐藏技术

企业为了隐藏技术，往往将一部分技术作为技术秘密的形式布置，而不是将其申请为专利并公开，以此来保护自身的核心技术不被外界所知，从而达到保持领先的目的。

那么究竟应该选择哪些技术进行隐藏？哪些技术进行专利申请呢？

专利权人在申请专利时，往往围绕基本专利，开发与之配套的外围技术，当他人对外围技术的逆向解密较难时，将外围技术作为技术秘密进行保护；当外围技术的逆向解密相对容易时，一般同时将外围技术申请为外围专利，从而起到防火墙的作用，保护其核心专利。此外，如果一项技术在获得专利权后，存在无法举证证明他人使用该技术，也就是说，即使获得专利权也无法禁止别人使用时，可以采用技术秘密的形

---

① 杨铁军．产业专利分析报告（第27册）：通用名化学药［M］．北京：知识产权出版社，2014：134.

② MBALIB［EB/OL］．［2013－11－01］http：//wiki. mbalib. com.

③ 目前的公司是赛诺菲－安万特，总部位于法国巴黎，是世界十大药企之一。

式对该技术进行保护。

(3) 防御性公开

防御性公开是为了避免他人申请专利限制己方实施某一项技术而申请的专利，申请专利的目的在于公开技术方案而非一定要获得对该项技术的专利权。因此，某些企业会申请一定量的“防御性公开”专利，在这类专利申请尚未获得授权的一段时间内，竞争对手可能捉摸不透己方的战略意图。在“防御性公开”专利申请的运用中，基于费用或事务等考虑，该类专利通常会有较高的失效率（包括视撤失效、未交费失效等），然而，表面上的失效为己方带来了实际利益，因为这一策略实际上削弱了竞争对手。

技术秘密、专利、防御性公开如何选择，企业可根据自身情况灵活把握，既要确保核心专利受控，又要防止泄密并降低成本，强化技术垄断地位。

7.1.2 技术落后型企业

我国的企业更多处在技术相对落后的位置，因此，对技术落后型企业进行分析，创建适合这一类型企业的专利战略，对国内企业而言具有更多的借鉴意义。

7.1.2.1 “十面埋伏”——围栏战略

外围专利的技术含量逊于竞争对手的核心专利时，借助外围专利的适当组合形成对竞争对手的制约，增加技术和商业筹码，突破专利壁垒。

由于芳砜纶的测试性能优于美国杜邦在全球市场上畅销的 Nomex 系列芳纶产品，因此，上海纺织（控股）集团对芳砜纶的研发也引起了杜邦的关注。就在上海纺织（控股）集团初步实现芳砜纶产业化，准备进入国内外市场之际，杜邦马上意识到该产品的市场潜力以及对其产品的威胁，立即利用专利战略，进行了抢占市场的专利布局。首先，2007 年，杜邦在美国申请了一件专利（US20070894969A），要求保护芳砜纶的生产工艺、产品和多种应用，并以此作为后面多件申请的优先权，同时在中国就芳砜纶复合材料等方面也进行了初步申请的尝试。2008 年，杜邦在全世界范围内进行大规模的专利布局（10 件 PCT 专利申请），在纺织纤维、纱线、过滤毡领域均进行了上、中、下游整个产业链的布局。同年还对芳砜纶沉积纤维另一重要领域也进行了布局。在 2008 年时，国内外申请人在芳砜纶的专利布局如图 7-1-1 所示。

本案例中，杜邦不生产芳砜纶，也不掌握芳砜纶的核心技术，因此在芳砜纶领域明显属于技术落后型企业。但是杜邦通过围栏式专利布局，成功地保护了其 Nomex 系列芳纶产品的市场地位。

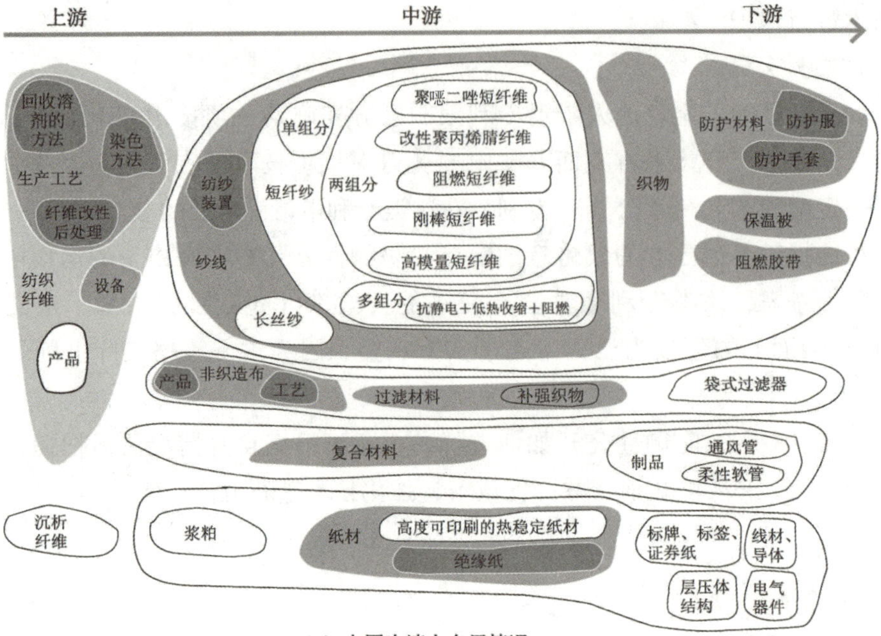

(a) 中国申请人布局情况

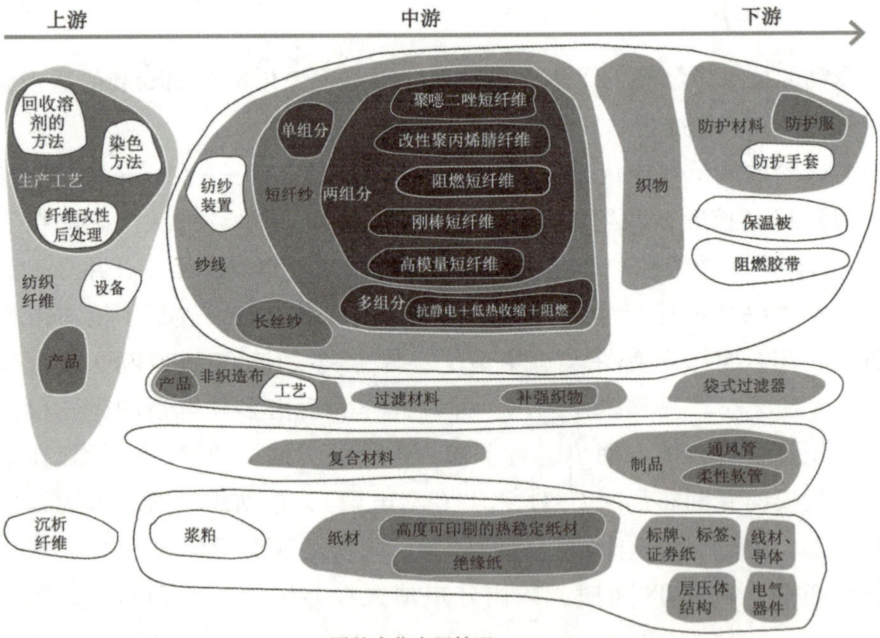

(b) 国外来华布局情况

图7-1-1　芳砜纶领域中国市场国内外专利布局①

---

① 杨铁军. 产业专利分析报告（第14册）：高性能纤维［M］. 北京：知识产权出版社，2013：文前彩插第4页.

7.1.2.2 “见缝插针”——填补战略[①]

西门子IGCC技术研发尽管在20世纪80年代就已经开始，但是其研发重心在于燃气轮机整机、燃气轮机透平、燃烧室。对于IGCC的研发，西门子并非是具有绝对优势地位的。

课题组注意到一则消息：据意大利24小时太阳报2013年7月5日报道：德国西门子有意收购意大利芬梅卡尼卡集团下属安萨尔多能源公司，目前已经提出了报价。

西门子为什么要收购这家公司呢？西门子的并购历来目的性都是很强的，例如其通过收购西屋公司获得了其燃烧室的技术以及美国市场，通过收购德马格—德拉瓦公司获得了压气机技术。因此课题组有理由相信，安萨尔多能源公司有充分的理由被西门子“看上”。为此，课题组对安萨尔多能源公司的专利进行了详细研究。

安萨尔多（Ansaldo）能源公司坐落于意大利的热那亚州（Genova），是一家拥有150多年历史、全能型的工业公司，目前是全球最优秀的综合机电工程公司之一，在能源、自动控制及运输领域有着丰富的经验。

通过对安萨尔多能源公司的专利进行研究，课题组发现其专利与燃气轮机、IGCC高度相关。并且课题组推断可能正是安萨尔多能源公司掌握IGCC的核心专利，西门子才对其产生的并购的意图。因此，课题组重点关注了其近10年的专利申请，并从中挑选了比较有代表性的专利技术，具体见表7-1-1。

由于西门子是燃气轮机行业的巨头，其关于燃气轮机的专利技术对很多相关领域的公司来说都是不可逾越的技术壁垒。安萨尔多能源公司在绕不开西门子燃气轮机专利壁垒的情况下，主攻IGCC技术并且对其进行了系统的知识产权保护。这种策略使得西门子不得不重视这个新兴的竞争对手。据悉，西门子一开始是打算与安萨尔多能源公司进行专利的交叉许可，即安萨尔多能源公司可以使用西门子的燃气轮机技术来发展IGCC，而西门子也可以使用安萨尔多能源公司的IGCC技术，这种技术互换使双方获得了共赢。然而西门子最终还是决定收购安萨尔多能源公司，这体现了其在IGCC领域的雄心，不管收购的结局如何，安萨尔多能源公司和西门子展现出来的智慧都值得国内企业学习。

西门子在收购西屋公司、德马格—德拉瓦公司、阿尔斯通后，完成了对发达国家的产业布局，并开始雄心勃勃地进入新兴市场，这个新兴市场的首选就是中国。

对于技术链中自己不占主导地位的技术或面临技术壁垒时，通过并购获得技术和市场；选择竞争对手技术薄弱的环节和分支攻关，构筑自己的壁垒，增加话语权。

---

① 杨铁军．产业专利分析报告（第17册）：燃气轮机［M］．北京：知识产权出版社，2014：285-289.

表 7-1-1 安萨尔多能源公司在 IGCC 领域的重点专利

序号	公开号	公开日	发明名称	与 IGCC 相关度	企业关注度	关注原因
1	EP2589646	2013-05-08	Apparatus for recovering energy from biomass by gasification	高	一般	生物质气化装置
2	WO2013061303	2013-05-02	Method for modifying gas turbine burner assembly	一般	非常关注	燃烧器组件
3	WO2013042049	2013-03-28	Malfunction detecting method for toroidal type combustion chamber of gas turbine plant	一般	非常关注	环形燃烧室故障检测方法
4	WO2013021354	2013-02-14	Ceramic tile for lining structure walls of combustion chambers for gas turbines for production of electricity material	一般	非常关注	陶瓷瓦块
5	EP2472179	2012-07-04	Burner assembly for gas turbine power plant	一般	非常关注	燃烧器组件
6	IT1393555	2012-04-27	Gas turbine system and the method of operating	较高	非常关注	燃气轮机运行方法
7	WO2012052961	2012-04-26	Gas turbine for electric energy production plant	一般	非常关注	动叶片流通孔
8	EP2439448	2012-04-11	Method for detecting liquid fuel leakage in gas turbine system combustion assembly	一般	非常关注	液体燃料泄漏检测方法
9	EP2418367	2012-02-15	Cooling assembly for gas-turbine electric power generating plant	一般	非常关注	燃气轮机冷却
10	EP2397670	2011-12-21	Controlling method for emissions in a heat engine	一般	非常关注	排放控制方法
11	EP2354662	2011-08-10	Burner assembly for a gas turbine plant and a gas turbine plant comprising said burner assembly	一般	非常关注	燃烧器装配
12	EP2341287	2011-07-06	Method for maintenance of combustion chamber of gas turbine plant	一般	非常关注	燃烧室检修方法
13	EP2312128	2011-04-20	Method for assembling gas turbine with silo combustion chamber	一般	非常关注	筒形燃烧室装配方法

续表

序号	公开号	公开日	发明名称	与 IGCC 相关度	企业关注度	关注原因
14	EP2295735	2011－03－16	Method for controlling combined－cycle power plant	一般	非常关注	联合循环电厂控制方法
15	WO2011012982	2011－02－03	Device for measuring flow rate of fluid of lance of burner in gas－turbine plant	一般	非常关注	燃烧器流量测量装置
16	WO2011012985	2011－02－03	Fuel supplying method for combustion chamber of gas turbine plant	一般	非常关注	燃烧室燃料供应方法
17	EP2249006	2010－11－10	Device and method for controlling the exhaust temperature of a gas turbine of a power plant	一般	非常关注	燃机排气温度控制装置以及方法
18	EP2239641	2010－10－13	Determining device for operating parameters of gas turbine plant	一般	非常关注	燃机电厂运行参数决定装置
19	EP2199676	2010－06－23	Cleaning method for fuel oil nozzles of burner of combustion chamber	一般	非常关注	燃烧器燃油喷嘴清洗方法
20	EP2213862	2010－08－04	Method for controlling emission of electric power plant provided with gas turbine	一般	非常关注	燃机电厂排放控制方法
21	WO2010049786	2010－05－06	Countercurrent fixed－bed type gasifier	高	一般	逆流床式气化炉
22	EP2151629	2010－02－10	Burners arrangement determining method for annular combustion chamber of high－power gas turbine	一般	非常关注	环形燃烧室燃烧器
23	EP2149678	2010－02－03	Connection assembly for connecting blade to internal ring of compressor	相关	非常关注	压气机叶片连接组件
24	IT1360496	2009－05－12	Method and instrument for determining the quantity of non－condensable gas in geothermal fluids	高		
25	WO2009016210	2009－02－05	Turbo machine blade e. g. gas turbine，designing method	一般	非常关注	涡轮叶片结构设计

续表

序号	公开号	公开日	发明名称	与IGCC相关度	企业关注度	关注原因
26	IT1344990	2008-04-09	Radiographic control method for mechanical parts of complex shape	一般	非常关注	涡轮叶片形状加工控制
27	WO2008111098	2009-10-29	Air intake for axial compressor of gas turbine power plant	一般	非常关注	轴流压气机
28	WO200808148	2008-07-10	Gas turbine burner for use in iron and steel industry	一般	非常关注	一种新式燃料供应方式的燃烧器
29	WO2007144430	2007-12-21	Gas turbine compressor	一般	非常关注	可调叶片的压气机装置
30	WO2007138055	2007-12-06	Gas turbine changing method	高	非常关注	燃料切换时压气机流量改变方法
31	IT1361852	2009-06-10	Control device for steam turbine system	高	关注	蒸汽轮机控制系统
32	WO2007036964	2007-04-05	Starting method for gas turbine	相关	非常关注	燃气轮机启动方法
33	WO2007074483	2007-07-05	Alloy composition for manufacture of protective coatings	一般	非常关注	涂层
34	EP1760274	2007-03-07	Co-generation type steam turbine plant for generation of electrical energy and heat	一般	非常关注	透平冷却系统
35	EP1742160	2007-01-10	Blade profile optimization method for steam turbine and gas turbine	高	非常关注	汽轮机和燃气轮机叶型优化
36	EP1710502	2006-10-11	Gas burner assembly	相关	非常关注	燃气轮机燃气燃烧器
37	EP1596131	2005-11-16	Control method for gas combustor of gas turbine	一般	非常关注	燃气轮机燃气燃烧室控制方法
38	WO2005059441	2005-06-30	System for damping thermo-acoustic instability in combustion device for gas turbine	一般	非常关注	燃气轮机热声不稳定阻尼装置

续表

序号	公开号	公开日	发明名称	与 IGCC 相关度	企业关注度	关注原因
39	EP1531235	2005－05－18	Vane stator for use in axial flow type gas turbine	一般	非常关注	轴流式燃气轮机静叶
40	WO2005010438	2005－02－03	Burner for gas turbine	一般	非常关注	燃气轮机燃烧器

注：与 IGCC 相关度有四个等级：高、相关、一般、无相关性；企业关注度有四个等级：非常关注、关注、一般、不关注。

7.1.2.3　“避敌锋芒”——适当规避

申请专利保护创新成果是很多企业的首要选择，但是对于技术相对落后者而言，采取跟随战略实现后来者居上是常见的方法。然而，如果跟随模仿的过程侵犯了他人的专利权将会使自己陷入危险的境地。如何在模仿的过程中规避对方的专利是一门重要的学问。

常见的规避方法有以下五种：

① 借鉴专利文件中背景技术的规避设计。

② 借鉴专利文件中发明内容和具体实施方案的规避设计。

③ 借鉴专利权利要求的规避设计。

④ 借鉴专利审查相关文件的规避设计。

⑤ 借鉴专利文件中技术问题的规避设计。

改革开放以后，中国企业获得了良好的市场环境，企业从小到大不断发展、成长；中国加入 WTO 以后，企业在获取发展机遇的同时也面临着挑战。大多数中国企业面临着产品内销的专利困扰，一部分逐步到进军国际市场的企业还面临着海外专利困扰。因此，我们可以根据企业产品内销到进军海外的发展轨迹，来探索企业在不同阶段的专利布局战略。

7.2　不同市场企业的专利布局策略

7.2.1　国内市场专利布局战略

企业在发展的不同阶段，面临的专利布局的任务是不同的，当企业在发展起步阶段时，通常不涉及产品的出口贸易，产品销售仅限在国内甚至省内。因此，企业根据自身所处的阶段，利用自身有限的科研、资金等资源，制定适时的专利发展战略，对企业自身的发展是非常重要的。

7.2.1.1 “量体裁衣”——布局层次选择

在产品内销阶段，企业可根据自身的实际情况，选择点面结合、多维保护等不同的层次结构对专利进行布局。

如果企业的专利储备很少，规模比较小，资金又比较有限，在某一方面技术比较突出，则应首先在该技术点上进行突破，布局专利，然后围绕该点以点带面，逐步形成有效的专利组合。

如果企业的专利储备很少，规模比较大，资金实力雄厚，市场和销售渠道畅通，但没有核心的技术，则可以考虑通过企业并购或专利收购的方式，短时间内获得有效的专利组合。

如果企业已经具备了一定数量的专利储备，则可以考虑从产品出发，选择该产品中涉及的各个技术点，再从这些技术点出发整合其专利资源，构建专利组合；进而，围绕该产品涉及的各个产业链节点，选择相应技术点专利组合中的有关专利，构成针对某个产业的专利组合，最终形成多维度的立体布局。

7.2.1.2 “适合才好”——布局类型选择

专利的类型有三种，即发明、实用新型和外观设计。这三种类型的专利在保护客体、授权条件、审查方式、保护期限以及费用上都存在区别，企业在进行专利布局时，可根据自身的情况选择申请发明专利、实用新型专利、外观设计专利或者其结合。

国内企业在进行专利申请时，往往被所谓的发明专利技术含量高、实用新型和外观设计的技术含量低这一思维困扰，未能选择适合自身战略需求的专利类型进行专利布局。

大家比较熟悉苹果与三星的专利战，2012 年美国地区法院判决三星侵犯苹果专利权需要向苹果支付 10.51 亿美元。其实，在该判决中，起到关键作用的并不是发明专利，而是苹果的圆角矩形外观设计专利 D675612。

7.2.1.3 “取长补短”——合作申请布局

合作申请是加强企业间联系、互通有无的有效手段。合作申请不是目的而是手段，合作申请往往伴随着后续的企业并购，为企业带来的是技术的革新、市场的占有、客户的整合，最终提升企业的市场竞争力。

合作申请需要考虑的因素包括：合作企业类型的选择、合作申请方式的选择、合作申请技术领域的选择。

（1）上下游企业间合作

如果企业需要强化对整个产业的控制，提高资源利用效率，强化企业的主体地位，那么选取合适的上下游企业进行专利合作申请是一个不错的方式。

奥托立夫通过专利合作申请，一方面使丰田更加了解奥托立夫的技术实力，并通过开放一部分奥托立夫的技术使丰田的技术力量向产业链上游渗透；另一方面使得奥托立夫可以适应丰田的研发体系、技术需求和技术特点，有针对性地进行技术研发。

奥托立夫在1993年开始与摩通公司开展专利合作申请，到1997年共申请117项专利，在1997年奥托立夫全资收购摩通公司，使摩通公司的安全气囊产品融入奥托立夫的产品线中。[①] 正是由于合作申请策略的使用，使得奥托立夫在收购摩通公司的过程中，在一定程度上降低了知识产权转移方面的成本和阻力。这一点对国内企业，特别是占据市场优势，但在某些技术方面面临困难的企业具有很好的借鉴意义。

（2）同类企业横向合作

如果企业需要进入某一分支领域，与某些竞争对手建立技术和商业联系，结成联盟，对抗其他竞争对手，则选择同类企业进行专利合作申请是一种比较有效的方式。

合作申请在形式上也有多种方式，比如：企业与企业间成立合资公司，由该合资公司进行专利申请；或者企业与企业联合进行技术研发，共同申请专利；或者，企业为另一企业提供资金支持，由后者进行技术研发，然后由两者共同进行专利申请。企业可根据自身的情况进行灵活选择。

图7－2－1显示了东丽在各个技术分支上的合作申请情况。东丽在专利申请上主要以垄断式申请为主，较少与其他公司合作，基本以总公司东丽为唯一申请人，偶尔以合资公司或子公司的名义申请。生产工艺方面仅在气相生长、表面处理和油剂三个方面与其他申请人有共同合作。与名古屋大学在气相生长碳纤维领域有3项合作，与中外炉工业株式会社有1项合作。表面处理则是与三洋化成株式会社进行了合作，同时与三洋化学在树脂基复合材料上也有1项共同申请。复合材料和应用方面的独立申请较生产工艺略低，但也达到了总申请量的96%。东丽在选择合作对象时具有明确目标，在碳纤维的土木设施和基础建设应用方面，主要合作对象是清水建设株式会社。该公司成立于1804年，距今已经有208年历史，具有丰富的建设设计和施工经验。

以杜邦为例，杜邦三井氟化物株式会社（66项专利）、杜邦陶氏弹性体公司（38项专利）、杜邦高性能弹性体公司（25项专利）是杜邦公司重要的合作申请人。其中，杜邦三井氟化物株式会社和杜邦陶氏弹性体公司，分别是杜邦与三井化学、陶氏各出资50%建立的合资公司。[②]

---

① 杨铁军．产业专利分析报告（第9册）：汽车碰撞安全［M］．北京：知识产权出版社，2013：109.

② 杨铁军．产业专利分析报告（第26册）：氟化工［M］．北京：知识产权出版社，2014：315－316，322－323.

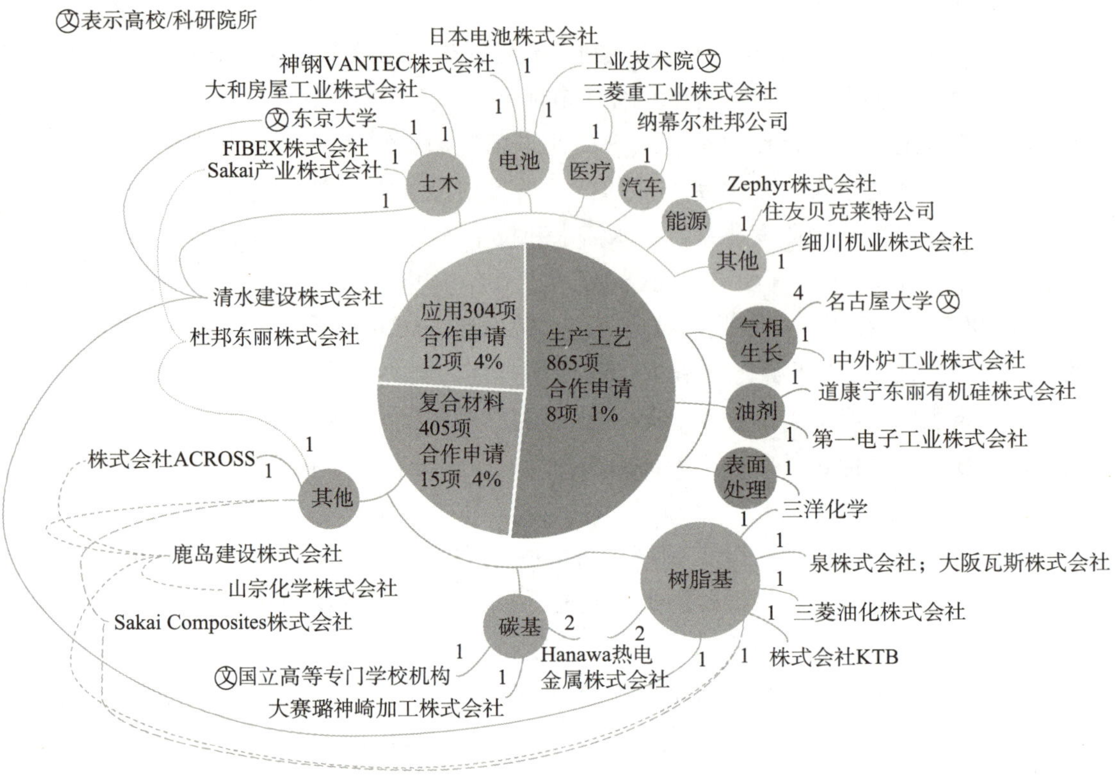

图7-2-1 东丽合作申请情况①

7.2.1.4 "有的放矢"——技术领域选择

对企业来说，资金和科研资源总是有限的，应该选取哪些技术领域进行技术的重点研发和相应的专利布局呢？

世界知名工业机器人企业发那科在专利申请时有关技术领域的选择为我们提供了借鉴。

从图7-2-2中可以看出，虽然有利于提高工作效率、提高产品质量是机器视觉在所有应用分支上的普遍优点，但就具体作用而言，喷涂、注塑、码垛通常仅仅需要二维即可实现，对3D视觉要求不高。而不同三维形状物体的搬运、机械加工则对及其视觉、机器人控制的要求相对严格，3D视觉在这方面的应用尚不成熟，技术实现难度较大。1999年以后，随着焊接和工件装卸装配方向上技术的日渐成熟，发那科将研发重点放在了更具有市场的零件捡取上，无论是结构性捡取还是任意捡取都实现了从视觉捡取、容器防碰、防碰监控系统的全面研发和专利布局。

① 杨铁军. 产业专利分析报告（第14册）：高性能纤维［M］. 北京：知识产权出版社，2013：文前彩插第8页.

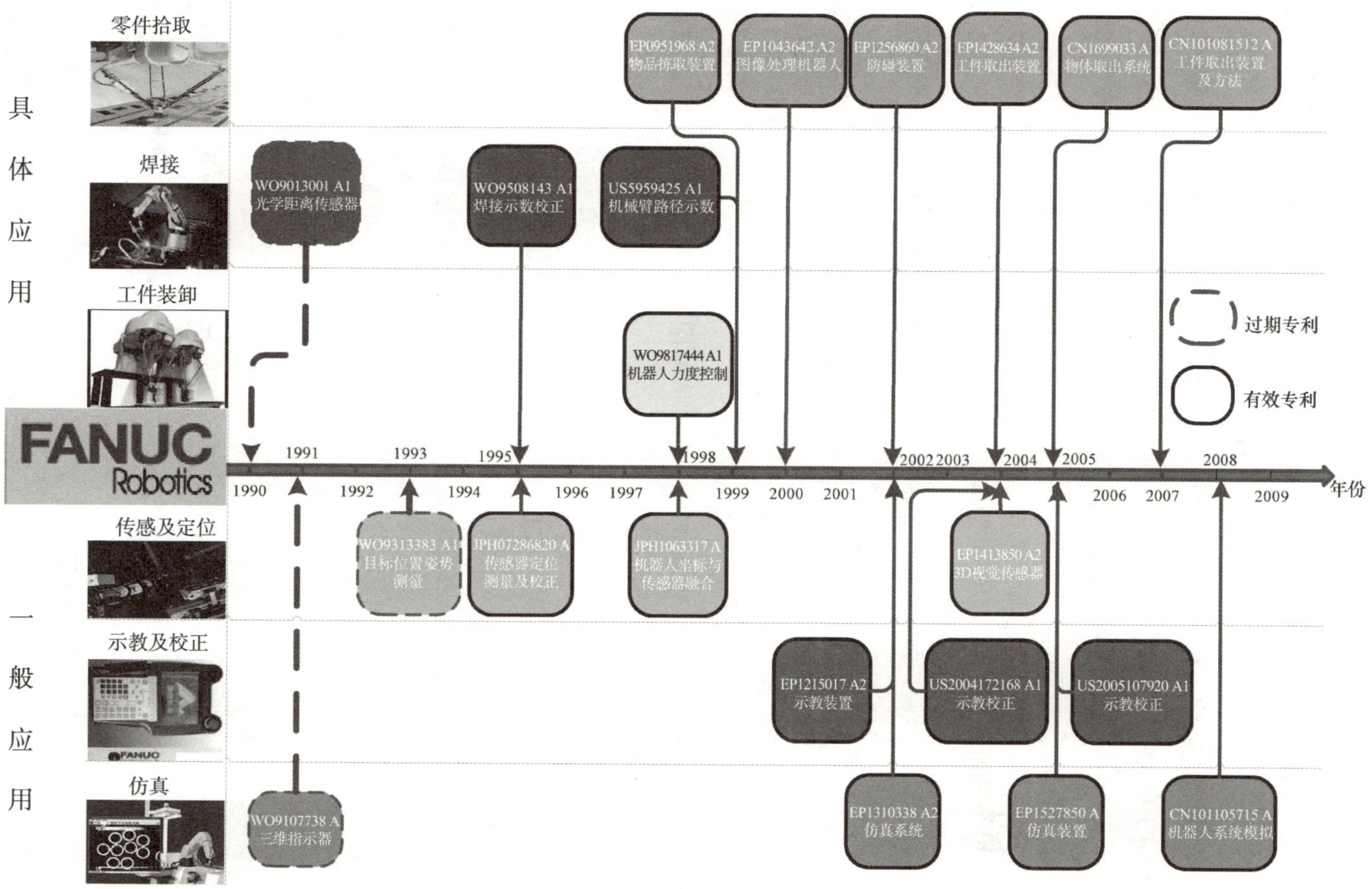

图 7-2-2　发那科 3D 视觉控制技术发展路线图①

① 杨铁军. 产业专利分析报告（第 19 册）：工业机器人［M］. 北京：知识产权出版社，2014：文前彩插第 5 页.

从产业发展情况来衡量：如果产业的发展处在萌芽期，则企业专利布局的重点在于尽早对一些基础性技术和共性技术进行专利申请，完成专利圈地；如果整个产业已经进入到成长期，则企业专利布局的重点在于在技术应用和改进方向上占据一定的优势地位；如果产业处在成熟期，则企业专利布局的重点在根据市场状况对专利的数量、结构分布进行调整，并对可能的替代性技术和产品进行专利储备。

从技术发展情况来衡量：如果技术处在萌芽期，技术的发展路径不是很明朗时，可以探索性地选择那些适应当时工业升级需求的技术进行布局。如果技术趋于成熟时，则企业要选定研发的重点，针对该技术点进行全面的专利布局，比如：针对产品中的关键部件的相关技术进行全面的专利布局，可以制约整个产业的发展，确保技术和市场领先地位，增加话语权。

7.2.1.5 “来得早不如来得巧”——布局时机选择

专利布局与自由搏击在某种程度上存在相通的地方，虽说“先发制人、一招制敌”很重要，但有时也讲究“深藏不露、后来居上”。

我国在专利申请方面施行的是“先申请制”，尽早申请专利通常对申请人是有利的，这样可以防止竞争对手抢先申请，然而，过早地申请也可能导致无法与市场状况相契合、被竞争对手洞察发展的趋势和细节等问题。

企业可综合考虑自身情况、相关技术成熟度、保护期限、对手情况等，在适当的时间提交专利申请，进行专利布局。

如果目标市场的知识产权保护力度比较大，则可以考虑先进行专利布局再进行产品销售；如果目标市场的知识产权保护力度相对薄弱，则可以考虑直接进行产品销售，不进行专利布局和技术公开。

如果竞争对手尚未开始研发，技术难度又比较大，则可不急于将技术申请专利，而是作为企业的技术秘密保存；如果竞争对手与自身研发水平相当，则宜采取抢先申请、占据有利地形的策略。

如果一项专利涉及的产品市场销售很好，可考虑通过优先权、PCT、分案等制度，控制申请时机，采取措施延长保护时间。

如果企业确定要通过申请专利保护自己研发成果，要选择合适的时机。过早或过晚提出相应的专利申请，都可能给企业带来不可挽回的损失，要综合各方面信息以获得最佳的专利申请时机。

如果申请过早，等于提前向竞争对手公开了自己的技术情报，使对手可以清楚地获知自己的研发动向。此外，竞争对手还可以在专利公开内容的基础上进行后续研发。如果此时自己的技术还不足以推向市场，则会浪费宝贵的专利保护期限，缩短自己独占市场的时间。这不仅影响自己的收益，还可能被竞争对手的后续专利所限制，影响自己的后续研发和产品的推出。此外，如果申请过早，还很可能出现自己申请的技术方案并不具备授权的条件，无法形成足以占领市场的产品，却公开了自己的研究成果，使得竞争对手了解自己的研发动向，还可能给自己的后续研发工作带来麻烦。

如果申请过晚，则可能无法获得专利权。因为申请之前，可能已有其他单位同样研发出了相同的成果，并申请了专利保护，此时再提出专利申请已经无法获得专利保护，同时自己使用该技术进行生产销售也会受到对方已获授权专利的限制，丧失原本属于自己的权利。

例如，优先权和 PCT 制度的有效利用在康宁的专利申请中非常普遍。以 WO0244102A1 为例，最早的优先权是在 2000 年 12 月 1 日在美国提交的临时申请 US2000025091P，在此优先权日一年后，康宁提交了相应的 PCT 申请。从上述过程可以看到，康宁以不公开的美国临时申请为优先权，获得了一个较早的优先权日，而后，与国内部分企业常规的申请后要求提前公布、提前实质审查以尽快获得授权的理念不同的是，康宁并没有急切地提出实质审查以获取授权，而是充分利用了优先权和 PCT 规则，在 12 个月即将届满时，提出 PCT 申请，并且在距最早优先权日 31 个月后通过 PCT 渠道进入中国，且直到距最早优先权日约 3 年后才进入中国国家阶段实质审查程序。康宁之所以选择这样的申请时间策略，可能是在获得一个较早的申请日的基础上，充分观望技术和市场的发展情况来决定是否需要继续向其他国家和地区提出申请，如果需要，再决定向哪个国家或地区提出申请、是否需要修改权利要求等。除了上述优先权和 PCT 制度的应用，分案申请也是康宁为了获取时间优势的一个常规手段。分案申请给予了申请人根据技术和市场发展趋势，在母案基础上获取更完善权利要求保护范围的机会。蓝光 LED 的制备是业界公认的技术难题，被认为是 20 世纪不可能完成的任务，在当时谁也无法预料蓝光 LED 在什么时候真正实现，中村修二凭借执著攻克一个又一个难关。

7.2.1.6 "捷足先登"——快速获取专利

企业在进行专利申请时，出于多种目的希望自己的专利申请尽早获得专利授权，因此，如何快速获取专利，对企业来说也是非常重要的。

在我国目前有提前公开、加快审查、电话讨论、远程会晤等政策，企业在进行专利申请时可利用这些政策，尽量缩短审查周期、加快专利权获得的速度。

7.2.2 国际市场的专利布局战略

随着企业不断做大做强，走出国门进军国际市场几乎是必然的。在国际市场上如何做好专利布局？布局时该注意哪些问题？

7.2.2.1 “开疆扩土”——布局地域选择

当需要进军国际市场时，企业需要根据产品的目标市场环境、企业自身的发展方向，以及竞争对手的情况有针对性地进行专利布局。当目标市场国的知识产权保护环境非常薄弱时，可以考虑先不进行专利布局，而是直接进行产品销售。如果目标市场国的知识产权保护环境很好、保护力度很大，则宜先进行专利布局再进行产品销售。如果存在和竞争对手的潜在冲突，则需要同时布局防御型专利和进攻型专利。

7.2.2.2 “殊途同归”——海外布局通道选择

企业如果要在国外进行专利布局，可以选择以下几种方式。

方式一：直接去特定的国家申请专利，采取这种方式时，需要注意提交保密审查请求。

方式二：通过 PCT 途径申请专利，然后逐步进入指定国。

纳博特斯克在 RV 减速器方面就很好利用了 PCT 途径完成了专利布局。纳博特斯克第一件专利申请为 PCT 专利，公开号为 WO86/05470A1，发明名称为“用于工业机器人的减速装置”（该发明专利附图见图 7－2－3），并且进入美国、加拿大、德国、韩国以及欧洲。该专利公开了 RV 减速器的基本结构，即该公司的 RV 型减速器，随后对该专利申请进行了后续多项专利申请，进一步完善了相关产品。

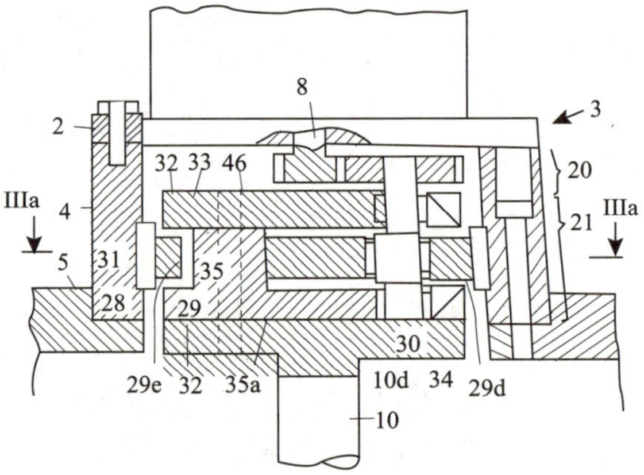

图 7－2－3 专利申请公开号 WO86/05471A1 的附图

此外，谷歌在谷歌眼镜方面的专利布局也利用 PCT 规则逐步进入世界各主要的市场（见图 7－2－4）。在谷歌眼镜推出前，谷歌已提前围绕该产品申请了大量专利，主要集中在美国。其充分利用美国的专利保护制度，为其产品占据美国市场提供支持。此外，作为新一代产品，谷歌也没有忽视世界其他地区的市场，陆续以其美国申请为优先权申请 PCT 专利。

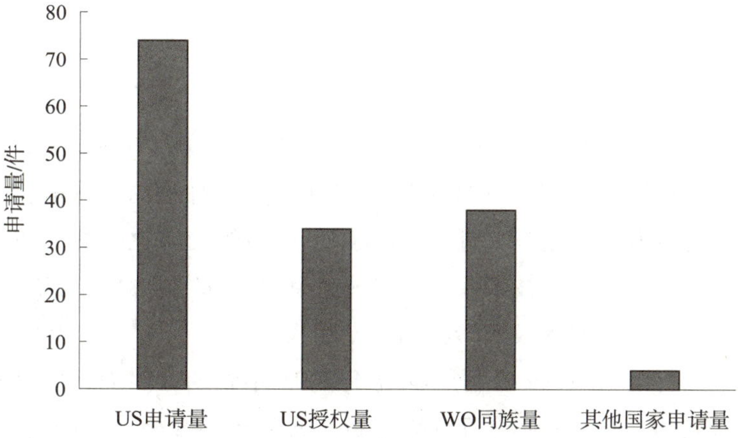

图7-2-4　谷歌眼镜专利申请结构

方式三：通过GCC申请专利，同时进入海湾六国（卡塔尔、沙特阿拉伯、科威特、阿曼、巴林、阿联酋）。该方式多用于石油、石化行业的专利申请。

7.2.2.3　“入乡随俗”——快速获取他国专利

企业多数情况下已经在中国取得了专利权，为了使得其产品能够快速进入特定的目标市场国，企业往往希望能够快速在目标市场国获得专利权。在这种情况下，专利审查高速路（The Patent Prosecution Highway，PPH）是一种不错的选择。PPH是目前在国际上以双边协议或多边协议形式存在的一种加快协议国之间专利审查的程序性机制。具体来说申请人在首次申请受理局（Office of First Filing，OFF）提交的专利申请中所包含的至少一项或多项权利要求被确定为可授权时，可以向后续申请受理局（Office of Second Filing，OSF）对后续申请提出加快审查请求。

此外，企业还需要了解目标市场国的加快审查的政策，例如：美国的优先审查制度和一审会面试行项目。美国在优先审查制度中设置专利处理快速通道，又称为通道I，自2011年5月4日起实施。申请人可以通过此途径在提交新申请同时请求美国专利商标局对其进行优先审查并缴纳相关费用，通过此程序可以在12个月内收到美国专利商标局的授权通知书或驳回通知书等。此外，美国还推出过一审会面试行项目，旨在增强申请人与审查员在审查开始阶段的交流，加快审查速度，特别是允许申请人在第一次审查意见通知之前，收到审查员的检索结果和初步确定问题后，与审查员进行会面。另外，日本在专利加快审查方面也有特色，例如：日本特许厅在加快审查的基础上又推出了超级加快审查制度，即在普通的加快审查对象中，对特别重要的实施关联申请和外国关联申请，日本特许厅还试行了超级加快审查制度。超级加快审查比普通的加快审查更加快速。在超级加快审查制度下，从申请到第一次审查最快可在1个月之内完成。再者审查也可在申请人提出意见书和补正书后的1个月之内完成，与普通的加快审查相比，大幅度缩短了权利化的时间。[①]

7.2.2.4 “收放自如”——专利时效选择

随着企业获取专利的数量越来越多，专利维持费用也会不断增长，因此，根据与专利相关产品的销售情况、产业的技术发展状况、竞争对手的情况等因素，对已经取得的专利权进行有效取舍也是比较重要的。如果产品的销售比较好，可继续维持相关专利；如果产品没什么销量、技术发展已经有了新的突破，取代了已有专利中的技术，则企业可以考虑放弃相关专利权或转让相关专利权。

例如，辉瑞拥有的 Norvasc 专利原本应于 2003 年到期，因而，印度的仿制药生产商 Dr. Reddy's 公司对 Norvasc 专利药品的仿制，试图抢先占领 Norvasc 仿制药市场，然而，辉瑞根据《药品价格竞争与专利权期限补偿法》将该专利的有效期延长至 2006 年 7 月，法院判决 Dr. Reddy's 公司侵犯辉瑞的 Norvasc 专利权。

---

① [EB/OL]. [2015-01-15]. http://cyyw.cena.com.cn/2015-01/15/content_258496.htm.

第8章　专利引进和合作

在企业技术发展和专利战略中，根据企业自身定位和发展方向进行技术自主研发和对技术申请专利保护是基本的专利应用形式。在技术更新迅速和竞争激烈的行业，或在研发型企业步入快速扩张期的情况下，在合适的时机引入外部的技术和专利是强化企业竞争优势的途径之一，可以有效缩短切入目标技术领域的时间和技术转化的时间。

8.1　专利引进和合作的流程

专利是技术载体也是无形资产，既可以作为引进和交易的标的物，也可以作为合作方的出资资产。专利引进和合作存在很多形式，例如专利许可、专利技术引进和购买、合作开发、研发团队核心人员引进、专利并购等。

专利引进和合作从提出构想到具体实施，不同的企业基于不同的商业目的有不同的操作方式，但总体流程应该基本包括以下两个阶段。

8.1.1　引进和合作的准备阶段

好的开始是成功的一半，在专利引进和合作的准备阶段打下良好基础才能增强企业专利引进和合作的成功概率，本阶段的工作不可以被轻视或浮于表面。

通常情况下，在引进和合作之前的准备工作需要企业付出的人力物力不容小觑，企业需要根据专利引进和合作的预期目标和涉及引进合作的项目价值，综合确定从准备阶段直至整个引进合作全流程付出的人力财力。当然如果专利的引进和合作是作为合作项目的附属品或专利引进合作专利的价值本身不大，在准备阶段可以仅抓住主要标的物确认等关键环节即可。

准备阶段应该至少解决以下几个方面的问题。

（1）评估是否需要进行专利引进合作及实施方式

首先，需要评估专利引进和合作的风险和必要性。进行专利引进和合作是商业行为的一种，具有失败的风险，暴露技术发展方向和企图甚至发展战略对某些企业是具有极大风险的行为。例如，医药产业重要专利对企业的影响远超其他行业，并购可以视作专利引进和合作的行为。近年辉瑞连续发起对阿斯利康和葛兰素史克等公司的巨额并购，引起行业的极大关注，也使企业的战略意图暴露于整个行业下。进行专利技术引进和合作后，企业产生“水土不服”的例子不胜枚举。在决定专利引进合作之前，也要评估自身研发的可行性和综合成本。

其次，要选择引进合作的方式。通常采用技术秘密转让、合作开发的形式进行技术引进，采用专利许可和转让避免专利侵权风险，通过引进人才和企业并购来获得持续的研发能力。

（2）寻找专利引进合作的目标

寻找专利引进合作的目标通常有两种方式。

一是通过数据分析找到所需的专利、企业或人才，是由面及点地搜寻引进合作目标。在以专利为切入点的情况下，可以从相关技术领域中按照本书的方法对行业或对重点竞争对手的分析寻找引进合作的目标。

二是通过“点对点”地寻找和确认，例如行业中知名度较高的专利，如涉及标准的专利或诉讼的专利，知名研发人员及其技术和专利，通过各种途径了解的在本行业具有成为技术“独角兽”公司潜力的初创公司及其技术和专利。

（3）对专利引进合作的目标进行尽职调查

确定专利引进合作的目标和方式后，需要对引进合作的标的物进行尽职调查。

若以引进技术或专利为目标的，要确认专利的法律状态，专利权是否稳定，专利权是否做过许可和转让，是否有被纳入标准或有约束性的专利池，是否涉及有约束性的商业协议，是否有同族专利，同族专利是否涵盖目标市场，保护范围是否涵盖所需技术主题，引进的技术是否具有技术秘密等。

若以引进人才为目标的，要确认相关待引进技术人才是否有保密协议和竞业禁止协议，是否是相关技术的掌握者。

若以并购企业为目标的，要确认股权结构、财务状况、并购方式、技术和研发团队的稳定性等。

8.1.2 引进和合作后的整合阶段

引进、合作后整合目标公司、目标专利或目标人才也是非常重要的环节。

对于目标公司的专利和目标专利，要理清专利缴费、许可、仲裁、谈判、诉讼等情况，避免专利失效或在专利合作上可能产生的纠纷，快速接收目标公司的专利或目标专利并将其纳入统一管理，对于目标专利或技术的二次研发和申请要进行系统规划。

对于目标公司的研发团队和目标人才，在依法安置研发团队或人才的情况下，对每个人涉及技术保密的情况，在研发团队的作用和职能，在整合后的团队中的职能进行细致安排，对于重点技术的研发团队要维持稳定，重点保持核心研发人员的稳定。

8.2　寻找专利引进和合作目标

8.2.1　发现目标技术

虽然在寻找技术引进或并购对象时需要考虑很多方面的因素，包括市场、经营状况、技术前景等多方面，但是通过专利分析的方法可以从另一个角度对寻找目标的准确性进行评估，辅助完成目标寻找工作。通过专利分析的方式可以对技术来源单位的整体实力与情况进行分析，从而佐证具体引进技术的质量。通过分类号、申请量排名、授权率等可以对技术来源单位的整体技术实力进行分析。

对于具体技术的选取，可以从专利的角度对诸如该技术的发展趋势、生命周期、技术发展历史、重要节点等方式进行分析，对了解目前该技术的发展情况，并对该技术今后的市场需求进行预测。

8.2.1.1　技术发展趋势分析

所谓从专利的角度对技术的发展趋势进行分析，主要是通过对涉及该技术的专利的申请量变化趋势进行分析。从专利申请量来看，一个技术一般会经历：起步期、增长期、衰退期 3 个阶段，此外，某些技术还会经历调整期与回暖期，如图 8－2－1 所示。

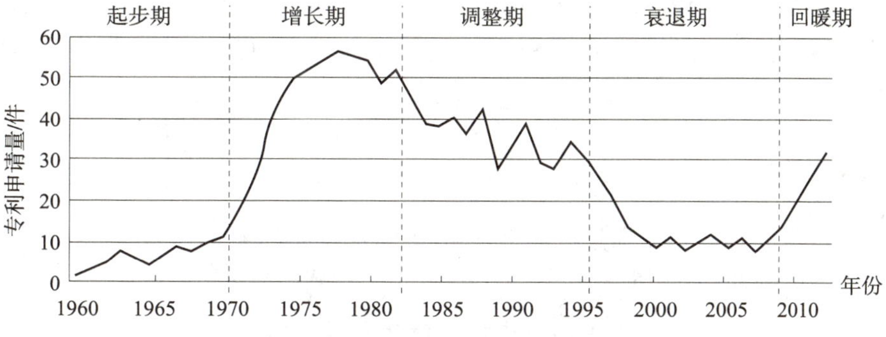

图 8－2－1　典型的技术发展趋势

在起步期，专利申请量较少，市场对于该技术一般还处于原始的技术积累阶段，大多数专利申请涉及原理性技术。在该阶段，技术尚未成熟，市场化产品较少，产品缺陷较多。虽然从技术研发上讲，技术的早期研究对于企业在该技术上获得基础技术优势以及一定程度上的技术垄断具有好处，但是从技术引进上来讲，若以尽快推出较为完善的产品为目的，不建议企业对此种技术进行引进。但是，如果企业对该技术的市场前景具有较大把握，并且能够对引进后的技术研发继续大量投入，以消除技术上的瓶颈与产品上的缺陷，可以考虑对该技术进行引进。

随着某些关键技术点的突破，该技术逐渐走向成熟，在市场上也获得了较大的关注，更多企业进入该领域的相关研究，从专利申请量上可以看到，其出现了大幅增长，即进入了增长期。在这一阶段，大量较为完善的基础性技术专利涌现，并且改进型专利技术的申请量也在大幅增长，产品也趋向完善。在此阶段，企业可以根据自身需求引进较为成熟的基础性专利，通过进一步研发生产具有自身特色的相关产品，或引进已成型的改进型专利技术，直接生产产品，快速进入市场。

对于某些技术而言，专利申请量在度过增长期后会进入调整期。在这一阶段，专利申请量会有所下降，但数量依然较多。在这一阶段，相关技术研究以及专利申请主要集中在相应技术的改进，或者说是微创新。对于自身研发实力较弱的企业，应该注重处于该技术发展阶段的相应技术并进行引进。由于该时期的相应技术已经较为成熟，并且从产品的稳定性与功能性上讲也已经达到了较高的水平。技术引进之后，企业可以快速投产，配合企业经营策略实现收益。

在这之后，随着市场的成熟以及替代技术的出现，相应技术将会进入衰退期。在该阶段，相关的技术研发逐渐减少，专利申请量会出现明显下降。一般而言，相应产品在该阶段或已被某些企业所垄断，或其市场已出现明显萎缩，缺乏赢利点。因此，企业应尽量避免处于该技术发展阶段的技术引进，防止可能的损失。

某些技术在经历了上述几个阶段后，由于其在某一特殊技术点的突破或者应用市场的突破，会进入回暖期。在这一阶段其市场通常再次火热起来，研发相关投入再次增加。企业在进行该阶段的技术引进时，要注意引起市场回暖的关键技术或相应市场，对于涉及该关键技术或市场的技术可以实施技术引进，而对于其他已经过时的技术，则要避免引进。

8.2.1.2 技术生命周期分析

专利分析中的技术生命周期分析是分析在技术发展的不同阶段中，专利申请量与专利申请人数的变化。

图 8-2-2 为典型的技术生命周期图，随着技术的发展，专利申请量与相应申请人的数量会出现类似该图的变化，会典型地经历萌芽期、发展期和衰退期，对于某些

技术可能还会经历成熟期。

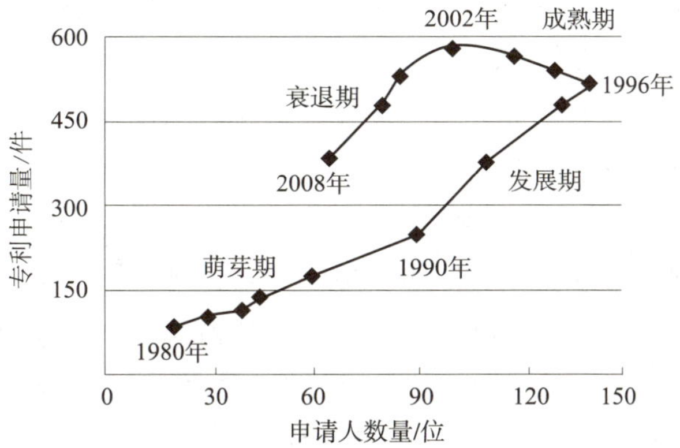

图 8－2－2　典型的技术生命周期图

与专利申请量的分析类似，其萌芽期、发展期与衰退期分别于技术发展趋势中的起步期、增长期和衰退期相对应，相应的技术引进注意事项也较为类似。由于在进行分析时增加了申请人数量这一维度，因此出现了成熟期这一阶段。在这一阶段可以看到，专利申请数量依然随着年份明显增长，也就是说仍然对应于专利发展趋势中的增长期，但是专利申请人数量出现明显下降。这一阶段的市场情况与技术发展趋势的调整期类似，随着技术与市场的高度发展，相应的技术与市场垄断已经形成，从而造成了这一技术领域中较小的企业退出该市场或被其他企业并购。在这种情况下，企业在进行技术引进时应考虑市场中其他龙头企业的经营与技术研发情况，如果不能快速上马产品或持续进行技术研发，在此阶段应该慎重进行技术引进，以免造成在市场竞争中的快速衰败。

8.2.2　发现目标人才

寻找企业所要的技术或研发人员首先需要对行业进行分析找出技术领先的企业，再从企业中找到所要的核心技术人员。对于行业知名的专家人才，则可以通过其他消息途径找到相关人才，例如关注 LED 领域的企业，毫无疑问会知道蓝光 LED 之父、2014 年诺贝尔物理学奖获得者中村修二。

发现目标人才的过程是从宏观到微观、层层递进的过程，从了解行业、洞悉对手直到发现目标人才。

（1）“拨云”——了解行业

通过专利信息的发掘，我们可以了解整个行业的发展方向，例如：1975 年，世界钟表市场经历了一次大转折，传统的机械钟表受到了电子石英钟表的冲击，许多企业没有预见到这一变化，实际上 1970 年联邦德国已经公布了第一件电子表专利，1971 年又出现了液晶显示产品的专利申请，如果企业及时跟踪专利文献，则可以预估钟表市场的未来走势，及时关注电子石英钟表方面的人才，避免经济损失。

（2）“见日”——洞悉对手

通过对竞争对手专利信息的分析，往往能够预判对手未来的技术或产品趋势，为企业提前制定相应的应对策略提供有力支撑。

在语音识别技术方面，苹果在2000～2003年专利申请量较多，2004～2005年申请量为零，2006～2008年逐步提高，2009～2010年快速增长，结合2010年苹果并购了专注于语音识别技术的Siri公司，可初步推断：苹果在语音识别技术方面突破了技术瓶颈，解决了之前无法得到有效应用的技术问题。① 在这一阶段可重点关注语音识别技术方面的人才。

（3）“招兵”——挖掘人才

通过专利信息进行人才挖掘是近年来热门的话题，特别是通过对专利发明人及其专利技术领域的分析，往往能为企业锁定适合自身发展的人才。

例如：近年持续火热的谷歌眼镜产品。谷歌之所以能够生产出有如此吸引力的产品，与其组建的研发团队是密不可分的。团队中的关键人物除了谷歌创始人谢尔盖·布林，另外一位关键人物便是美籍伊朗人帕尔维兹。帕尔维兹在隐形眼镜显示器设计、设备微小化方面有多项专利。而在帕尔维兹没有加入到谷歌之前，谷歌眼镜不但远没有目前这样的小巧可爱，甚至重达9磅，看起来像头盔。而帕尔维兹加入以后，在短时间内使谷歌眼镜呈现出我们现在看到的样子（见图8-2-3）。可见人才挖掘对企业而言至关重要。

图8-2-3 谷歌眼镜

8.2.3 发现目标企业

在构建各类企业合作关系中，最重要的就是选择合适的合作对象。合作对象的适当与否，往往对整个合作的成败起着决定性的作用。一般而言，理想的合作对象，往往应该是在技术上与企业存在互补或者具有满足企业需求的技术实力和资源，同时又

① 杨铁军. 产业专利分析报告（第5册）：智能手机［M］. 北京：知识产权出版社，2012：105-106.

尽量与企业存在较少的直接商业利益冲突，并尽量能够保持较为稳定的研发队伍和较为积极的知识产权保护意识和态度。

在合作对象的筛选和确认过程中，专利分析的结果一方面能够帮助企业按图索骥地找到满足企业技术/专利需求的潜在合作者，并且通过专利分析，往往还能在一定程度上帮助企业洞察各个潜在合作对象的技术的先进性、全面性和均衡性，商业合作的态度和倾向，知识产权态度和倾向，核心人员的构成和流动情况等多方面的信息。通过专利分析获取的这些信息，往往对通过其他渠道获取的信息起到检验、印证、补充等作用，甚至成为影响最终决策的关键信息。

例如，通过对各需求点位上的申请人的分布分析，可以帮助企业找到在各领域具有较强技术/专利实力的申请人，初步了解各个申请人在产业界的专利/技术地位。进一步，通过对各个申请人的专利技术分布分析，则能够帮助企业发现这些申请人的技术优势和特色领域，以及目前研发投入动态。对这些申请人的发明人团队分析，则可以帮助企业了解到在对方的技术研发中起主导作用的核心成员及其团队。再者，通过对这些申请人的合作申请分析，则有助于了解其以往倾向的技术合作领域及合作伙伴，同时可以了解到其在技术合作方面的知识产权态度。

8.3　专利尽职调查

2005 年，南京汽车集团以超过 5000 万英镑的价格收购了破产后的罗孚的资产及 MG 品牌。在南汽并购罗孚之前的几个月，上海汽车集团已购得罗孚 25、75 及 K 系列汽油机和 L 系列柴油机知识产权，而日本本田则已收回了其在罗孚中型汽车的关键设备和设计蓝图并销毁。南京汽车集团最终得到的是一个知识产权价值大打折扣的罗孚，而这也为之后南京汽车集团在相应产品生产上的困境以及与上海汽车集团合并的企业发展结局埋下了伏笔。从这一案例中可以看出，在企业并购、技术引进和技术合作过程中，需要对相关方所拥有专利的情况进行系统、全面的确认、分析和评估，即对相对方进行专利尽职调查。承担这一工作的通常是专利律师或者公司的知识产权法务人员。

专利尽职调查的目的是通过调查相关方专利相关的信息，找出问题和潜在的交易或合作风险，主要包括明确权属关系，确定权利的内容和稳定性，评估专利及其技术在行业内的竞争力和对企业利润的贡献度，从而为并购、引进和合作过程中的风险评估、价格谈判和合同签订提供参考。

在进行尽职调查的实质调查工作之前，需要完成相关信息收集的准备工作，需要收集的信息主要包括：

① 专利清单：包括相关方独立拥有的或与他人共有的有效专利、正在申请的专利、已经失效的专利、被许可的专利权，以及相关专利证书和使用许可合同等证明文件。

② 相关合同：许可合同、权利转让合同、专利质押合同、专利保险合同、共同技术开发合同、委托开发合同以及合同备案情况等。

③ 相关侵权情况：过去或现在发生的专利诉讼或仲裁的相关文件、行政机关的处罚通知书、收到或警告函以及情况说明等。

④ 规章制度：企业内部关于专利管理、商业秘密、职务发明的规章制度，涉及保密和竞业禁止的协议或劳动协议中的条款。

⑤ 人员信息：企业知识产权管理部门的人员、聘请的律师事务所或知识产权代理机构等知识产权顾问单位的名单及相关的委托合同。

在收集到的上述信息的基础上，即可开展专利尽职调查工作，调查的重点主要包括了 3 个方面的内容。

8.3.1 权属关系的审查

2001 年，某集团收购飞利浦 CDMA 部门，并希望获得相关 3G 专利技术。然而收购完成后，才发现飞利浦 CDMA 部门的大量专利技术已与高通进行交叉许可，双方在许可合同中规定飞利浦 CDMA 部门不可对第三方许可，并且该许可不随飞利浦 CDMA 部门转让而改变。也就是说，某集团虽然收购了该部门，但是该部门的许可技术并不能为其所直接使用，某集团要想使用这些技术，必须再与高通签订相关专利实施许可合同，并极有可能需要支付大量专利使用费。如果在企业并购前的专利尽职调查中，能够对相关专利的权属关系进行有效的审查，则可以明确相关专利权利的归属和行使的现实情况以及是否存在限制和风险，从而发现企业并购、专利引进和技术合作可能存在的问题。

对于处在不同审查阶段的专利申请，其权属的确定方式不同。如果专利申请未发生过转让等权利人变更事项，或者在专利申请获得授权批准之前，因转让等原因进行了权利人变更，则在该专利申请获得授权时，专利证书、专利授权公告文本和专利登记簿上显示的专利权人为专利申请人或变更后的权利人。如果，在专利权被授予之后，因转让等原因发生专利权人的变更时，权利人的变更情况仅体现在专利登记簿上，由此会导致专利登记簿与专利证书上记载的内容不一致，此时，以专利登记簿上记载的权利人为准。因此，核实尚未获得授权的专利申请的权利人需要查阅专利审查过程文件以确定专利申请人，而核实授权专利的权利人需要办理相应专利的专利登记簿副本以确定专利权人。

对于权属关系的审查分为：

① 权属基本情况核查：权利共有情况，是否获得共有权利人的书面授权，是否涉及母公司与子公司之间的关系，是否存在权利人信息不一致的情形，是否为委托或合作开发，是否为职务发明，是否涉及专利转让、专利许可、专利质押、债的担保、司法保全或查封等情况，专利转让、许可和质押等相关的合同是否合法以及备案情况，专利权或专利申请是否用于企业出资入股，被许可专利合同中对专利权许可的范围和费用支付等方面约定，等等。

② 权属纠纷及其风险排查：是否已经涉及专利权属纠纷以及判决或裁决结果，对于委托开发、合作开发或职务发明的相关专利权归属和行使的约定情况，专利相关的奖励和报酬发放情况，是否存在因发明人与其受雇的上一家单位之间的雇佣合同、保密协议或竞业禁止协议等情况造成的潜在权属风险，尽职调查的对象与发明人之间是否存在劳动合同纠纷，专利转让、许可或质押等合同中对专利权归属和行使的约定情况等。

对于权属关系的审查，需要着重对许可和被许可相关合同的条款进行考察。专利的实施许可主要有以下几种类型：独占实施许可、排他实施许可、普通实施许可、分实施许可、交叉实施许可、强制许可。其中，独占实施许可由于在合同中约定的时间和地域内，只允许被许可方实施该专利技术，其他任何人不得行使其专利技术，专利权人自身也不可以实施该专利技术，会导致专利权的实施受限，而排他实施许可和获得的强制许可则对专利权的许可运用有所限制，应特别予以注意。对于其他被许可使用的专利，则需要特别注意许可合同中关于被许可人变更和分实施许可的相关约定。例如前面提到的飞利浦 CDMA 部门被收购案中，就需要收购方对被收购方与专利权人签订的专利实施许可合同进行全面考察，以确定是否具备分实施许可的权利或并购后能否继续实施该专利。

8.3.2　专利控制力的审查

中国某电信公司希望对一家美国软件公司进行并购，进而获得其在中国的专利技术。对其知识产权清单审查时发现，其提供的几百件专利中，有很多通过 PCT 途径提交的国际专利申请都还处于国际阶段，并没有进入中国国家阶段，更无从谈到授权。最终，该中国企业依此杀价，以更优惠的价格完成了该并购交易。而中国某公司在并购巴西一家制药企业时，看中的是该制药企业从德国拜耳获得的某药品的专利权利，通过并购获得全球授权，垄断该药品的生产与销售。但并购后发现该授权仅限于巴西本国。巴西法律允许平行进口，其他国家生产的、同样获得拜耳授权的药品可以进口到巴西，从而使该并购在当地获得的垄断利益也大打折扣。上面正反两方面的例子表明在企业并购、专利引进和技术合作的过程中，需要对是否已经存在专利权以及专利权实际的或潜在的控制力进行评估，而专利控制力的不同，决定了专利价值的不同。

对专利控制力的审查主要包括了以下五方面的内容：

① 专利的法律状态：通过专利审查过程文件或专利登记簿副本确认专利申请即时的法律状态，包括是否获得专利授权、是否仍维持有效以及专利年费的缴纳情况等。

② 专利与产品/技术的重合度：并购、引进和合作的目标技术和专利保护范围的对应关系，该专利技术在整个产品结构或技术全流程中的地位等。

③ 专利所控制的产品/技术的价值：专利技术/产品的技术先进性，该专利技术/产品的市场占有率、竞争格局、发展空间和产业链地位等市场竞争力，技术更新换代的周期，是否存在替代方案，技术改进的空间，是否存在因关键发明人流失导致的改进技术失控的情形等。

④ 专利保护范围的大小：规避设计的难易程度，是否存在因捐献原则或禁止反悔原则造成的范围受限，维权的难易程度，竞争对手潜在的侵权可能性，专利权的剩余期限，专利有效保护的国家/地区，相关地区法律规定和执法情况等因素造成的专利权行使效果的差异，是否形成了专利组合/专利池，是否成为标准必要专利等。

⑤ 权利的行使是否受限：权利行使时是否存在侵犯其他在先专利权的可能，是否存在侵犯其他知识产权的可能，实施该专利技术时是否必然使用到未纳入专利交易范围的其他专利权保护的技术等。

此外，还需要尽可能对是否存在未被专利披露的 Know－how 进行考察，例如一项涉及某种优质的合金材料制造工艺的专利，其记载该合金包含 3 种成分，其中 A 占比 5.5%～7%，B 占比 25%～50%，C 占比 12%～50%，并具体记载了制造步骤。然而很有可能并不是通过任意的上述 3 种材料的占比制作出来的合金均可以达到其所声称的或者技术引进方所希望获得的技术效果。譬如，只有在 A 占比 7%，B 占比 45%，C 占比 48% 时才可以制造出其所谓的优质合金材料。因此，在技术引进或相关并购进行中，必须通过合同明确规定双方关于技术实施效果的保障责任以及义务，以保证相关技术、产品能够顺利地实施。

8.3.3　权利稳定性的审查

权利稳定性的审查主要是审查专利授权后其对抗无效请求的能力。一方面，实用新型专利和外观设计专利仅完成了初步审查，而未经过实质审查程序，相对于经过了实质审查程序的发明专利，其权利的稳定性天然地较弱；另一方面，即使经过了实质审查程序，由于使用公开等现有技术信息获取和审查能力的限制，获得授权的发明专利仍存在被无效的可能性。对涉及上述专利的相关技术进行引进或进行企业并购时，需要对相关专利的稳定性进行调查与评估，将更有利于减少并购方或技术引进方可能的损失。而且《专利法》第47条规定，宣告专利权无效的决定对于在宣告专利权无效前已经履行的实施许可合同不具有追溯力。也就是说，除非对方恶意为之，许可方将不必对被许可方的损失进行赔偿。因此，在相关合同签署前，对其专利稳定性进行调查与评估就显得尤为重要。例如，2009年初，奥蒂斯（Otis）向中国最大的电梯配件生产企业宁波某电梯配件制造商发出专利收购要约。奥蒂斯声称，如果对方不通过购买方式收购其拥有的中国发明专利IL99814994.2，将起诉对方立即停止侵权，一旦胜诉，会对我国电梯生产行业造成巨大影响，然而奥蒂斯的要约价格达到2亿元人民币。面对出现的被动技术引进局面，宁波某电梯配件制造商委托专利服务机构对相关专利的权利稳定性以及可规避自由度等问题进行了分析，最终通过捐献原则和现有技术无效检索获得了能够无效掉上述专利的对比文件，从而节省了大量资金。

对权利稳定性的审查可以就以下几个方面开展工作。

① 专利权评价报告：对于实用新型专利和外观设计专利，可以作为利害关系人请求国家知识产权局相关部门出具专利权评价报告。根据专利权评价报告对权利的稳定性进行审查，同时，专利权评价报告也是人民法院或者管理专利工作的部门审理、处理专利侵权纠纷的证据。

② 自行检索判断：进行现有技术检索，依据《专利法》规定的无效条款，结合审查过程文件，判断是否存在影响专利的新颖性和/或创造性的现有技术证据，以及影响权利稳定性的其他情形。这个过程可以由并购方或技术引进方自行完成，也可以委托相关专利服务机构完成并出具报告。

③ 是否已经经历过或正在经历无效程序：对于经历过无效程序仍然成立的权利，通常认为较未经历过无效程序的权利更为稳定；对于正在经历无效程序的专利权，需要对无效请求方提出的理由和出示的证据进行分析和评估，判断被无效的可能性。

④ 同族专利情况：该专利是否存在同族专利申请，同族专利申请是否被授权，是否经过异议、再审或无效等程序。由于各个国家或地区的专利法对于新颖性和创造性的审查标准通常差异较小，因而同族专利权利的稳定性具有可参考价值，但对于其他无效理由，各个国家和地区的标准差异较大，参考时应有所取舍。

在尽职调查过程中，除了就准备阶段收集到的信息进行审查以外，可能还需要开展部分专利分析工作以提供辅助信息。例如，对于发明人的审查涉及发明人及其团队的确定，通过对相关专利的研发团队进行分析，锁定核心发明人及其研发方向，理清其他研发人员在研发团队中发挥的作用和技术贡献，分析的方法参见本书第6章。对专利与产品/技术的重合度以及专利所控制的产品/技术的价值的分析，需要在了解和掌握产业链、技术链、价值链等行业信息后，在已经完成的相关技术的宏观、中观和微观分析的基础上，对尽职调查的对象的技术实力进行定位和评判，分析的方法参见本书第 4 章。

8.4 引进合作策略

在对行业整体的发展态势和趋势进行分析之后，立足自身特点，基于对专利技术的发明人和持有人的分析，筛选出符合企业发展需求的专利技术的引进和合作对象，在完成专利尽职调查后，开展相关的专利技术引进和合作工作，从而充分发挥专利引进能够快速补强自身技术以及专利合作能够整合多方力量辅助自身发展的特点和优势，是现代企业发展过程中经常采用的发展策略之一。本节选取了多个实际案例，以展现部分企业基于行业发展的特点和自身发展的定位所选取的具体的引进合作策略，供读者参考。

【案例 8-1】 奥托立夫——贯通全产业链

安全气囊是一个零部件众多，涉及机械、电子、纺织等多个领域的综合性产品，其中传感器和 ECU 属于电子产品范畴，大多数气囊厂商都没有能力制造，而气体发生装置和气袋的自主制造技术通常也只有老牌气囊厂商能够掌握，新兴气囊厂商则需要对外采购。

奥托立夫作为汽车安全气囊领域的顶级厂商之一，采用了与上游供货商进行专利技术合作的方式，将制造技术向上游延伸，以提升产品品质和保证供应链安全（见图 8-4-1）。与之合作的上游企业共有 21 家，其中电子企业 9 家，机械企业 7 家，材料企业 3 家，化工企业 2 家，涵盖了气体发生装置、控制模块、气袋等多个技术领域。例如，在气袋领域，与行业领先的日本东洋纺织合作，来解决气体发生与气袋的匹配技术；与博世、飞利浦等汽车电子企业在传感和控制领域开展合作，提高控制的可靠性。同时，还通过专利合作，与下游的整车企业进行了深度的合作。一方面，在技术合作开发过程中，获取和利用整车企业在安全气囊实际应用中的性能数据、丰富经验和行业判断力，提升其产品的综合使用性能；另一方面，通过技术共享和资本共赢，加强了与整车企业的联系，也在一定程度上稳固了产业合作关系。

安全气囊既是独立的市场产品，又是整车的部件之一，其在汽车行业的整个产业链中处在中间环节的位置，加之整车厂商对零部件采购的行业特点，奥托立夫的专利合作表现出从自身的产业链定位出发，整合上游技术为我所用，延伸下游技术以巩固市场的特点。

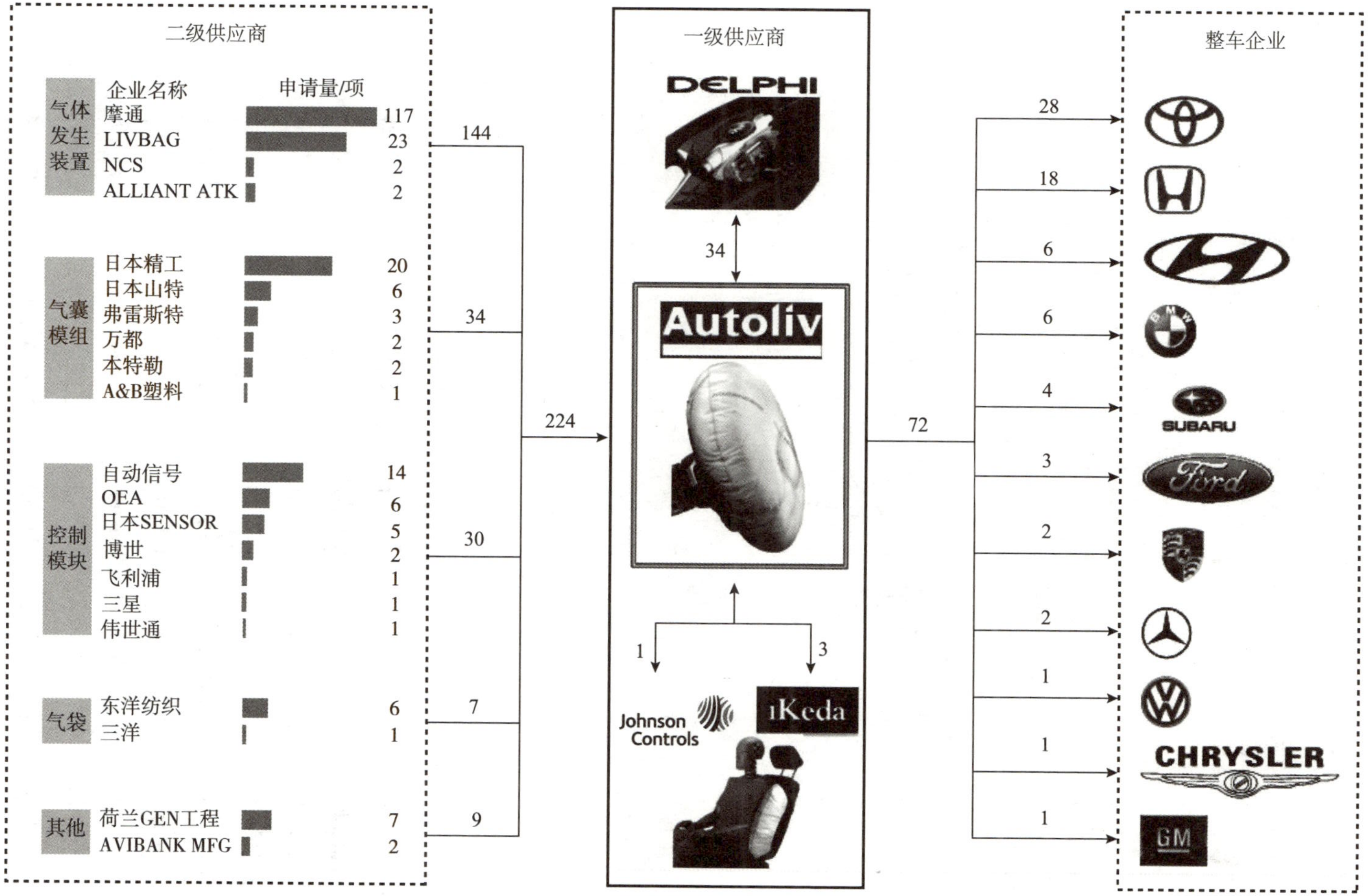

图 8-4-1　奥托立夫专利合作①

① 杨铁军. 产业专利分析报告（第 9 册）：汽车碰撞安全［M］. 北京：知识产权出版社，2013：110.

【案例8-2】 杜邦——拓宽应用市场[①]

杜邦是全球最大的氟化工企业，其专利技术大多集中在有机氟化工领域，处在氟化工产业链的中下游位置，也正是氟化工行业的价值重心所在。其在氟树脂、氟橡胶和氟碳化合物方面均有涉及，主要是自主申请，只有约1.5%是杜邦与其他申请人共同申请（见图8-4-2）。

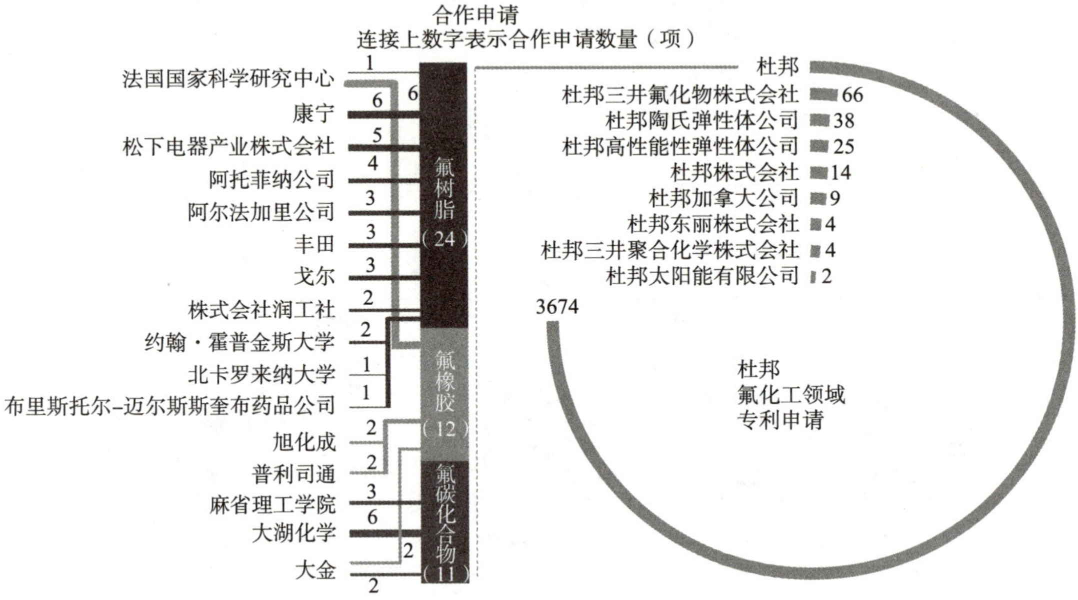

图8-4-2 杜邦全球氟化工领域合作申请概况

（1）氟树脂

在氟树脂领域，杜邦的合作申请人最多，分别有法国国家科学研究中心（Cent Nat Rech Sci）（1项合作申请）、康宁（Corning Inc）（6项合作申请）、松下电器产业株式会社（Matsushita Electric Ind Co Ltd）（5项合作申请）、阿托菲纳公司（Atofina）（4项合作申请）、阿尔法加里公司（Alphagary Corp）（3项合作申请）、丰田（Toyota Jidosha Kk）（3项合作申请）、戈尔（Gore & Assoc Inc W L）（3项合作申请）、株式会社润工社（Junkosha Co Ltd）（2项合作申请）、约翰·霍普金斯大学（Johns Hopkins University）（2项合作申请）、北卡罗来纳大学（North Carolina University）（1项合作申请）和布里斯托尔-迈尔斯斯奎布药品公司（Bristol-Myers Squibb Pharma Co）（1项合作申请），具体参见表8-4-1。由表8-4-1可知，上述杜邦与其他公司的合作申请均是涉及氟树脂在合作申请人相关领域的应用，这些合作申请实际上是杜邦掌握核心专利

---

① 杨铁军. 产业专利分析报告（第26册）：氟化工［M］. 北京：知识产权出版社，2014：320-322.

技术的氟树脂在相关方面的应用专利。杜邦这样的合作模式值得我们国内企业学习借鉴。

表8-4-1 杜邦的合作专利申请

序号	合作申请人	公开号/公开日	领域
1	康宁	CN1628141A/2005-06-15 CN1476449A/2004-02-18 CN1622966A/2005-06-01 CN1543477A/2004-11-03 CN1357010A/2002-07-03	与光学应用有关的含氟聚合物
2	松下电器产业株式会社	CN1732221A/2006-02-08 JP2003199675A/2003-07-15 JPH08322732A/1996-12-10 JPH0810141A/1996-01-16 JPH07305048A/1995-11-21	用于电气电子元件的氟树脂组合物以及用作电饭煲或锅的表面涂层的氟树脂
3	阿托菲纳公司	WO0240557A1/2002-05-23 EP1106630A1/2001-06-13 WO0029457/A1/2000-05-25 CN1311803A/2001-09-05	表面亲疏水处理的含氟聚合物
4	阿尔法加里公司	CN101228219A/2008-07-23 CN101248125A/2008-08-20 CN1910705A/2007-02-07	用于电缆外套的含氟聚合物组合物
5	丰田	WO2012088176A1/2012-06-28 WO2012086185A1/2012-06-28 WO2012088170A1/2012-06-28	用于燃料电池的含氟聚合物
6	戈尔	WO9207649A1/1992-05-14 WO9013593A1/1990-11-15 WO9006337A1/1990-06-14	聚四氟乙烯树脂膜
7	株式会社润工社	CN101322449A/2008-12-10 CN101277816A/2008-10-01	用作电路板中基板的含氟聚合物树脂
8	约翰·霍普金斯大学	US6034170A/2000-03-07 US5696195A/1997-12-09	含氟聚合物的二氧化碳溶液组合物
9	北卡罗来纳大学	WO9623010A2/1996-08-01	烯烃与氟化烯烃的共聚方法
10	布里斯托尔-迈尔斯斯奎布药品公司	WO0105509A1/2001-01-25	特氟龙树脂在低结合性液体保留和过滤装置中的应用

此外，在氟树脂领域中，杜邦与三井的合资公司杜邦三井氟化物株式会社（Du Pont Mitsui Fluorochemicals Company，Ltd）的专利申请量多达55项，其中主要涉及用于半导体制造装置的含氟树脂组合物、用于制造光发射二极管用反射器的氟树脂、可

涂布的氟树脂组合物、用于电器和电池的氟树脂模塑制品、氟树脂涂层、可熔融处理的含氟聚合物组合物、四氟乙烯聚合物树脂粉末组合物等；杜邦东丽株式会社（Du Pont Toray Co Ltd）的申请量为3项，主要涉及聚四氟乙烯树脂的应用；杜邦三井聚合化学株式会社（Du Pont Mitsui Polychemicals Co Ltd）的申请量为4项，主要涉及氟树脂在太阳能电池中的应用。

另外，杜邦的全资子公司在氟树脂方面也有一些申请，其中杜邦高性能弹性体公司（Du Pont Performance Elastomers Llc）申请量为4项，主要涉及包含氟树脂的加工助剂、四氟乙烯与3，3，3-三氟丙烯共聚物的乳液聚合等；杜邦株式会社（Du Pont Kk）的申请量为14项，主要涉及聚四氟乙烯以及四氟乙烯与其他含氟单体共聚物的涂层、膜以及层压体等；杜邦加拿大公司（Dupont Canada Inc）的申请量为6项，主要涉及含氟聚合物制成的渗透性膜；杜邦太阳能有限公司（Du Pont Apollo Ltd）的申请量为2项，主要涉及氟树脂膜在光伏材料上的应用。

（2）氟橡胶

在氟橡胶领域中，杜邦的申请量不多，除杜邦之外，主要有杜邦陶氏弹性体公司（Dupont Dow Elastomers Llc）的36项申请，主要涉及包含氟弹性体的聚合物加工助剂、制备氟弹性体的方法、具有优异加工性和低温特性的氟弹性体组合物、可挤出的氟弹性体组合物以及含氟弹性体在密封上的应用等；杜邦高性能弹性体公司的21项申请，主要涉及现有氟弹性体的进一步改性、氟弹性体的制备方法、具有低温特性、良好表面性质等优良性质氟弹性体的制备以及相关应用等。

此外，该领域中其他相关申请人的申请：法国国家科学研究中心的6项合作申请，主要涉及氟弹性体的制备、氟硅弹性体的制备、功能改性的氟弹性体以及上式弹性体在密封方面的应用等；大金公司（Daikin Ind Ltd）的2项合作申请，主要涉及轮胎用氟橡胶组合物；旭化成化学株式会社（Asahi Chem Ind Co Ltd）的2项合作申请，主要涉及具有良好加工性、耐热性、金属黏合性以及密封性的含氟弹性体组合物；普利司通株式会社（Bridgestone Corp）的2项合作申请，主要涉及用于轮胎制造方面的氟橡胶组合物；杜邦东丽株式会社的1项申请，涉及包含含氟弹性体的弹性体组合物。

（3）氟碳化合物

在氟碳化合物领域中，杜邦较少与其他公司或研究结构合作申请，几乎完全依靠自己的研发团队进行技术开发；其中，杜邦三井氟化物株式会社的11项专利申请的申请时间集中在1988～1991年，主要涉及用于氟碳化合物在制冷剂、发泡剂、洗涤剂和灭火剂的应用，而杜邦拥有这些氟碳化合物的核心专利技术；杜邦陶氏弹性体公司的2项专利申请分别涉及卤代化合物脱卤化氢的方法和二碘全氟烷烃的制造方法；杜邦与大湖化学（Great Lakes Chemical Corp）合作申请的6项专利申请主要涉及氟化表面活性剂组合物以及用于灭火的氟碳化合物；杜邦与大金公司合作的2项专利申请分别涉及含氟聚合物聚合工艺中含氟表面活性剂的分离和制备氟代羧酸的方法；杜邦与麻省理工学院（Massachusetts Institute of Technology）的3项合作专利申请主要涉及用氧气和碳氟化合物等的气体混合物去除沉积室内部表面沉积物的方法。

与前述安全气囊产业不同的是，氟化工行业原料和辅料的供应相对充足和稳定，使用原材料制备有机氟化工产品的整个技术环节通常掌握在单一厂家手中，不同厂家之间多采用不同的技术路线，因而，对于产品的制备等核心技术，相对于合作申请，自主研发占据了极大的比例。同时，氟树脂、氟橡胶和氟碳化合物等有机氟化工产品，于氟化工行业而言，基本属于终端产品，但作为化工类产品，其对于社会总体生产而言，仍是应用产品的原材料，因而对于氟化工企业来说，要想扩大自家的产品销量，则需要使自家产品应用到更多的下游产品中去。作为行业龙头的杜邦，其专利申请表现为产品的合成和改性等核心技术以我为主，独立研发，独享权利，而应用领域则四面出击，拓宽领域，做大市场的特点。

【案例8-3】 三菱材料——广取各家之长

三菱材料自20世纪30年代开始生产硬质合金刀具，相对于山特维克和肯纳等行业老牌优势企业而言，属于后起之秀，就刀具技术提交专利申请的起步时间也晚了10多年。在起跑线落后的局面下，三菱材料采用了多方合作、快速追击的方式（见图8-4-3）。

三菱材料的合作对象涉及的行业是多样化的，有像丰田、本田、爱信、铃木等从事汽车产业的下游企业，也有像神户钢铁、特殊陶式提供原材料的上游企业，还包括丰田技术学院的研究机构，以及住友电工、神户工具等制造刀具的同行企业。而根据合作对象的研发重点不同，三菱材料与其专利技术合作的领域也会有所差异。三菱材料与下游企业（汽车、航天航空、电子产品行业）的研发合作就侧重于刀具的具体应用方面，与上游企业（原材料行业）的合作偏重于刀具的材料；而与学校、研究机构的合作，则侧重于前沿理论的探索，这种基础理论的突破会在不久的将来应用于实际，引领刀具行业的发展方向。至于同行企业，它们之间的合作偏向于刀具领域的通用型问题，这种取长补短式的合作模式更有利于吸取同行企业的技术特长，帮助企业研发人员更好地拓展思维及调整研发方向。

对于三菱材料而言，在刀具行业属于“追击者”，需要快速地进行全方位的技术积累，故而其采用了充分依托日本本土已有的各方技术力量，整合行业力量，为自身发展提供支撑的方式。一方面，推动上游行业和同行与之共同合作，解决行业技术发展的共性问题；另一方面，针对下游企业开展个性化服务，推出切削特定对象的定制化刀具技术，保证产品的充分落地。同时，还通过与处在理论和技术前沿的研究机构合作，实施“技术追赶”和“弯道超车”。这种合作研发机制已经突破了传统的产学研合作模式，根据企业需求形成了“四位一体”的新兴模式。

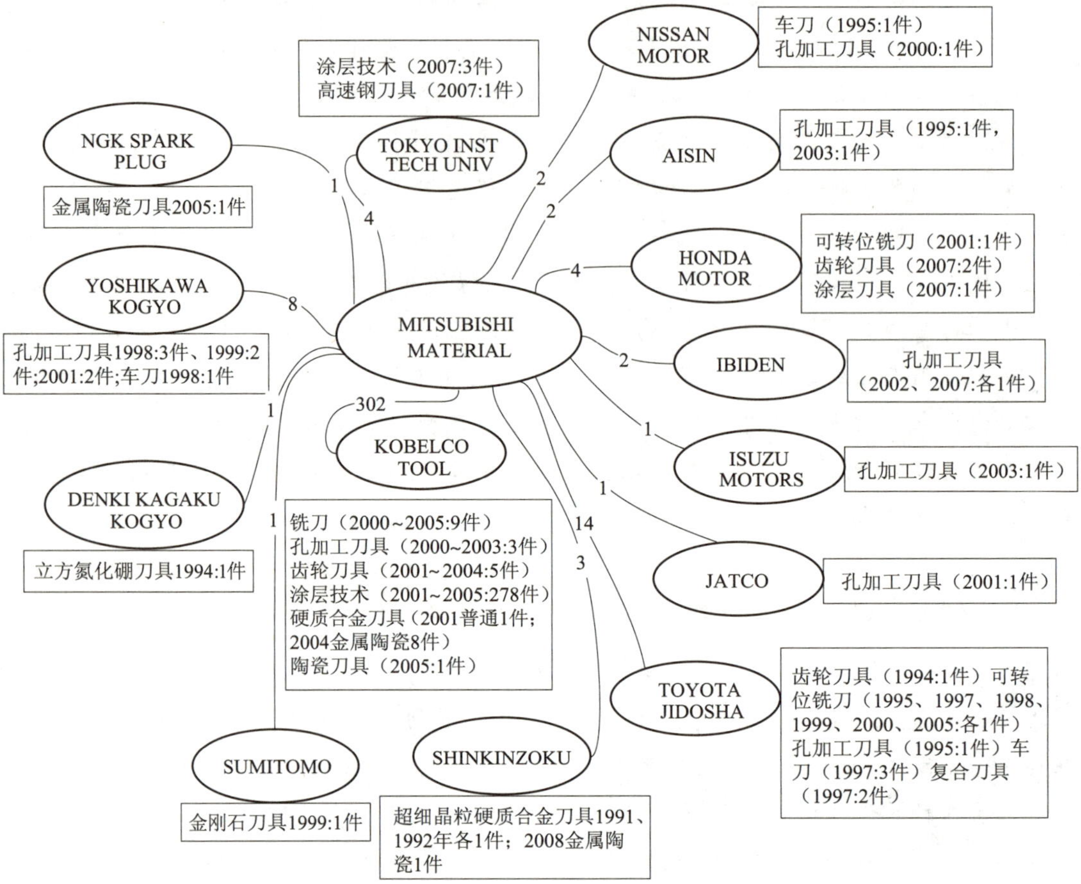

图 8-4-3　三菱材料在刀具领域的合作申请分析①

【案例 8-4】　本田——依托优势高校②

如图 8-4-4 所示，本田和斯坦福大学的合作分为三类：固体氧化物燃料电池、燃料电池辅助装置以及燃料电池的组装方法。从 2001 年起，二者在燃料电池的组装以及辅助装置领域分别申请了 2 项和 1 项，并于 2003 年申请了 5 项关于燃料电池组装的专利。正是在 2003 年，二者共同申请了关于固体氧化物燃料电池的第一件专利，此后固体氧化物燃料电池就成了申请重点。随着时间的推移，两者共同申请的技术内容明显集中到了固体氧化物燃料电池上。双方在固体氧化物燃料电池上的合作，是在合作之初就有的想法，还是随着合作的深入而开辟的新合作领域？这要从燃料电池电动汽车的类型说起。按照电动车辆的动力源，可以分为纯电动汽车、混合动力汽车。然而

① 杨铁军. 产业专利分析报告（第 3 册）：切削加工工具［M］. 北京：知识产权出版社，2012：190.
② 杨铁军. 产业专利分析报告（第 38 册）：新能源汽车［M］. 北京：知识产权出版社，2015：133-135.

纯电动汽车由于受到电池的限制，存在续航里程短、充电时间长、充电设施不完善等短时间难以克服的问题，因此混合动力电动汽车作为过渡性的解决方案大行其道。然而，由于燃料电池具有能量转化效率高、环境友好等特点，因此一般认为燃料电池电动汽车将是电动汽车的最终类型。按照电解质的类型的不同，燃料电池可以分为 5 种：碱性燃料电池、磷酸盐燃料电池、质子交换膜燃料电池、熔融碳酸盐燃料电池和固体氧化物燃料电池。

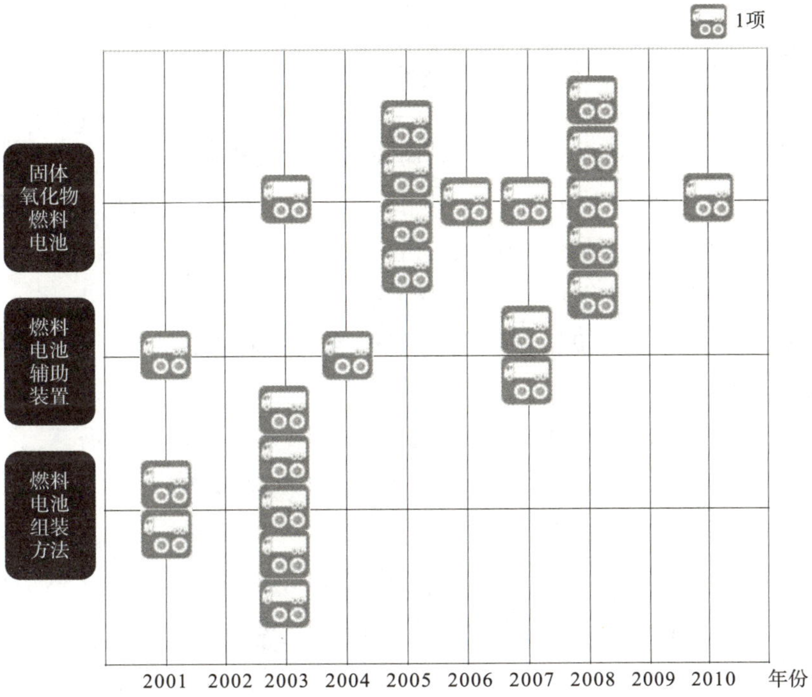

图 8-4-4　本田和斯坦福大学合作申请的专利技术内容及年份分布

本田在 1999 年就发布了其首款燃料电池汽车 FCV-V1，并在此后不断改进，到 2001 年已经发展到了 FCV-V4。而在 2002 年，本田更是在此基础上发布了可以进行量产销售的燃料电池汽车 FCX。这也是世界上首款可以进行量产销售的燃料电池汽车。由此可见，本田一直在持续不断地进行燃料电池汽车的研发。对于固体氧化物燃料电池来说，唯一的困难在于低温化。该电池之所以在高温下工作，因为负氧离子的传输效率在高温下才满足工作需求，而要在降低工作温度的情况下不降低负氧离子的传输速率，一个可行的方案就是采用纳米技术减少电解质膜的厚度，而斯坦福大学 Prinz 教授领导的快速成型实验室正是纳米技术的顶尖实验室之一。事实上，正是本田于 1999 年找到 Prinz 教授，提出了合作的请求，并给予了大力支持。由此可见，本田当初选择斯坦福大学进行合作研发是具有长远眼光的。从中可以看出这样一种模式，当企业面对某一个从长远来说具有良好前景但是短期内不易克服的困难时，在继续对当前较为成熟的技术进行研发的同时，及早寻求在相关技术领域中处于领先地位的高校进行合作，对其提供支持，既可以通过合作的方式来充分利用高校在技术上的优势，也可以较为容易地建立合作关系，从而为成果共享打下基础。

【案例8-5】 聚沙成塔的EMC[①]

EMC成立于1979年，是当今全球网络存储界的王者，其SAN关键技术和相关产品处于全球领先地位。EMC秉承技术路线，将10%的营收用于并购一些拥有技术专长的小公司。EMC的成功，某种意义上说就是技术并购的成功。EMC并购的多数是规模不大、价格不高但却拥有技术专长的公司，近10年EMC完成了约70次并购，累计金额高达145亿美元以上。并购“小而美”的公司一方面保持了EMC自身的主导地位，促进了其成功转型，保持其技术领先；另一方面没有给EMC带来削减成本和消化不良的负担。可见并购的艺术已经被EMC运用得炉火纯青，与自身研发一起成为EMC保持技术领先和市场领先的左膀右臂（见图8-4-5）。

通过分析EMC的并购历程，我们发现EMC发起并购的以下几方面原因：

（1）业务转型

2001年EMC处于谷底时，EMC高层看到了依赖硬件收入利润渐薄，提出要向利润高的存储软件和存储服务公司转型的发展战略。EMC从2000~2010年开始了业务转型的一系列并购。2003年下半年，EMC陆续并购了开发数据备份软件的legato和提供信息内容管理与索引的Documentum。后来，EMC又并购新兴服务器虚拟化软件开发商VMware。业务转型的成功让EMC在存储市场排名中大幅度领先竞争对手，步入了收入、利润均持续增长的发展快车道。

（2）抢占市场

20世纪90年代，有3家公司在RAID磁盘阵列领域同时起步，分别是EMC、Data General及DEC，其中EMC及其产品称霸高端产品市场。1999年8月，EMC花费11亿美元并购了Data General，成功抢占了磁盘阵列中端市场的先机。

2012年4月，为了对抗NetApp的市场份额威胁，EMC出资并购了以色列的全闪存阵列制造商XtremIO，获得了对等网络节点可扩展全闪存阵列技术及相关专利。该技术融合了SAN关键技术中的重复数据删除和自动精简配置，其高性能和容量优化两个方面填补了EMC存储产品的空白。

（3）预期趋势

为应对云存储和大数据趋势的来临，2008年2月EMC并购了Pi公司获得在线服务软件技术，获得了提供网络服务的能力。2010年7月，EMC又并购了Greenplum，获得

---

① 杨铁军. 产业专利分析报告（第34册）：高端存储［M］. 北京：知识产权出版社，2015：111-114.

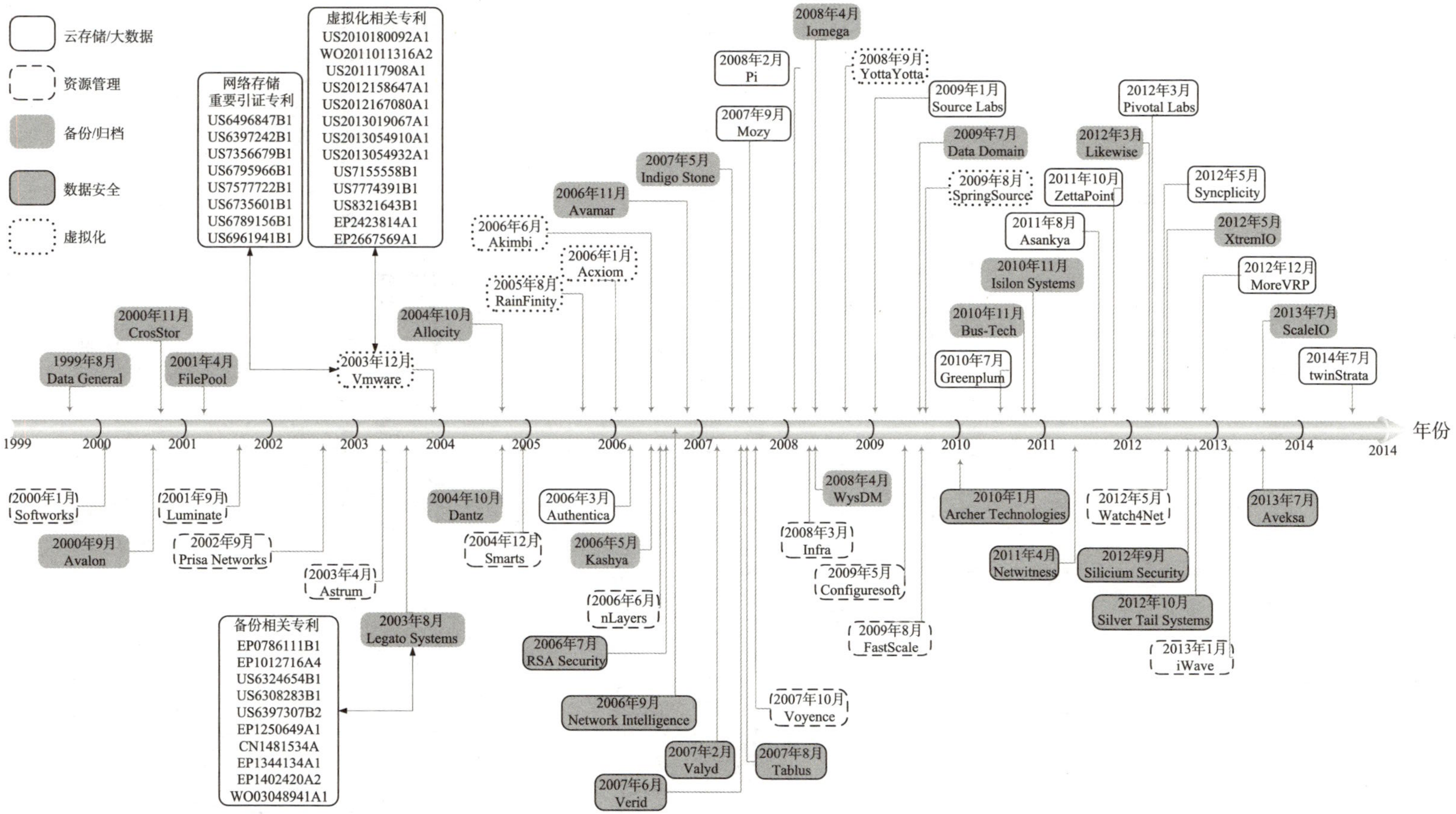

图 8-4-5　EMC 公司 1999 年至今与网络存储相关的并购

了可处理大数据的数据仓库技术。该技术使用了全面并行的数据加载专利技术，能获得10～100倍于传统数据库的性能。

（4）潜力投资

2003年12月，EMC并购虚拟化技术软件公司VMware，堪称科技史上的潜力投资的最佳典范之一。当时VMware已经是虚拟化技术的老大，但因为当时虚拟化技术的市场有限，VMware并没有引起业内足够重视。EMC发现了虚拟化技术的巨大价值，斥资6.25亿美元将VMware招至麾下。至今VMware的市值增至400亿美元，其收入也从并购前的1亿美元增长至52亿美元，其虚拟化技术被运用到EMC的各条产品线中，使EMC的虚拟化技术一直处于业界领先的地位。同时，并购并整合VMware也是EMC成功转型为存储软件和解决方案提供商的关键步骤。

（5）补强不足

EMC成功转型后制定的业务方向包括存储、备份、安全、虚拟化、云计算、大数据。EMC靠存储备份起家，整合了VMware的领先虚拟化技术，但在安全等领域还有待加强。

2006年9月，EMC收购了RSA Security公司，宣布了“存储之王”与“信息安全霸主”的联姻。RSA Security公司创立了世界上第一个可行的公钥密码机制算法RSA密钥算法。其RSA加密软件成为行业的事实标准。随后EMC又并购了Authentica等多家信息安全公司，构筑了EMC梦寐以求的信息安全专利拼图。EMC的以强购弱、优势互补的并购策略背后，是其对业务转型、领先技术的不懈追求和对技术发展的前瞻性判断。正确的并购策略成就了EMC。

【案例8-6】 一枝独秀的NetApp①

NetApp成立于1992年，2012年首次跻身财富500强企业，并且位居企业级存储厂商前列。NetApp在SAN技术领域的专长是虚拟化技术中统一存储，并通过合理的系列并购巩固和提升了这方面的技术优势。NetApp存储产品的核心是专用的高可靠存储操作系统产品DATA ONTAP，在解决SAN和NAS的融合等网络存储的异构问题方面有着傲人的技术实力。NetApp的并购与其核心业务密切相关，让自身产品向着专而精的方向发展（见图8-4-6）。

（1）并购围绕核心业务

不同于竞争对手和合作伙伴，NetApp的并购高度重视与其核心业务的关联性。NetApp的现任总裁认为，并购重在投入产出比，要达到1+1>2并非规模上的简单叠加。在并购数量上，NetApp远不如以上IT巨头，但均与核心业务密切相关。NetApp在网络

① 杨铁军．产业专利分析报告（第34册）：高端存储［M］．北京：知识产权出版社，2015：119-121.

存储领域的主要并购事件如图 8－4－6 所示。在 SAN 相关技术上，NetApp 投入不菲。2004 年 2 月 NetApp 并购了 Spinnaker Networks 及其知识产权，获得了虚拟化技术中的 Scale－out 技术，并将其集成到整个 FAS 存储产品线的 NetApp Data Ontap GX 操作系统中。2005 年并购了 Alacritus，获得了磁带虚拟化技术，将其运用到了自身的 NearStore 虚拟磁带生产线。2005 年，并购了从事存储安全系统和密钥管理的 Decru，增强自身网络存储的数据安全。2008 年，NetApp 并购了 SAN 存储管理软件开发商 SANscreen。2011 年，NetApp 并购了 LSI 旗下的 Engenio 存储系统业务，推出了真正意义上的 SAN 存储平台产品布局，从此可以满足有高性能计算和高宽带需求的市场和客户。2012 年 11 月，NetApp 并购了 CacheIQ，获得了内联缓存加速技术，用于提高 Data Ontap 产品的缓存性能。

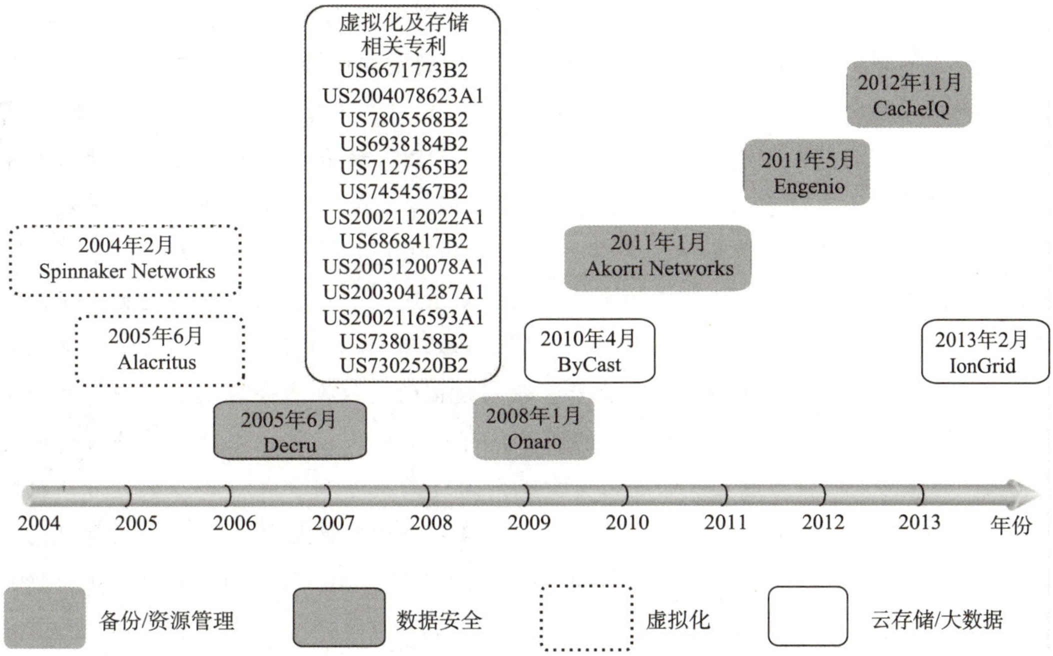

图 8－4－6　NetApp 从 2004 年至今在网络存储领域相关的并购

为了适应大数据和云计算时代的到来，NetApp 近年通过并购加强了云计算战略。2010 年 4 月，NetApp 并购了 ByCast，获得基于对象的云存储软件技术及其产品。2011 年，并购 Akorri Networks，获得了对虚拟化环境性能和容量进行分析的技术及其产品 BalancePoint。2013 年，又并购了提供移动文件内容访问的 IonGrid，进军移动云存储领域。可以看出，NetApp 的并购理性、思路清晰。并购主要专注在软件方面，硬件方面非常谨慎。其技术布局以 Netapp Data Ontap 为核心，从 NAS 存储平台逐步扩展到 SAN 存储平台以及 SAN 和 NAS 的统一存储平台，进而向大数据和云存储进军。通过并购，NetApp 在虚拟化、资源调度、数据安全等关键技术点获得了有力的技术支持，使自身在存储系统、平台操作系统、存储软件技术等方面有广泛的布局和优势。

（2）专利吸收重在质量

通过并购，NetApp 实现了稳步壮大，占据的市场份额在网络存储排名靠前。NetApp 的并购还包括了以下关键因素：技术提升、产品整合以及市场效益。Spinnaker Networks 给 NetApp 带来了与统一系统镜像、透明数据移植和支持 512 个服务器串的存储池等技术和专利。Onaro 给 NetApp 带来了设计 SAN 和 NAS 异构存储平台统一资源管理技术和专利。并购 CacheIQ 给 NetApp 带来了文件加速器相关的技术和专利。这些专利技术构成了 NetApp 在 SAN 关键技术中的专利拼图。

【案例 8-7】 宫颈癌疫苗的先手之争①

2006 年，默沙东旗下产品——佳达修作为全球首个 HPV 宫颈癌疫苗获得美国 FDA 批准，其是一种针对 HPV 6、11、16、18 四种型别的重组四价 HPV 疫苗。而早在 1995 年，默沙东就提出了申请 WO9531532，涉及 HPV L1、L2 蛋白，衣壳蛋白和 VLP，HPV 的型别选自 6、11、16、18、31、33、35、41、45、58，该专利申请将佳达修纳入其中进行了保护。但是，对于 HPV 宫颈癌疫苗而言，还存在在先技术。1992 年澳大利亚昆士兰大学的 Frazer 教授提出了一份 PCT 申请（WO9302184），涉及一种能够组装成 VLP 的 HPV L1 蛋白，该专利比默沙东的上述专利的申请时间更早，保护范围也更上位，极有可能会对默沙东的产品上市造成影响。于是，1995 年，默沙东从拥有昆士兰大学相关专利使用授权的 CSL 公司手中，获得生产宫颈癌疫苗的授权，为今后的发展提前扫清了障碍。可见，默沙东是在推进自身研发的同时，有意识地去获取在先权利的许可以避免可能面临的风险。而作为追击者的葛兰素史克则通过购买专利方式对默沙东进行“插队卡位”。葛兰素史克从 Medimmune 公司接下了 1994 年罗切斯特大学的 Rose 教授提交的一份 PCT 申请（WO9420137），其涉及将来源于 HPV 6、11、16、18 的 L1 蛋白在昆虫细胞中的表达，自组装形成 VLP，在没有任何佐剂的情况下诱导产生大量中和抗体。尽管佳达修是利用重组酵母生产，但组成 VLP 的 L1 蛋白的型别却与罗切斯特大学专利中的相同，因而葛兰素史克通过这次购买，在特定型别的 HPV 疫苗方面实现了对默沙东 WO9531532 专利申请的“抢先插队”，从而拥有了与默沙东“坐下来谈”的资本。也正因为如此，两家于 2005 年达成交叉许可协议，形成了“共同做蛋糕”的双赢局面。

【案例 8-8】 “东”“闪”联合的力量②

东芝和闪迪在 3D Flash 技术领域上具有较强的技术互补性。东芝在各个技术领域

---

① 杨铁军．产业专利分析报告（第 36 册）：抗肿瘤药物［M］．北京：知识产权出版社，2015：610-611．

② 杨铁军．产业专利分析报告（第 34 册）：高端存储［M］．北京：知识产权出版社，2015：220．

的申请数量具有落差，其中在接口及选择分配外围电路方面申请量比较集中，并在栅及栅介质、有源区结构等 3D Flash 器件结构方面具有较多的专利申请，而闪迪则在读写方法、字线、位线排列方式等技术领域具有数量较为可观的专利申请（见图 8－4－7）。

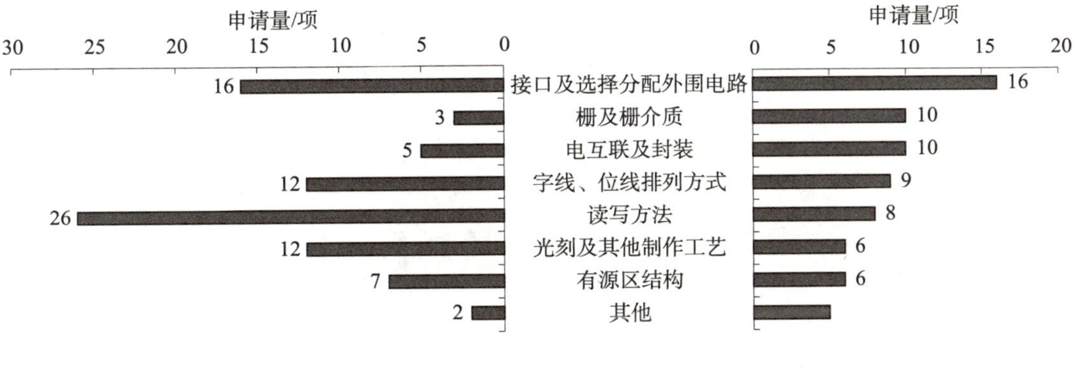

（a）闪迪　　（b）东芝

图 8－4－7　东芝和闪迪在 3D Flash 领域专利布局

第9章　专利诉讼

随着全球科学技术的发展，专利对于企业产品市场的维护至关重要。国际上企业间的专利战可谓炮声不断，动辄上亿元的赔偿额不但吸引了各大主流媒体的眼球，也令业界哗然，如美国辉瑞、武田药品与以色列泰华、印度太阳制药之间关于潘妥洛克（泮托拉唑肠溶片）的专利侵权纠纷，泰华和太阳制药两个仿制药厂共计赔付21.5亿美元；Saffran博士诉雅培制药关于心脏支架手术的侵权案件，赔偿数额总计超过10亿美元；而苹果与三星“世纪大战”的相关报道更是不绝于耳。[①]

在我国，党的十八届四中全会将创新驱动发展战略定位在发展全局的核心位置，其已经上升为国家经济转型发展战略。创新驱动发展战略的实施与专利制度之间有着紧密的联系，即专利驱动创新，创新驱动发展，发展反补专利，驱动再创新，在这种背景下，无论是原研企业、仿制企业还是专利服务中介机构都应进一步树立知识产权意识，以创新驱动发展战略为向导，以专利制度的有效运用为突破口，以自身技术为支撑，探寻企业的长期发展。而在此过程中，如何有效地进行专利维权，减少维权成本，保障维权收益是摆在每一家走在创新道路上的企业所要面对的问题。Unified Patents[②]称2014年专利诉讼数量为5002件，如何处理专利纠纷、如何将专利作为竞争的利器，已经成为企业，尤其是高科技企业行使其专利权利最棘手的问题之一。本章从专利法律适用、专利权的获得、专利权的确认、专利权的应用和专利权的外延应用等几个方面为企业如何应对专利纠纷提出一些案例参考和建议意见。

① 普华永道发布2014年美国专利诉讼研究报告［EB/OL］.［2016-06-03］. http://www.patsnap.com/index.php?app=cn&ac=article&id=84.

② Unified Patents是多家科技公司联合建立的组织。

9.1 专利法律适用

专利法律适用的问题，尤其是涉外专利的法律适用问题是许多国内企业十分关心的问题。不同于国内的专利的法律适用，涉外专利的法律适用属于国际私法领域，其判定往往更加复杂。专利法存在地域性，不同国家对待同一问题的处理方案往往存在差异。故而，正确对诉讼案件的法律适用进行判断，是企业发起涉诉攻势或解决侵权纠纷非常重要的第一步。

《涉外民事关系法律适用法》首次明确了涉外专利的法律适用问题，具体问题见表 9－1－1。

表 9－1－1 涉外专利的相关法条

项目	涉及条款	内容
专利权归属和内容的法律适用	第 48 条	知识产权的归属和内容，适用被请求保护地法律
专利权转让或许可的法律适用	第 49 条	当事人可以协议选择知识产权转让和许可适用的法律。当事人没有选择的，适用本法对合同的有关规定
专利权侵权的法律适用	第 50 条	知识产权的侵权责任，适用被请求保护地法律，当事人也可以在侵权行为发生后协议选择适用法院地法律

【案例 9－1】

A 国甲企业向 B 国乙企业出口一批货物，甲企业和乙企业就该货物在中国境内的专利权产生归属争议，双方诉至中国某中级人民法院。双方企业的相关诉讼团队应该针对哪国法律进行应诉准备？（有关该专利权归属争议的法律适用问题）

【案例解析】

针对该案，参照图 9－1－1 的常规操作流程，可以分析得出：

① 涉及 A 国甲企业和 B 国乙企业的纠纷，属于涉外案件，适用《涉外民事关系法律适用法》的有关规定。

② 该案是针对专利权产生争议，属于专利权归属的法律适用问题。

③ 参照表 9－1－1 可知对应《涉外民事关系法律适用法》第 48 条的相关规定。

④ 获知该案的法律适用为适用被请求保护地法律，由于案件中记载“双方诉至中国某中级人民法院”，因而该案适用中国相关法律。

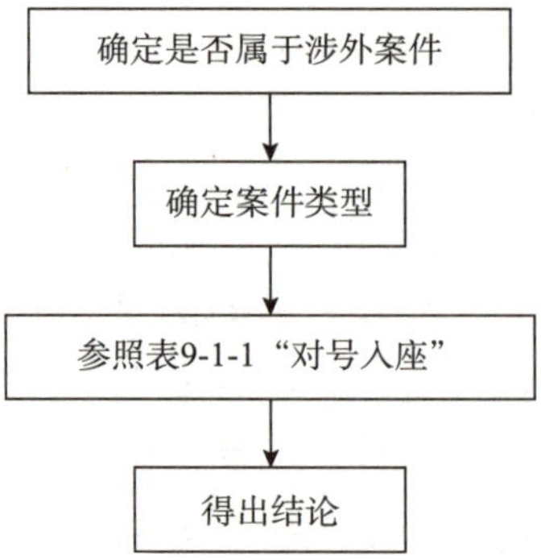

图9－1－1　企业的常规操作流程

9.2　专利权的获得

9.2.1　可专利主题的判断

“可专利主题”一词来源于美国专利法，对应于我国《专利法》第2条中规定的专利权客体，用来规范哪些发明创造有资格申请专利权。可以说，属于可专利主题范围是获得专利权的前提。可专利主题的明确不仅提高了专利审查的效率，而且可专利主题与专利诉讼有着密切的关系。以美国为例，美国专利商标局以及美国各级法院对美国专利法第101条规定的可专利主题的评判方式的解释不尽相同。尤其在计算机等新兴领域，相关企业在诉讼中面对“可专利主题”的问题时应当给予重视。表9－2－1列明了美、欧、日对“可专利主题”的相关规定。

表9－2－1　外国“可专利主题”的相关规定

项目	内　容
美国专利法 第101条（1952年）	任何人发明或发现任何新颖和实用的工序、机器、产品或合成物，或任何上述各项新颖和实用的改进符合本法规定之条件，均可授予专利权
《欧洲专利公约》 第52条	可以取得专利的发明有：（1）对于任何有创造性并且能在工业中应用的新发明，授予欧洲专利；（2）以下各项尤其不应认为是第一款所称的发明：（a）发现科学理论；（b）美学创作；（c）执行智力行为、进行比赛游戏或经营业务的计划、规则和方法，以及计算机程序；（d）情报的提供；（3）第2款的规定只有在欧洲专利申请或欧洲专利涉及该项规定所述的主题或活动的限度内，才排除上述主题或活动取得专利的条件；（4）对人体或动物用外科或治疗方法以及在人体及动物体上实行的诊断方法，不应认为属于第1款所称的能在工业中应用的发明，这一规定不适用于为使用上述方法所用的产品，尤其是物质或合成
日本专利法第2条	本法所称之发明，指利用自然法则并具有高度创造性的技术思想

9.2.2 权利要求撰写

权利要求书作为申请专利时提交的重要材料，明确记载了专利请求保护的范围，虽在后续的实质审查阶段以及无效宣告阶段，申请人还有修改的机会，但都以不超过原始提交文本的记载为限。由此可见，权利要求的撰写是十分重要的。

不同领域对于专利撰写的技巧往往存在较大差异，以生物医药领域为例，从《产业专利分析报告（第28册）》第8章第8.2.1节的案件可以看出，由于生物领域发展迅速，一项技术随着科技的发展可能会衍生出不同的含义，而这些衍生的含义往往会成为后续对手的攻击点。同时，可能需要申请人后期的修改加工，使得专利权的获得周期过长，而在此期间，竞争对手就可能利用新的技术进行相应的研发。故生物医药领域的企业在权利要求撰写的初期就应对相关的技术和专有名词进行清楚的表述，并且分层级撰写权利要求书。

除了领域的不同外，各国对于权利要求的撰写方式要求也存在不同。以中国和美国为例，中国一般采取中心撰写法，即专利撰写人将一个发明的核心技术写在权利要求中要求保护。在侵权诉讼中，法庭在理解权利要求的保护范围上也因此有较多的空间。美国所采取的是周边撰写法，即专利撰写人将一个发明的技术领域所涵盖的范围极力扩大，尽量增加保护范围，日后凡是落入这个范围内的都可以算是侵权。在侵权诉讼中，法庭般不会加入任何字眼来进行扩大或是缩小，而是以权利要求中所界定的范围来判案。[①]

9.3 专利权的确认

9.3.1 权利要求解释

作为一种无形财产，专利权的保护范围难以像有形财产那样清楚地予以界定。而作为一种垄断权，专利权的保护范围理应具有确定性，需要从法律上对其进行合理界定。

《专利法》第59条规定："发明或者实用新型专利权的保护范围以其权利要求的内容为准，说明书及附图可以用于解释权利要求的内容。外观设计专利权的保护范围以表示在图片或者照片中的该产品的外观设计为准，简要说明可以用于解释图片或者照片所表示的该产品的外观设计。"

此外，最高人民法院指出，当本领域普通技术人员对权利要求相关表述含义可以

① 何瑞莲. 中美专利中权利要求的撰写差异［J］. IT经理世界，2005（11）：88.

清楚地确定时，应当以本领域普通技术人员对权利要求自身记载内容的理解为准。而不应当以说明书记载的内容否定权利要求的记载，从而达到实质修改权利要求的结果，并使得专利侵权诉讼程序对权利要求的解释成为专利权人获得的修改权利要求的机会。

【案例9-2】

西安秦邦公司诉无锡隆盛公司、上海隆盛公司侵权其专利权的案件，经过一审、二审和再审等程序，均判决原告西安秦邦公司胜诉。最高人民法院提审该案件，于2012年8月判决撤销原审一审、二审和再审判决，改判驳回西安秦邦公司的诉讼请求。

【案例解析】

而如此波折的案件，其争论的焦点就在于对权利要求的解释，具体为对于权利要求中“使塑料膜的表面形成0.04~0.09mm厚的凹凸不平粗糙面”的技术特征含义的解读。该案说明书中记载了“实现本发明目的的技术关键是将塑料薄膜与金属箔表面进行凹凸不平的非纯平面粘合”，并且在说明书实施例中记载了0.04mm、0.09mm和0.07mm均为塑料膜本身的厚度。

最高人民法院的终审判决实际上给出了权利要求解释的一种规则，也就是，当权利要求记载的内容可以清楚确定或者没有明显错误时，应当以权利要求记载的内容为准划定权利保护范围。在此情况下不能武断地使用说明书记载的内容来限定权利要求的保护范围。这就是对《专利法》规定的“说明书及附图可以用于解释权利要求的内容”的正确解读。其中的“可以用于”包括不能用说明书或附图记载的内容来限定权利要求保护范围的情况。简而言之，只有在权利要求的内容可能产生歧义或者不清楚的情况下，才会用说明书的内容进行解释。

9.3.2 证据收集

涉嫌侵权人应当积极收集能够证明己方不侵权或者免除侵权赔偿责任的证据。例如，涉案专利丧失新颖性、创造性的证据，享有先用权的证据，事实的技术属于公知技术的证据等。收集证据的方法、途径和手段要合法，当事人的调查取证应当符合法律的规定，对于己方不能获得的证据，可以依法申请人民法院调取。被控侵权人的调查取证应当围绕原告在起诉书中的指控进行调取，应尽量全面，根据已有证据详细列明抗辩事由，进行抗辩。

9.3.3 专利无效

在专利侵权诉讼中，被控侵权人最常用的抗辩理由之一就是宣告专利权无效。无效宣告一旦成功，该专利权就认定为自始无效，可以说宣告无效是应对专利纠纷的十分重要的手段，企业应当给予高度重视。

无效宣告依当事人申请而启动，在实践中，最常用到的无效理由包括《专利法》第 22 条第 2 款、《专利法》第 22 条第 3 款、《专利法》第 23 条、《专利法》第 26 条第 3 款、《专利法》第 26 条第 4 款、《专利法》第 33 条、《专利法》第 20 条第 2 款、《专利法》第 25 条等。其中，涉及《专利法》第 22 条第 2 款、《专利法》第 22 条第 3 款、《专利法》第 23 条的无效请求需要提供相关证据。值得一提的是，在有关《专利法》第 22 条第 3 款创造性的无效案件中，被控侵权人对于证据的收集和使用往往更具有技巧性。例如，当事人可以通过多种手段证明某项技术手段为现有技术。

一般而言，企业进行无效宣告请求的操作为：①确认提起侵权诉讼方使用的专利是哪项专利，查询该专利的法律状态；②明确该专利是否仍然有效；③明确对方所依据的权利要求是哪一项或哪几项；④取证和分析；⑤向专利复审委员会提出无效宣告请求；⑥提出无效宣告请求的同时，可以依法申请中止相关侵权诉讼。

另外，除了专利无效的常规操作流程和技巧外，由于目前专利无效作为最有效的制衡武器之一，关于专利无效的前期约定或有关合同的签订，也值得企业注意。

【案例 9 -3】

甲于 2012 年 11 月 1 日以排他许可的方式许可丙实施该药品专利，甲、丙约定禁止丙申请专利复审委员会宣告该专利无效，并签订合同。丙企业应如何应对?

【案例解析】

《合同法》第 329 条规定：“非法垄断技术、妨碍技术进步或者侵害他人技术成果的技术合同无效。”

《最高人民法院关于审理技术合同纠纷案件适用法律若干问题的解释》（法释〔2004〕20 号）第 10 条规定：“下列情形，属于合同法第三百二十九条所称的‘非法垄断技术、妨碍技术进步’：……（六）禁止技术接受方对合同标的技术知识产权的有效性提出异议或者对提出异议附加条件。”

由此可见，对于实践中经常出现的对专利无效本身的限制，企业可以按照《合同法》第 329 条和《最高人民法院关于审理技术合同纠纷案件适用法律若干问题的解释》第 10 条的有关规定，主张该约定无效。

9.3.4　抗辩技巧

9.3.4.1　抗辩要点

在专利侵权诉讼中，除了无效的手段外，被控侵权人针对侵权指控还可以从多个角度进行抗辩，从而减轻或免除责任。整体可以概括为如下几种类型的抗辩形式。

（1）程序抗辩

诉讼时效抗辩：专利权与物权一样，是绝对权，不受诉讼时效的限制，权利人可以随时要求停止侵权行为。但是侵权赔偿请求权与债权具有类似的性质，受到诉讼时效的限制，根据《专利法》的有关规定，该诉讼时效为 2 年，自专利权人或利害关系人得知或者应当得知侵权行为之日起计算。

诉讼主体资格抗辩：被告应注意原告的诉讼资格，一般来说，在以下 3 种情况下，原告不具有诉讼资格。①《专利法》规定，除另有约定外，职务发明的专利权归单位所有，职务发明人不具有诉讼资格；②普通实施许可合同中，被许可人作为原告单独提起诉讼不具有诉讼资格；③专利转让后，原专利权人就转让后的专利纠纷不具有诉讼资格。同样，诉讼中其他相关人的资格也可以成为抗辩的事由，《产业专利分析报告（第 28 册）》第 8 章第 8. 2. 3 节的案例中被告通过对原告代理律师资格的质疑，获得了法院的支持。

（2）实体抗辩

合法来源抗辩：《专利法》规定，使用者或者消费者能都证明其产品合法来源的，承担停止侵权的责任，但不承担赔偿责任。也就是说被告可以利用己方产品来源合法的理由避免损失赔偿。例如，在该侵权行为成立的前提下，被告可以从主客观两个方面进行抗辩，主观上陈述不知道该侵权涉及产品侵权，客观上提供侵权涉及产品的购销合同、发票、提货单等证明其来源的合法性。

专利权效力抗辩：包括专利存在不符合授权条件瑕疵、权利已经被专利权人放弃、已经超过保护期、已经被宣告无效等情况。

不侵权抗辩：将被诉侵权的技术方案与专利权技术方案进行对比分析。在不侵权抗辩中通常会用到全面覆盖原则和等同原则。

滥用专利权抗辩：被诉侵权方认为专利权方存在恶意取得专利权且滥用专利权的情况时，可以进行滥用专利权抗辩。

侵权例外抗辩：《专利法》第 69 条规定了 4 种例外情形，专利权用尽、先用权、临时过境、科学研究，在这 4 种情况下，行为人未经专利权人许可实施的专利行为，由于法律的特别规定而不认定为侵权。

现有技术抗辩：《专利法》第 62 条规定："在专利侵权纠纷中，被控侵权人有证据证明其实施的技术或者设计属于现有技术或者现有设计的，不构成侵犯专利权。"例如，被告可以将己方被诉技术与现有技术对比，证明属于现有技术。

禁止反悔抗辩：《最高人民法院关于审理侵犯专利权纠纷案件应用法律若干问题的解释》（法释〔2009〕21 号）第 6 条规定："专利申请人、专利权人在专利授权或者无效宣告程序中，通过对权利要求、说明书的修改或者意见陈述而放弃的技术方案，权利人在侵犯专利权纠纷案件中又将其纳入专利权保护范围的，人民法院不予支持。”可以看出，无论出于何种原因、何种形式（主动放弃或被动放弃）的放弃，都不能在侵犯专利权的纠纷案件中再将其重新纳入专利权的保护范围。

（3）证据抗辩

证据抗辩的目的在于证明对方的证据存在瑕疵从而影响证据的证明力，最终使法院在审判中不会采信这些证据。在民事诉讼中，一般情况下应遵循“谁主张，谁举证”的原则，但在方法专利侵权诉讼中，《专利法》中规定了一个“举证责任倒置”的例外。根据《专利法》第61条第1款的规定：“专利侵权纠纷涉及新产品制造方法的发明专利的，制造同样产品的单位或者个人应当提供其产品制造方法不同于专利方法的证明。”

（4）先用权的抗辩

《专利法》第69条规定：“有下列情形之一的，不视为侵权专利权：……（二）在专利申请日前已经制造相同产品、使用相同方法或者已经做好制造、使用的必要准备，并且仅在原有范围内继续制造、使用的；……”

在先用权抗辩中经常用到的概念“优先权”和“先用权”可能会被混淆，两者涉及的法律条款如表9－3－1所示。

表9－3－1　优先权和先用权涉及的相关法律条款

条款	法条内容
《专利法》第28条	国务院专利行政部门收到专利申请文件之日为申请日。如果申请文件是邮寄的，以寄出的邮戳日为申请日
《专利法实施细则》第11条第1款	除《专利法》第28条和第42条规定的情形外，《专利法》所称申请日，有优先权的，指优先权日
《专利法》第69条	在专利申请日前已经制造相同产品、使用相同方法或者已经做好制造、使用的必要准备，并且仅在原有范围内继续制造、使用的，享有先用权

优先权和先申请原则有关，先后申请专利，专利授予先申请的人。由于地域等因素的限制，可能会出现不利于首次申请人的情况。于是，为了鼓励发明创造，专利法规定了优先权制度。甲在外国第一次提出发明专利申请或实用新型专利申请之后，在12个月内在中国就同样的发明创造提出专利申请，可以申请享有优先权（外观设计为6个月）。但优先权的成立有三个要求：第一，关于第一个申请的国家不能是随随便便的国家，必须是下列三种国家之一：①是一个加入国际公约的成员国，该国际公约承认优先权制度；②不是成员国，但是和中国签订了双边协定，基于该双边协定，中国和该国家相互承认优先权；③既不是成员国也没有签订双边协定，但是根据互惠原则，和中国彼此承认对方优先权。第二，必须是首次申请。第三，时间要求，要在12个月

内提出发明或实用新型申请，6 个月内提出外观设计申请。

就先用权而言，形象地说就是指如下这种情况，B 企业在 A 企业专利申请日前已经使用该技术或者做好了使用的必要准备，在 A 企业取得专利权后 B 企业在原有的范围内实施该技术，在这种情况下，B 企业就享有先用权抗辩。

由此可见，先用权和优先权是完全不同的。但是，也存在关联，即 B 企业的先用权抗辩一定要在 A 企业专利申请日（有优先权日按优先权日）前已经使用或做好必要准备。

在先用权抗辩中，企业常规操作一般遵循的流程如图 9－3－1 所示。

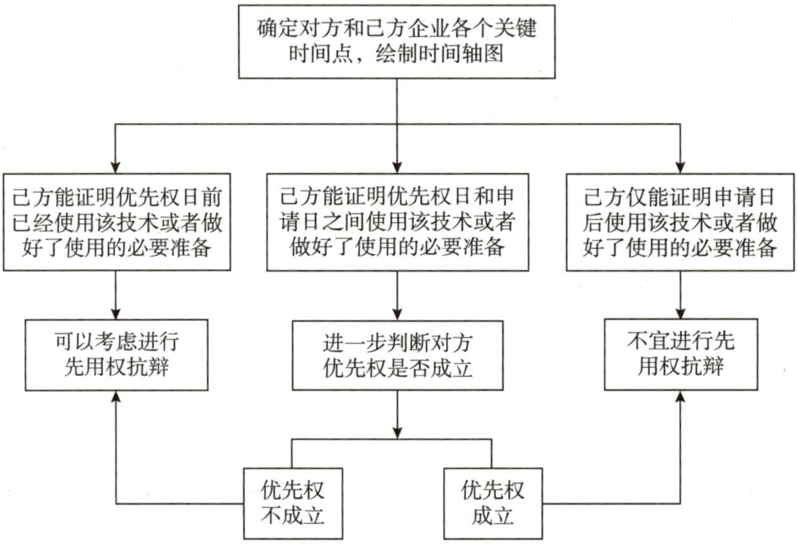

图 9－3－1　先用权抗辩常规操作流程

（5）平行进口的抗辩

在现代国际贸易中，平行进口是一种比较常见的现象。但是平行进口并非是一个单纯的贸易领域内的问题，因为平行进口的货物涉及知识产权，使得平行进口问题成为横跨国际货物贸易和知识产权保护两个领域的综合性问题。从各国的国内立法和司法实践中可以看出，各国多是从保护本国权利人的利益角度出发对平行进口问题作出规制的，因此国与国之间对平行进口问题的态度存在较大的差异。我国现行的《专利法》中规定，在我国平行进口不构成侵权。

《专利法》第 69 条规定："有下列情形之一的，不视为侵犯专利权：（一）专利产品或者依照该专利方法直接获得的产品，由专利权人或者经其许可的单位、个人售出后，使用、许诺销售、销售、进口该产品的；……"

（6）科学研究的抗辩

《专利法》第 69 条规定："有下列情形之一的，不视为侵犯专利权：……（四）

专为科学研究和实验而使用有关专利的；……”

（7）Bolar 例外抗辩

专利制度体现了专利权人利益与社会公众利益之间的平衡。医药产品是一种特殊的商品，它是实现作为基本人权的健康权的必要手段。在现行的国际知识产权规范的大背景下，各国一直在尝试如何更好地实现医药专利所涉及的各方面利益的平衡。

Bolar 例外原则就是在这种尝试中创立的制度。其是指在专利法中对药品、医疗器械专利到期前他人未经专利权人的同意而进口、制造、使用专利药品、医疗器械进行试验，以获取管理部门所要求的数据等信息的行为视为不侵犯专利权的例外规定。

我国《专利法》第 69 条规定：“有下列情形之一的，不视为侵权专利权：……（五）为提供行政审批所需要的信息，制造、使用、进口专利药品或者专利医疗器械的，以及专门为其制造、进口专利药品或者专利医疗器械的。”

9.3.4.2　典型抗辩案例解析

【案例 9 -4】　先用权抗辩

甲企业发明了药品 A，于 2010 年 4 月 10 日在美国首次提出专利申请。甲企业又于 2010 年 11 月 10 日就该药品在中国申请专利，并申请优先权。其间，乙企业通过独立研发，于 2010 年 9 月 10 日开发出该药品，并做好了制造的必要准备。2014 年 3 月 1 日，国家知识产权局授予甲企业专利权。乙企业在 2014 年 4 月 1 日开始制造该药品。

甲企业对乙企业主张专利侵权，乙企业主张先用权抗辩的做法是否可行?

【案例解析】

就该案例而言，要回答乙企业主张先用权的抗辩的做法是否可行的问题，关键点就是要判断乙企业是否属于“申请日（有优先权日按优先权日）前已经使用该技术或者做好了使用的必要准备”的情况。

对乙企业研发的时间进行分析，从图 9 -3 -2 可以看出，乙企业技术方案独立研发的时间位于甲企业在美国的申请日（优先权日）和在中国的申请日之间。而甲优先权符合相关条件可以享有。故乙企业不属于“申请日（有优先权按优先权）前已经使用该技术或者做好了使用的必要准备”的情况。

结论：乙企业主张的先用权抗辩不成立。

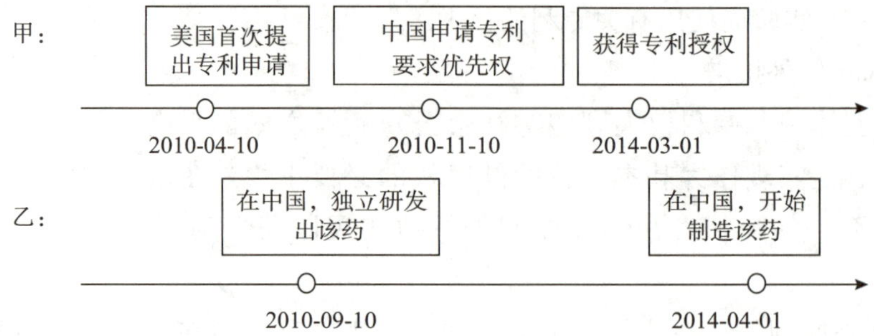

图9-3-2 【案例9-4】的时间、事件简图

【案例9-5】 平行进口抗辩

甲公司在印度购买甲其在印度的分公司生产的药品进口到中国销售的行为是否侵权?

【案例解析】

甲公司在印度的分公司生产的药品是其自己制造或授权他人制造的，并且已经出售，该“正品”药物的使用、许诺销售、销售、进口的4项权利已经用尽。而甲公司在印度购买的是该“正品”药物，所以其进口中国后，就不侵犯甲公司的使用、许诺销售、销售、进口这四项权利。

另外，有以下3点值得注意：

① 权利是要“用”尽的，若甲购买的是“假药”，不存在专利用尽。

② 所谓用尽的只是使用、许诺销售、销售、进口这四项权利，制造权利是不能用尽的。也就是，即使甲公司购买了该药的正品，也不能对该药进行生产制造。

③ 有关平行进口不同国家的观点存在差异，我国《专利法》中明确规定，专利平行进口不构成侵权。但是美、日、欧等国认为由于专利存在地域性，该权利用尽仅在特定区域用尽，故认为这种进口行为构成侵权。企业针对不同的目标国家，对其相对应的法律也应分别给予关注，避免不必要的损失。

【案例9-6】 科学研究抗辩

甲企业享有电子显微镜的专利权，乙企业未经甲企业的准许，依照其专利说明书，组装了20台按照甲企业专利说明书记载方法获得的显微镜，并交给科研单位进行科学研究，乙企业是否侵权?

【案例解析】

就本案例而言，甲公司是为了科学研究，但不是“专”为科学研究，所以甲公司的行为侵权。

【案例9-7】 Bolar例外抗辩

甲公司为了在乙公司药品专利期限届满后生产该药品而合成了部分该药品用于行

政审批的行为，是否侵权？

【案例解析】

由于药品的特殊性，药品上市前需要提前去国家药品监督管理部门进行审批，进行临床试验，并经过专家论证后再进行评审，前后需要 3 ~ 5 年时间。若专利到期后才能进行相关药物生产，那么在其专利权届满后的 3 ~ 5 年，其他厂商虽然别人可以制造、进口等行为，但是由于药品审批时间的原因无法进行市场销售。这就意味着，原专利权人依旧占据着市场的垄断地位，故规定了 Bolar 例外原则。

根据 Bolar 例外，甲公司用于行政审批的行为不侵权。

9.4　专利权的应用

专利权获得的最主要的目的之一是进行专利的实施。专利实施可以分为合作开发、转让以及许可等多种形式。本节主要涉及在专利实施过程中可能遇到的权利分配、与技术秘密的差异以及专利实施过程中专利应用和特例等问题。

9.4.1　专利权共有人的权利行使

《专利法》第 15 条规定：“专利申请权或者专利权的共有人对权利行使有约定的，从其约定。没有约定的，共有人可以单独实施或者以普通许可方式许可他人实施该专利；许可他人实施该专利的，收取的使用费应当在共有人之间分配。除前款规定的情形外，行使共有的专利申请权或者专利权应当取得全体共有人的同意。”

【案例 9 -8】

甲、乙合作完成了某疫苗技术方案后，共同申请专利权，并被授予专利权。但甲、乙未约定行使专利权的规则。之后，甲未经乙同意，以自己的名义许可丙以普通许可方式实施该专利的行为是否合法？

【案例解析】

对于合作完成该专利，双方共有该专利权。对于该权利如何进行行使呢？在实际中，上述问题是许多申请人，尤其是个人申请人关心的问题。最好的处理方法当然是协商一致共同行使，但是如果协商不一致，根据相关法条，甲、乙作为专利权的共有人都享有如下权利：

① 自己实施该专利的权利，但所获得的收益应该在甲乙之间合理分配。

② 甲、乙有权不经对方同意，许可他人以普通许可的方式实施该专利，所获得的

收益应该在甲、乙之间合理分配。

值得注意的是，除了上述权利之外，不经对方准许签订的转让专利权的合同，订立的以独占、排他许可方式实施的合同均为因无权处分订立的合同。

就本案而言，要回答甲的做法是否合法的问题，关键点就是要判断甲的许可类型为何种。专利权实施许可可分为：独占许可、排他许可、普通许可等多种形式，而其中只有许可他人以普通许可的方式实施该专利，并将所获得的收益在甲乙之间合理分配的方式是在不经对方同意的情况下有效。

由此可见，本案为许可他人以普通许可的方式实施该专利，故该行为虽然未经对方同意，但若甲将获得的收益进行合理分配，该行为即合法。

合作开发的技术秘密成果的权利行使和上述共有专利权行使的方式略有不同。相关法律规定，合作开发的技术秘密成果的权利行使，有约定按照约定，没有约定的双方都享有使用的权利和转让的权利。根据《最高人民法院关于审理技术合同纠纷案件适用法律若干问题的解释》，甲乙都有权不经过对方的准许，自己实施该技术秘密成果，取得的利益专享。甲乙都有权不经过对方的准许，许可他人以普通许可方式实施该技术秘密成果，取得的利益专享。由此可见，合作开发的技术秘密成果的权利行使在利益分配和共有专利权行使中利益分配存在较大差异。

9.4.2 专利侵权“337 调查”应对策略

“337 调查”是美国贸易保护的产物。根据 337 条款，美国国内厂商发现进口产品侵犯知识产权的不正当竞争行为时，可向美国国际贸易委员会（ITC）提起调查。在“337 调查”中，ITC 能够提供的救济措施包括排除令、停止令，以及在调查程序中作出的临时救济措施，申请人通过利用上述侵权救济措施排斥对方产品在美国市场上的竞争，表 9-4-1 列出了“337 调查”相关信息。

表 9-4-1 “337 调查”相关信息

类型	名称	内容	执行机关
排除令	普遍排除令	禁止所有同类侵权产品进入美国市场	海关与边境保护局执行
	有限排除令	禁止被列名企业的侵权产品进入美国市场	海关与边境保护局执行
停止令	停止令	侵权企业被要求停止侵权行为（销售、库存、广告宣传等）	ITC 提请法院执行
临时救济措施	扣押和没收令	企业违法，海关可根据此命令扣押并没收相关侵权产品	海关执行

由于“337 调查”具有时间短、诉讼门槛低、制裁措施严厉等特点，因此其对市场的保护力度极大，促使众多美国企业乐于选择 337 条款发起调查。

被进行“337 调查”后，应对一般从以下方面考虑。

① 被 ITC 进行“337 调查”，应当首先从成本与市场来考虑是否应诉，不应诉的后果是 ITC 将在程序和证据方面作出对不应诉方不利的推定。由此可见，虽然不应诉未必一定导致被认定违法 337 条款，但是不应诉将势必对申请人造成不利影响。

② 如果应诉再进而选择抗辩方向，策略一般为：

质疑权利的正当性和有效性：对方的专利权是否有效，能否无效掉；

考虑己方行为是否侵权：检查己方是否有字面侵权和等同侵权；

考虑是否有合法的免责事由：申诉方是否有不正当行为或滥用专利权行为。

另外，值得注意的是，美国专利法关于保护客体、新颖性、创造性等主要原则与我国专利制度的相关规定类似，但无效及诉讼程序、对证据的处理等方面与我国相关制度差异巨大，因而我国企业在面对“337 调查”时应尽可能聘请具有相关资质和经验的律师处理。此外，由于“337 调查”费用高昂，企业可以考虑使用国内和美国的律师共同组成团队完成，这在调取物证、询问证人证言等方面，无疑可以有效地降低成本、提高诉讼效率。

9.5 专利权的外延应用

9.5.1 仿制药专利挑战路径

仿制药的专利挑战意味着仿制药企业可以向专利权拥有者发起主动攻击，通过一定的途径扫清专利障碍或者加以规避，以达到仿制行为不受有效专利权限制的目的。除了常规的专利侵权抗辩和无效诉讼之外，在美国药品专利链接制度已经成为仿制药企业发起专利挑战的主要路径。药品专利链接制度包括两层含义：第一是仿制药上市申请审批与相应的药品专利有效性审核的程序链接；第二是美国 FDA 与美国专利商标局的职能链接。美国有完善的药品专利链接制度，包括使用橘皮书制度、ANDA 申请、IV 挑战、30 个月暂缓等，《产业专利分析报告（第 27 册）》第 6 章对仿制药和专利挑战的路径进行了较为详细的介绍。

9.5.2 药品专利延长保护

药品专利期延长制度是为了弥补创新药为获得上市批准而造成的有效专利期的损

失而制定的延长保护的制度。即符合特定条件的某件药品专利在其期满后，针对该件药品专利可以再获得一定时间的保护期延长。

图 9-5-1 简要介绍了各国生物医药知识产权保护政策。

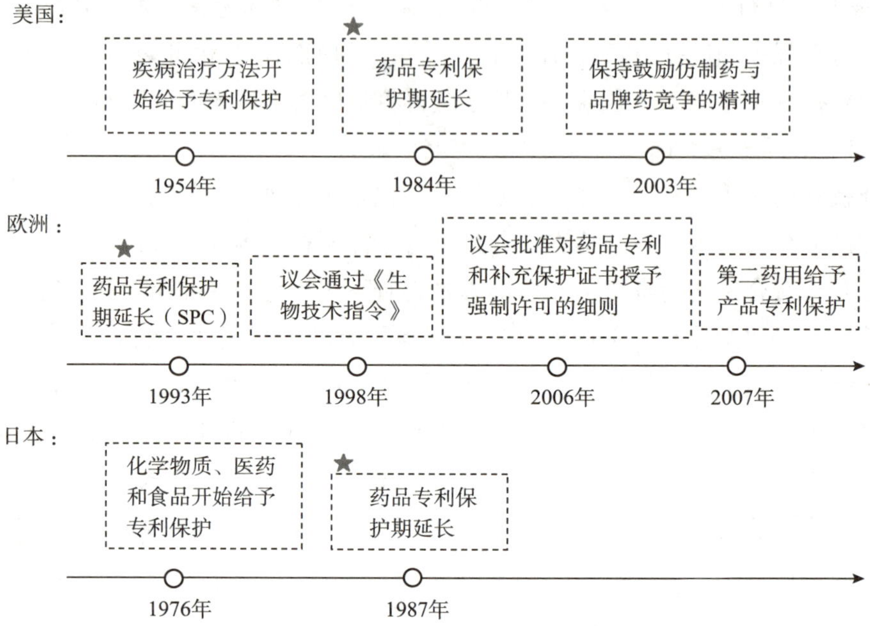

图 9-5-1 各国生物医药知识产权保护政策

目前，世界上建立药品专利保护期延长制度的国家和地区包括：欧盟、美国、日本、澳大利亚、韩国以及以色列等。每个国家对于药品专利保护期延长制度不尽相同。例如：在美国药品专利期延长的期限受到延长期不得超过 5 年和药品通过 FDA 批准后剩余的基本专利期加上延长期不得超过 14 年两个方面的限制；欧洲则规定药品补充保护证书（SPC）有效期限为自基本专利届满之日起最长 5 年，且药品通过批准后剩余的基本专利期加上 SPC 的有效期不得超过 15 年；日本规定延长期限为专利期届满之日起最长 5 年。

（1）期限计算

如何进行药品专利延长期限的计算，是许多企业关心的问题，本节以 SPC 为例，对药品专利延长期限的计算方式进行简要的介绍。

SPC 保护期 = 减损期 -5 年（其中减损期为“有效专利寿命的减损期”，等于专利申请日和首次上市许可之间的时间差值）。

另外，SPC 药品专利延长期限的计算原则为：①专利与 SPC 提供的最长市场独占权最长为 15 年；②SPC 提供的保护期长于 5 年的，以 5 年为准，低于 5 年的，以实际保护期为准。

【案例9－9】

图9－5－2展示了本案例的需要时间点和事件，从2000年申请专利到2007年首次许可上市耗时（减损期）为：2007年－2000年＝7年；SPC理论保护期限＝减损期－5年＝7年－5年＝2年；2年的数值小于限定的5年最长时间，故SPC实际保护期限为2年；同时，专利与SPC提供的市场独占期＝2022年－2007年＝15年，符合市场独占权最长为15年的规定。

综上，该专利2020年到期，SPC生效，其保护期持续到2022年。

图9－5－2 【案例9－9】的展示图（一）

图9－5－3展示了本案例的重要时间点和事件，从1995年申请专利到2011年首次许可上市耗时（减损期）为：2012年－1995年＝17年；SPC理论保护期限＝减损期－5年＝17年－5年＝12年；

12年的数值大于限定的5年最长时间，故SPC实际保护期限为5年；同时，专利与SPC提供的市场独占期＝2020年－2012年＝8年，符合市场独占权最长为15年的规定。

综上，该专利2015年到期，SPC生效，其保护期持续到2020年。

图9－5－3 【案例9－9】的展示图（二）

（2）药品专利期延长制度的作用

药品专利期延长制度对于医药领域的企业非常重要，其提供了可以长达5年的市场独占权。对于原研药企业来说，在进入有药品专利期延长制度的国家和地区时，可以考虑进行相关申请，获得更长的市场垄断时间。而对于仿制药企业而言，更要对药品专利期延长制度给予重视，避免潜在的侵权风险。《产业专利分析报告（第28册）》第8章第8.3.1节给出了有关药品专利期延长制度诉讼案例，该案例显示SPC同样可能涉及巨额的经济利益。另外，值得注意的是药品专利期延长制度并非发达国家所专有，在我国澳门、台湾等地区也存在类似的保护政策，企业应给予一定的关注。

9.5.3 小 结

（1）专利侵权诉讼重要事件和关键节点

截至2014年底，全世界共有约945万件有效专利，美国、日本和中国位列前三位。

一般而言，仅有部分有效专利会进行实际生产，而更多的有效专利起着保护和维权的作用，一旦发生专利侵权行为，专利权人多半会采取行政或司法途径进行解决。企业在面对专利纠纷时，大致可以分为3个时期，即收到律师函的调整期、预判期以及应诉准备期（见图9－5－4）。

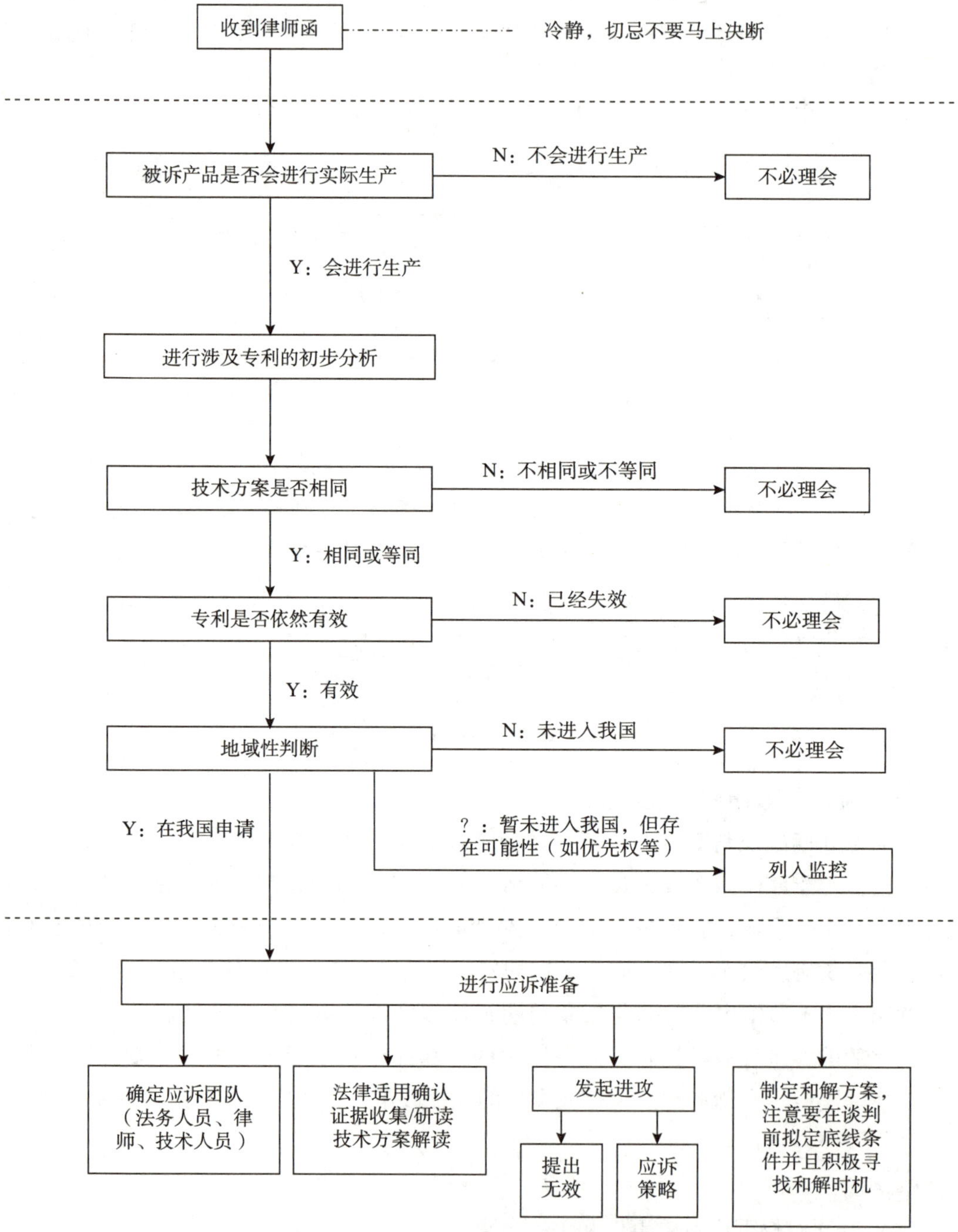

图9－5－4 重要事件和关键节点示意图

（2）专利侵权诉讼应对技巧

在收到律师函的调整期，企业首先要克服恐惧心理，冷静面对。律师函一般不会产生法律后果，其主要起到警示作用，表明另一方准备诉讼到法院的一个提前告知。企业切忌收到律师函后自乱阵脚，在未进行深入调查的情况下，就进行诉前协商等行为，这样无疑会使自身处于被动局面。

在预判期，企业可以考虑从被诉产品是否会进行实际生产、技术方案是否相同、专利是否依然有效、地域性等方面进行判断，考虑是否组建团队进行应诉。例如，假设对方涉诉专利仅为美国专利，而在中国没有相关的专利申请获得授权，而本企业仅在中国进行生产，同时不存在进出口等问题，那么就目前而言由于专利具有地域性，该件涉诉的美国专利不会对本企业在中国生产和销售的产品有影响。但是，由于相关度很高，本企业应该积极对该美国专利持有企业的系列专利进行检索和收集，并进一步关注该涉诉美国专利的同族专利以及其持有企业的后续专利公开和申请情况，避免潜在的侵权风险。

在进行预判后认为本企业的产品确实存在侵权风险的情况下，即进入应诉准备期。在这个时期，首先，在人员上，一方面要召集本企业的法务部门和技术部门的人员对技术方案进行深入解读，另一方面也不能闭门造车，建议可以考虑聘请专利律师共同组成稳定的应诉团队；其次，可以考虑根据本章前几节所提及的内容选择应诉策略；最后，在积极应诉收集证据的同时，也要做好和解准备。专利诉讼只是一种手段而非目的本身，加之时间长、程序复杂以及成本高等原因，“一笑泯恩仇”的和解策略在实际案件中屡见不鲜。就和解而言，值得注意的有两点：一是在谈判前拟定底线条件，避免临阵慌乱；二是把握和解时机，如果被告拥有强大的抗辩理由和反制措施，可以不急于提出和解，待自身谈判本钱增加时再予以考虑；反之，被告也可以考虑在原告觉得诉讼程序消耗过大，得不偿失时提出和解；此外，寻求影响对手企业上市、并购、改组等关键时期提出和解，也往往能争取到更大利益。